Bauern, Plaggen, Neue Böden

Klaus Mueller

Bauern, Plaggen, Neue Böden

1000 Jahre Plaggenwirtschaft in Nordwestdeutschland

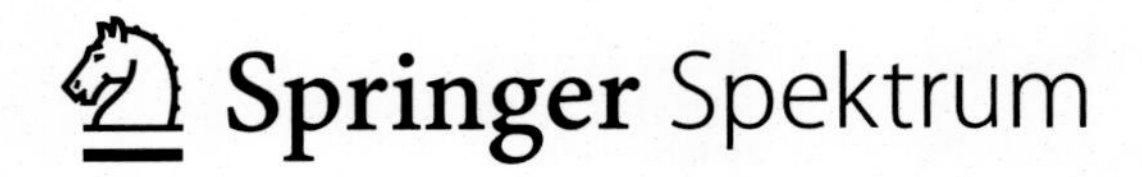

Klaus Mueller
Wallenhorst, Niedersachsen, Deutschland

ISBN 978-3-662-68914-1 ISBN 978-3-662-68915-8 (eBook)
https://doi.org/10.1007/978-3-662-68915-8

Die Deutsche Nationalbibliothek verzeichnet diese Publikation in der Deutschen Nationalbibliografie; detaillierte bibliografische Daten sind im Internet über https://portal.dnb.de abrufbar.

Planung/Lektorat: Simon Shah-Rohlfs
Springer Spektrum ist ein Imprint der eingetragenen Gesellschaft Springer-Verlag GmbH, DE und ist ein Teil von Springer Nature.
Die Anschrift der Gesellschaft ist: Heidelberger Platz 3, 14197 Berlin, Germany

Vorwort

Im 10. bis 14. Jahrhundert kam es in Mitteleuropa zu einer deutlichen Zunahme der Bevölkerung, deren Ernährung mit den bisherigen Abläufen in der Landwirtschaft nicht mehr sicherzustellen war. Vor allem wurden neue, innovative Methoden des Ackerbaus notwendig. In weiten Teilen Europas setzte sich die Dreifelderwirtschaft durch. Die meist sandigen und wenig fruchtbaren Böden in der Nordwestdeutschen Tiefebene und in den östlichen Teilen der Niederlande waren dafür allerdings wenig geeignet. Hier entwickelte sich ein einzigartiges Verfahren der Landnutzung, das in Ablauf und Ausdehnung weltweit nur in diesem Raum praktiziert wurde: **die Plaggenwirtschaft.**

Bei dieser Form der landwirtschaftlichen Bodennutzung wurden auf nassen Wiesen, Heideflächen und in Wäldern Plaggen (Grassoden mit anhaftendem Erdreich) gestochen, in die Viehställe gebracht, dort als Einstreu verwendet und meist kompostiert. Anschließend wurden mit dem Material die Felder gedüngt. Das erlaubte eine dauerhafte Nutzung der Äcker und führte zum „ewigen Roggenbau“.

Die Plaggenwirtschaft war mit einem enormen Arbeitsaufwand verbunden, wie dies heute kaum noch bekannt und vorstellbar ist. Das gesamte tägliche Leben auf den Höfen wurde durch diese Wirtschaftsform bestimmt. Ganze Landschaften wurden umgestaltet und verändert. Noch heute sind aufgehöhte Eschflächen, tiefer gelegte Entnahmebereiche und Eschkanten sichtbar. Selbst ein neuer Bodentyp mit einer deutlich erhöhten Bodenfruchtbarkeit entstand – der Plaggenesch. Andererseits verödeten ganze Landschaften. Die heute in Nordwestdeutschland zu findenden ausgedehnten Heideflächen und mittelalterlichen Sanddünenlandschaften sind größtenteils eine Folge der Plaggenwirtschaft.

Unbestritten hatte die Plaggenwirtschaft auch soziokulturelle Auswirkungen. Flur- und Straßenbezeichnungen mit „Esch“ sind in Nordwestdeutschland weit verbreitet. Familiennamen wie Esch, Escher, Plagge oder Placke sind häufig zu finden. Auch Sprache, Sitten, Gebräuche und Erzählungen wurden durch die Plaggenwirtschaft geprägt.

Umso erstaunlicher ist es, wie wenig heute in der Bevölkerung, nur 100 Jahre nach Beendigung der Plaggenwirtschaft, über diese, ganz Nordwestdeutschland prägende Form der Bodennutzung bekannt ist. Andererseits besteht großes Interesse an der Geschichte und den Leistungen der Vorfahren, vor allem, wenn eine tiefere Verwurzelung zur engeren Heimat und zur bäuerlich geprägten Vergangenheit gegeben ist.

Das Anliegen des Buches ist es, diese Informationslücke zu schließen. Auf der Basis eigener umfangreicher Forschungsarbeiten, Studien und ausgewerteter Literatur wird über die Plaggenwirtschaft und ihre Auswirkungen auf die Landwirtschaft, auf Böden, auf Landschaften und auf die Menschen berichtet. Zielgruppe sind nicht in erster Linie Fachleute, sondern die interessierte Öffentlichkeit, für die keine umfassende populärwissenschaftliche Darstellung über diese Form der historischen Landnutzung vorliegt. Das Buch ist nicht nur als Informationsquelle für breite Kreise der Bevölkerung gedacht, sondern auch für den Einsatz in Schulen, Hochschulen und in der Bildungsarbeit geeignet. Didaktisches Prinzip sind relativ kompakt gehaltene, verständlich formulierte Texte, viele Beispiele aus dem Verbreitungsgebiet der Plaggenwirtschaft in Niedersachsen, Nordrhein-Westfalen und Schleswig-Holstein sowie eine Fülle historischer und aktueller Abbildungen. Vertiefende Ergänzungen im Text tragen zu einem besseren Verständnis relevanter Zusammenhänge bei. Der weiteren Information dient ein umfangreiches Literaturverzeichnis.

Dieses Buch entstand in ständigem Austausch mit Freundinnen und Freunden, Fachkolleginnen und Fachkollegen, Angehörigen und Unterstützern. Ihnen allen möchte ich meinen herzlichen Dank ausdrücken.

Zu nennen sind insbesondere Lutz Makowsky für seine außerordentlich fachkundige Durchsicht des Manuskriptes und Bodo Zehm, der mich mit Rat und Tat unterstützte und dem ich viele wertvolle Hinweise zu archäologischen Fragestellungen verdanke. Gertrud Große-Heckmann sowie Yvonne Kniese und Christian Dahlhaus halfen mir sehr bei der Erarbeitung der Abbildungen. Technische Hilfe gaben Ernst Schützler und vor allem Veit Mueller. Mein besonderer Dank gilt meiner Enkeltochter Juna Günther, die (mit etwas Unterstützung durch ihre Mutter) mit großem Eifer ein Kapitel mit ihren Bildern bereicherte.

Die Vorbereitungen für das Buch begannen bereits vor etlichen Jahren. Dazu gehören umfangreiche Laboruntersuchungen der beschriebenen Böden, die Elke Nagel sehr zuverlässig durchführte. Kathrin Böhme trug durch fleißige Literaturrecherchen zur Materialsammlung bei. Zu großem Dank verpflichtet bin ich auch vielen Landwirten und Heimatvereinen im Osnabrücker- und im Münsterland, die teils umfangreiche Auskünfte gaben und Material zur Verfügung stellten.

Die Arbeit der Lektorin Grit Zacharias zeichnete sich nicht nur durch eine sorgfältige Durchsicht des Manuskriptes, sondern auch durch hohen bodenkundlichen Sachverstand aus. Dem Springer-Verlag (insbesondere Frau Bettina Saglio und Herrn Simon Shah-Rohlfs) danke ich für die konstruktive und hilfreiche Zusammenarbeit.

Ganz besonderer Dank gilt meiner Frau, die meine jahrelange Beschäftigung mit der Plaggenwirtschaft verständnisvoll begleitete und mich insbesondere durch ihr außerordentlich gründliches Korrekturlesen vor manchem Schreib- und Ausdrucksfehler bewahrte.

Klaus Mueller

Inhaltsverzeichnis

Was vorher war

1

Die landwirtschaftliche Bodennutzung begann nicht erst im Mittelalter, sondern in wesentlich früheren Zeiten. Dies trifft auch für die Nordwestdeutsche Tiefebene zu, die im letzten Jahrtausend ganz wesentlich durch die Plaggenwirtschaft geprägt wurde. Um die Geschichte dieser Form des Ackerbaus besser zu verstehen, ist ein Blick weit zurück in die Vergangenheit hilfreich. Dieses Buch beginnt daher mit einer Rückschau, die wie in einem Zeitraffer die Entwicklung der Landwirtschaft seit Sesshaftwerdung der Menschen in Nordwestdeutschland umreißt.

1.1 Jäger, Sammler und Bauern

Bis vor etwa 6000 Jahren war Europa weitgehend mit dichten, wildreichen Wäldern überdeckt. Jäger- und Sammlergruppen durchstreiften die Landschaft und ernährten sich von Wild, Fischfang und dem Sammeln essbarer Samen, Pflanzen, Wurzeln und Knollen. Dann aber trat etwas ein, was das Landschaftsbild nachhaltig veränderte und unsere Lebensweise bis heute bestimmt:

die „Neolithische Revolution“.

Dieser Begriff umschreibt den tiefgreifenden Wandel von wandernden Menschengruppen hin zu sesshaften Ackerbauern. Die neue Lebensweise entwickelte sich aber nicht einfach als allmählicher Übergang in Mitteleuropa, sondern vollzog sich vor etwa 12.000 bis 10.000 Jahren zuerst im Gebiet des Fruchtbaren Halbmondes (Abb. 1.1, siehe Ergänzung: Der Fruchtbare Halbmond).

K. Mueller, *Bauern, Plaggen, Neue Böden*,
https://doi.org/10.1007/978-3-662-68915-8_1

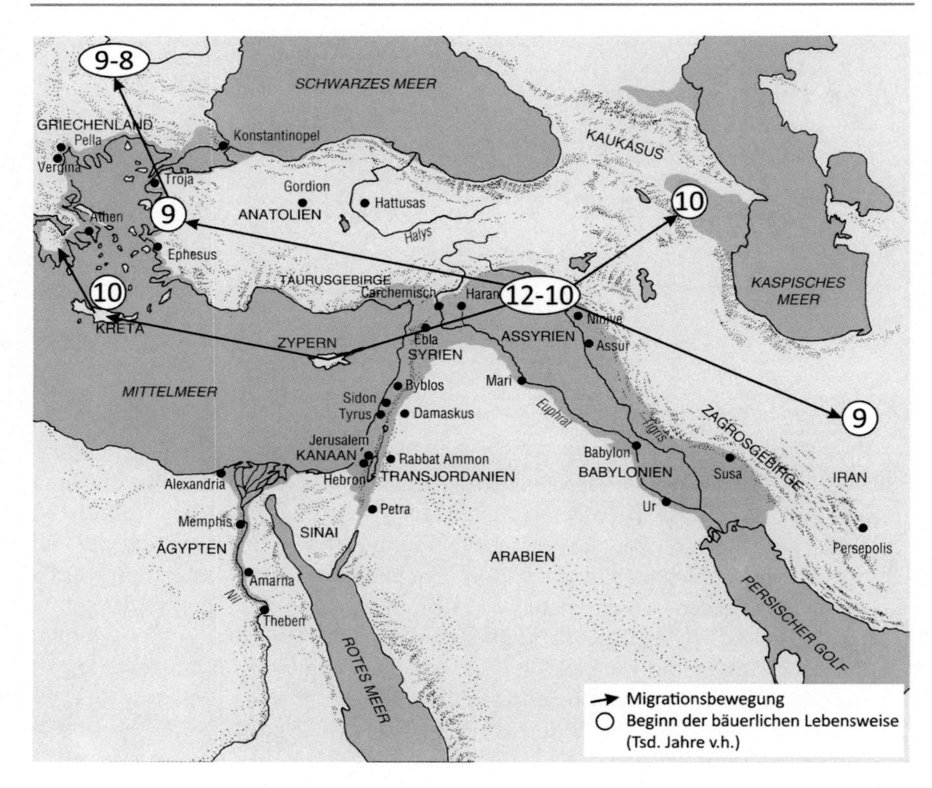

Abb. 1.1 Der Fruchtbare Halbmond im Vorderen Orient und davon ausgehende Migrationsbewegungen. (Harris, R.L. 1995 (verändert u. ergänzt))

Der Fruchtbare Halbmond

Der Übergang von Jäger- und Sammlergemeinschaften zu sesshaften Ackerbauern vollzog sich vor etwa 12.000 bis 10.000 Jahren im Gebiet des „Fruchtbaren Halbmondes" im Vorderen Orient (Abb. 1.1). Mit diesem Begriff wird eine mondsichelförmige Region umschrieben, die im Süden des heutigen Iraks beginnt und sich über Syrien und die östliche Mittelmeerküste bis in den Norden Ägyptens erstreckt. Die Bezeichnung geht zurück auf den US-amerikanischen Ägyptologen James Henry Breadsted, der ihn 1916 prägte.

Die Ursachen in der Veränderung der Lebensweise und der damit verbundenen Domestikation von Pflanzen und Tieren sind bis heute nicht ganz eindeutig. Diskutiert wird ein Klimawandel vor etwa 11.500 Jahren, der nach einer vorhergegangenen Kälteperiode zu steigenden Temperaturen und feuchteren Wintern sowie trockenen Sommern führte. Hinzu kam ein Rückgang der Wildtierpopulationen, insbesondere der Gazellenbestände, die von wandernden Gruppen bejagt wurden. Der daraus resultierende Ressourcenmangel der wachsenden Bevölkerung mag den Beginn der Züchtung von Nutzpflanzen und Haustierbeständen bewirkt und beschleunigt haben.

Die ersten kultivierten Pflanzen waren Gerste, Einkorn, Emmer, Linse, Kichererbse, Lein und Mohn. Mit ihnen konnte der Bedarf an Kohlenhydraten, Proteinen und Ölen weitgehend gedeckt werden. Die Tierhaltung begann mit der Zucht von Ziegen und Wildschafen. Etwas später folgte in Vorderasien die Domestikation von Wildschweinen und Auerochsen.

Erst durch diese Entwicklung entstanden im Gebiet des Fruchtbaren Halbmondes einige der frühesten städtischen Hochkulturen mit ersten differenzierten Gesellschaftsformen. Auch der im Glauben der Juden, Christen und Muslime verankerte Garten Eden als „Ursprung des Lebens" wird hier verortet.

Mit großer Wahrscheinlichkeit wurden die neuen Kulturtechniken nicht einfach durch Ideentransfer weitergegeben, sondern wanderten mit neuen Bevölkerungsgruppen, den sogenannten Anatoliern, entlang des Donaukorridors vor etwa 7500 bis 6000 Jahren in unsere Gebiete ein. Neben den Techniken der Bodenbearbeitung brachten sie auch die Keramikherstellung mit. Aufgrund einer charakteristischen Verzierung ihrer keramischen Gefäße mit Bandmustern werden die Neuankömmlinge heute auch als Bandkeramiker bezeichnet. Diese frühen Ackerbauern ließen sich vor allem in den fruchtbaren Lössgebieten nieder (Abb. 1.2).

Sie bauten in erster Linie Emmer, Einkorn, Spelz- und Nacktgerste, Erbse, Linse und Lein an und züchteten Rinder, Schafe, Ziegen und Schweine. Unterstützt wurde diese Entwicklung auch durch das sogenannte holozäne Klimaoptimum, das vor etwa 8000 Jahren begann und vor 6000 Jahren endete (Abb. 1.3). Im Vergleich zu heute war diese Zeit niederschlagsreicher und gekennzeichnet durch 1–1,5 °C höhere Temperaturen.

Damit trafen in Europa genetisch verschiedene Populationen aufeinander: die der Zuwanderer und die der alteingesessenen Wildbeuter. Beide Gruppen lebten über einen langen Zeitraum nebeneinanderher und begannen sich zu mischen. Die Lebensräume der damaligen Jäger- und Sammlergemeinschaften wurden dadurch erheblich eingeengt, sodass sich diese Gruppen zunehmend in landwirtschaftlich unattraktive Bereiche zurückzogen. Eines dieser Rückzugsgebiete war das nordwestdeutsche Tiefland einschließlich des Randbereiches der nördlichen Mittelgebirge. Schließlich war auch dort der Siegeszug der neuen Lebensweise nicht aufzuhalten und es kam flächendeckend zur Einführung des Ackerbaus und der Viehhaltung in Verbindung mit neuartigen Alltagstechniken und kultischen Praktiken. Aufgrund der typischen Form der Trinkgefäße sprechen Kulturhistoriker auch von der Zeit der Trichterbecherkultur.

Vor 6000 Jahren war letztlich auch in Nordwestdeutschland der Übergang zum Ackerbau mit seinen neuen Pflanzengemeinschaften vollzogen (Abb. 1.4).

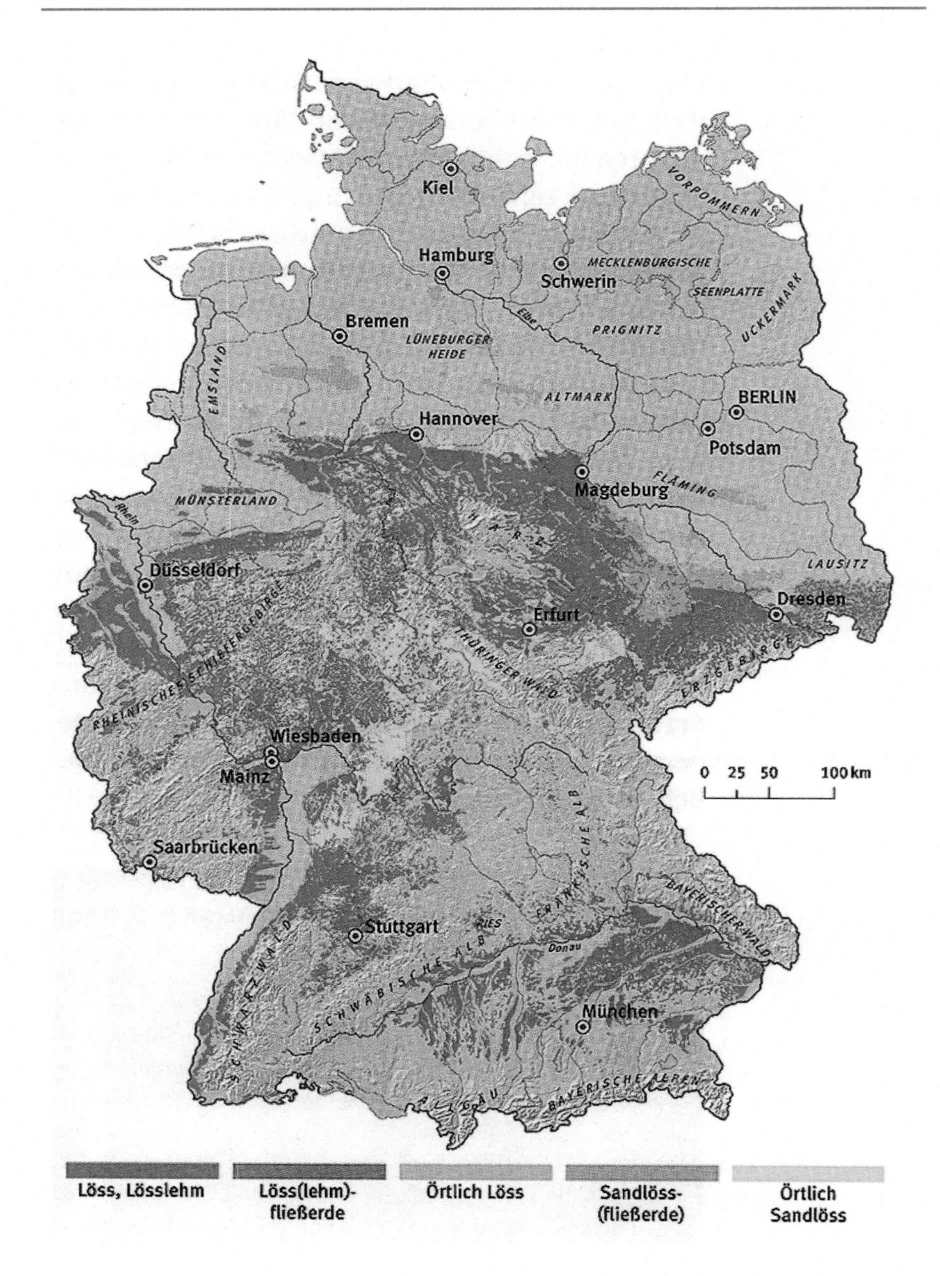

Abb. 1.2 Verbreitung von Löss und Lösslehm in Deutschland. (Milbert, G. 2021)

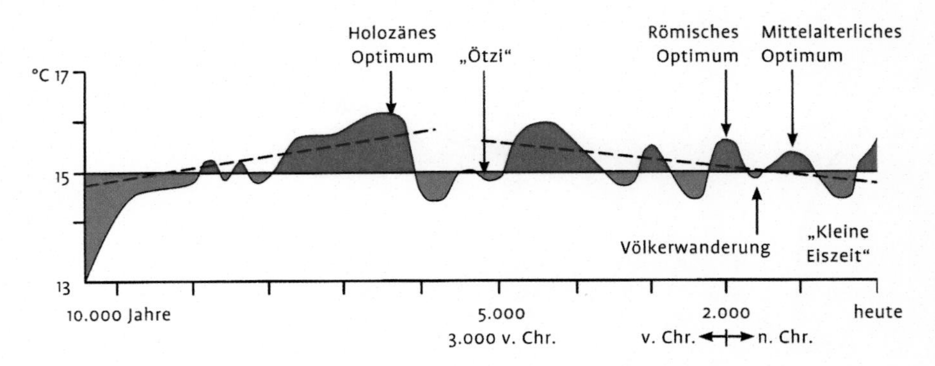

Abb. 1.3 Klimadiagramm des Holozäns (15 °C-Linie: heutige globale Mitteltemperatur). (Spandau, L.; Wilde, P. 2008)

Abb. 1.4 Klatschmohn gehört zu den typischen Ackerunkräutern des frühen Ackerbaus. (Mueller, K.)

Die seinerzeit hier ansässigen Menschen errichteten die heute noch bekannten Megalith- oder Großsteingräber. Sie bewirtschafteten kleine Felder und betrieben Vieh-Waldhaltung bzw. Laubfutterwirtschaft. Offensichtlich verfügten sie in dieser Zeit bereits über Ochsengespanne zum Ziehen der Hakenpflüge (Abb. 1.5), was die sonst übliche Bodenbearbeitung mit einfachen Handhaken ablöste.

Es entwickelten sich Hudewälder (Abb. 1.6) und erste vereinzelte Heideflächen. Die damit verbundenen Veränderungen können als Beginn der bäuerlich geprägten Kulturlandschaft in Norddeutschland bezeichnet werden.

Eine weitere große Welle vor allem Viehzucht betreibender Zuwanderer aus Gebieten nordöstlich des Schwarzen Meeres, die sogenannten Schnurkeramiker, erreichte schließlich vor etwa 4800 Jahren Mitteleuropa. Noch ist nicht abschließend geklärt, wie und wann sich die heute in Europa fast flächendeckend ge-

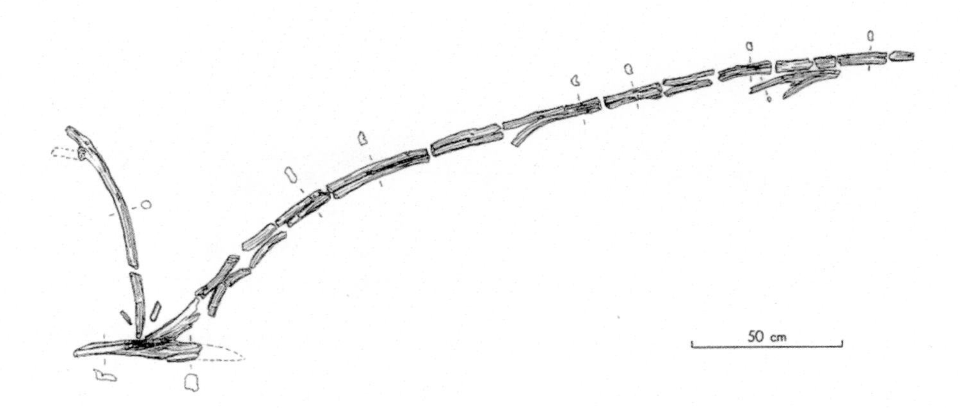

Abb. 1.5 Hakenpflug von Walle (Ostfriesland), ältester bekannter Pflug Deutschlands, ca. 4000 Jahre alt. (Hecht, D., 2007)

Abb. 1.6 Hudewald bei Celle, gut zu erkennen ist die Verbisshöhe, die das Vieh erreichen kann. (Mueller, K.)

sprochene indogermanische Sprache in unserem Raum verbreitete. Einiges spricht dafür, dass dies mit der Ankunft dieser neuen Bevölkerungsgruppe verbunden war.

1.2 Kupfer, Bronze und Eisen

Nahezu zeitgleich mit der Entwicklung des Ackerbaus breitete sich vor 6000 Jahren in Europa ein neuer Werkstoff aus, der zunächst der Schmuck- und Waffenherstellung diente. Es handelt sich um Kupfer mit geringen Anteilen an Arsen.

Etwa 1500 Jahre später entstand daraus durch Beimischung von Zinn die Bronze – ein Metallrohstoff, der erstmals auch neue gerätetechnische Möglichkeiten mit sich brachte. Noch weitreichendere technische Innovationen, auch im Bereich der Landwirtschaft, waren nach der Entdeckung des Eisens möglich. Es wurde zunächst aus dem Süden nach Norddeutschland eingeführt, konnte hier aber ab 2300 vor heute aus dem in sumpfigem Gelände anstehenden Raseneisenstein (Raseneisenerz) selbst produziert werden. Damit einher gingen erhebliche wirtschaftliche und soziale Fortschritte. Angebaut wurden Emmer, Einkorn, Gerste, Hülsenfrüchte, Lein, Pferdebohnen, Dinkel und Nacktweizen.

Wichtigster Träger der Eisentechnologie war die keltische Zivilisation, die vor etwa 2500 Jahren im nordalpinen Raum entstand und sich im Laufe der nachfolgenden 200 bis 300 Jahre auf das gesamte Gebiet zwischen der Donau und der Atlantikküste bis zum nördlichen Saum der Mittelgebirge ausdehnte (Abb. 1.7). In der Norddeutschen Tiefebene begann im selben Zeitraum eine eigenständige Eisengewinnung und Verarbeitung lokaler Vorkommen von Raseneisenstein in sogenannten Rennöfen (siehe Ergänzung: Raseneisenstein).

Weitverbreitet war die Bewirtschaftung kammerartiger Ackerfluren: die Celtic Fields. Sie wurden erstmals auf den Britischen Inseln erkannt und fälschlicherweise mit der Keltenzeit in Verbindung gebracht. Diese Art der Bodennutzung wurde jedoch nicht von Kelten eingeführt, es gab sie bereits zuvor. Die schachbrettartig angeordneten Äcker hatten eine Kantenlänge von 10–50 m, wurden längs und quer gepflügt und waren von oftmals breiten, begrenzenden Wällen umgeben. Sie sind auch in Norddeutschland zu finden. Erstmals kamen Pflüge mit Eisenschar zum Einsatz, die die Scholle bereits leicht wenden konnten (Abb. 1.8).

Kennzeichen dieses Bewirtschaftungssystems war ebenso die einsetzende Düngung der Äcker mit Bodenmaterial aus der Umgebung, Mist und organischem

Abb. 1.7 Nachbau eines Eisenzeithauses bei Venne (Landkreis Osnabrück). (Mueller, K.)

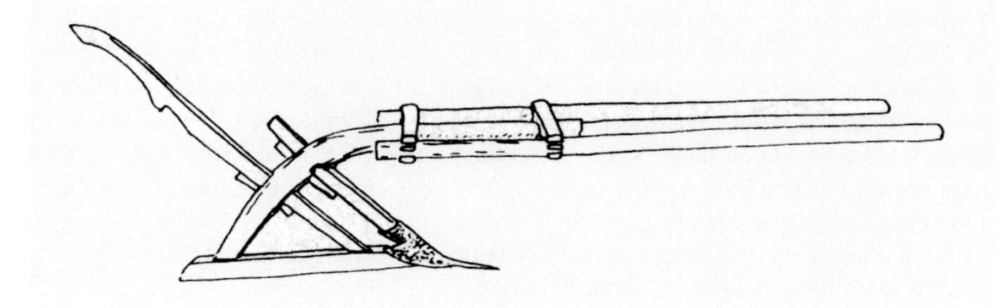

Abb. 1.8 Hakenpflug mit Eisenschar, ca. 2300 Jahre alt. (Bomann, W. 1941 (verändert))

Abfall. Auch das Anbauspektrum änderte sich: Einkorn, Emmer und Dinkel gingen zurück, vermehrt angebaut wurden Rispenhirse, Lein, Leindotter, Spelz- und Nacktweizen sowie Saathafer und Roggen.

Raseneisenstein (Raseneisenerz)

Als Raseneisenstein oder Raseneisenerz werden Verfestigungen mit besonders hohen Eisengehalten in der Grasnarbe bezeichnet. Sie entstehen, wenn in sandigen nährstoffarmen Böden eisenhaltiges Grundwasser bis nahe der Oberfläche ansteht. Das im Wasser gelöste zweiwertige Eisen oxidiert bei Kontakt mit Luftsauerstoff zu dreiwertigem Eisenoxid und kann kompakte Konkretionsdecken in der Grasnarbe bilden. Der so entstehende Raseneisenstein ist meist rötlich-braun gefärbt.

Raseneisenstein erreicht Eisengehalte bis zu 80 %. Er wurde bereits in der Eisenzeit in Mitteleuropa abgebaut und in sogenannten Rennöfen verhüttet (Abb. 1.9).

Die Konstruktion eines solchen 1–2 m hohen Ofens bestand aus einer Grube mit einem darüber errichteten Ofenschacht aus gebranntem Lehm (1). Etwa 10 cm oberhalb der Bodenebene waren Düsenöffnungen zur Luftzufuhr angebracht. Die Öfen wurden lagenweise mit Holzkohle und Erz befüllt und angeheizt. Bei Temperaturen von 1200–1400 °C entstanden Eisenluppen (2), die nach Zerstörung der Lehmöfen entnommen wurden (3). Durch erneutes Erhitzen und Ausschmieden wurde das Material von Schlacken befreit und zu massiven Metallstücken verdichtet, die gehandelt und weiterverarbeitet wurden.

In einigen Gegenden mit besonders großflächigen und kompakten Raseneisensteinvorkommen fand das Material auch als Baustoff Verwendung. Beispiele dafür finden sich in Norddeutschland unter anderem an Kirchen, Mauern und Häusern in Verden und Winsen an der Aller, in Ludwigslust und in der Griesen Gegend in Südwestmecklenburg. Auch in der Kunst wurde Raseneisenstein hin und wieder als gestalterisches Element eingesetzt.

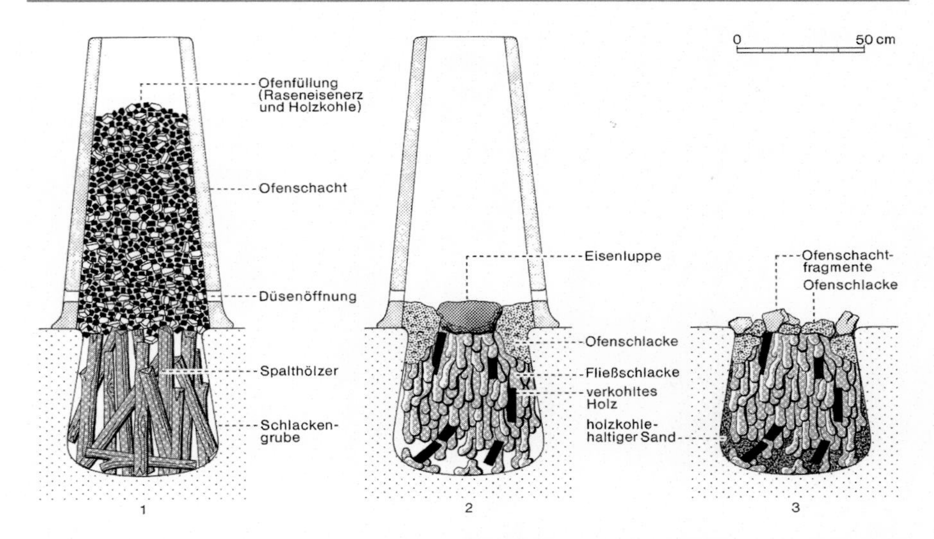

Abb. 1.9 Rekonstruktion eines eisenzeitlichen Rennofens nach Ausgrabungen in Joldelund (Kreis Nordfriesland). 1–2: Rennofen vor und nach dem Schmelzvorgang, 3: Schlackengrube nach Zerstörung des Ofenschachtes und Entnahme der Luppe. (Jöns, H. 1992)

1.3 Römer und wandernde Völker

Das Ende der Eisenzeit ist durch den Aufstieg des römischen Kulturkreises gekennzeichnet. Kulturhistoriker setzen den Beginn der römischen Kaiserzeit in das Jahr 27 v. Chr. Diese Entwicklung ging einher mit dem sogenannten römischen Klimaoptimum – einem erneuten Temperaturanstieg und günstigen Niederschlagsverhältnissen für den Ackerbau (siehe auch Abb. 1.3).

Die Landwirtschaft im Römischen Reich wird erstmals auch Betrachtungsgegenstand in der Literatur. Nichts war von so gesellschaftlicher Relevanz wie die ausreichende Versorgung der Bevölkerung mit Getreide zu günstigen Preisen. Vor allem im Nahen Osten und im nördlichen Afrika konnte Getreide im Überschuss als wirtschaftliche Grundlage für das römische Imperium produziert werden.

In Deutschland, nördlich und östlich des Limes, wurden die neuen Bewirtschaftungsmethoden dagegen kaum übernommen. Wenige schriftliche Aufzeichnungen römischer Quellen (Caesar, Tacitus u. a.) lassen eine vor allem auf Viehhaltung basierende Landwirtschaft erkennen.

Auf ackerbaulich genutzten Flächen wurden Gerste, Hafer, Weizen, Roggen, Hirse und Flachs angebaut. Dazu kamen Gemüsesorten wie Bohnen, Erbsen, Sellerie, Spinat und Radieschen. Aus dem Getreide wurde auch schon eine Art Bier, der Met, gebraut.

Germanische Siedlungsplätze jenseits des Limes waren Einzelhöfe, Weiler oder kleine Dörfer, die inselartig inmitten ausgedehnter ursprünglicher Wälder verstreut lagen (Abb. 1.10). Ihre Bewohner versorgten sich autark und pflegten wenig Aus-

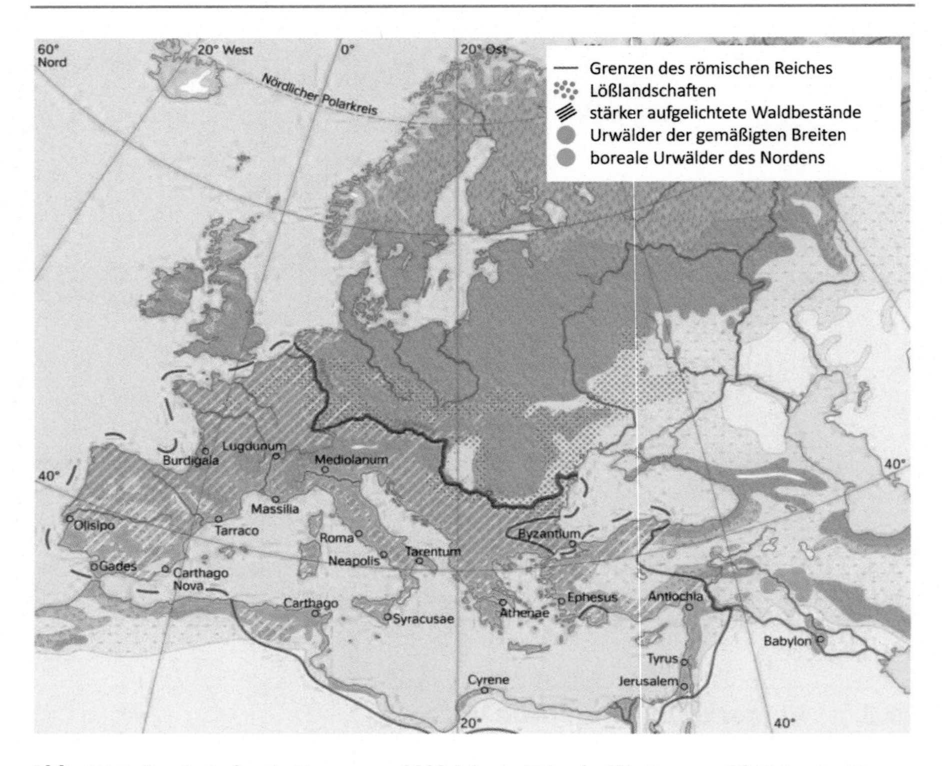

Abb. 1.10 Landschaften in Europa vor 2000 Jahren. (Diercke-Westermann 2015 (ergänzt))

tausch untereinander. Nur die Umgebung der Siedlungen war durch kleinräumige Nutzung von Böden, Waldweide und die Gewinnung von Laubheu zur Winterfütterung des Viehs aufgelichtet.

Lediglich in den zeitweilig zum Römischen Reich gehörenden Regionen an der Donau und am Rhein waren die Verhältnisse deutlich weiterentwickelt.

Bereits kurz nach Christi Geburt kam es erneut zu Klimaveränderungen (Abb. 1.3). Das feuchtwarme und stabile Klima der Römerzeit wurde zunehmend kälter und instabiler, das frühmittelalterliche Pessimum (ca. 250–750) setzte ein.

Ende des 4. Jahrhunderts begann das Weströmische Reich zu zerbrechen und eine gigantische Völkerwanderung vollzog sich. Ausgelöst durch den Einfall der Hunnen in Osteuropa im Jahre 375 zogen germanische Gruppen nach Süden und Westen und veränderten das Siedlungsbild Europas nachdrücklich (Abb. 1.11). Allerdings gab es auch schon vor 375 Germanen, die in den Süden wanderten. Der Zug der Kimbern und Teutonen (113–101 v. Chr.) oder der Aufbruch der Goten zu Beginn des 3. Jahrhunderts sind Beispiele dafür. Diese Zeit der Umbrüche endete erst im Jahre 568 mit dem Einfall der Langobarden in Norditalien.

Die Völkerwanderung und der Zerfall des Römischen Reiches führten in den meisten ehemals römischen Regionen und angrenzenden Gebieten zu einem öko-

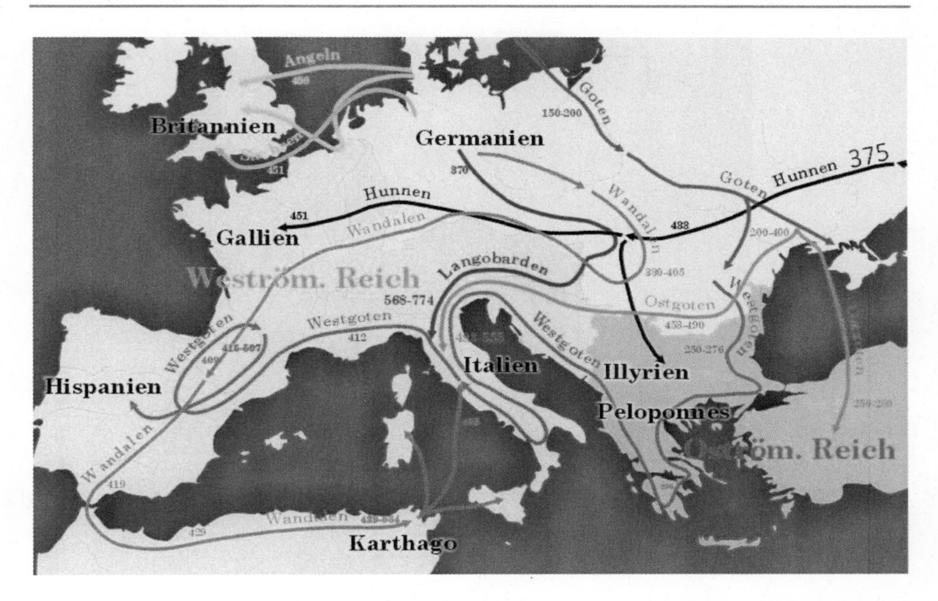

Abb. 1.11 Römer und Germanen zur Zeit der Völkerwanderung. (Landesbildungsserver Baden-Württemberg 2017 (ergänzt))

nomischen Niedergang und auch zu einem deutlichen Bevölkerungsschwund. Hinzu kam, dass die Pest die Zahl der Bewohner der Mittelmeerregionen und Europas im 6. Jahrhundert dezimierte (Abb. 2.1). Neuere Untersuchungen deuten zudem auf große Eruptionen eines Vulkans im Jahr 536 auf Island und vor allem des Vulkans Ilopango 539/540 in El Salvador hin, die in den Folgejahren zu klimatischen Einbrüchen und Hungersnöten führten und wahrscheinlich den dramatischen Bevölkerungsrückgang in Europa beschleunigten. Die Bevölkerungszahl sank in dieser Zeit auf einen nie wieder erreichten Tiefststand. Ganze Landstriche wurden entvölkert. Die Bedrohung durch Missernten, Hunger und Seuchen war gravierender als durch Kriege. Es kam zu deutlichen Siedlungseinbrüchen, die Wälder dehnten sich wieder aus.

Über die landwirtschaftlichen Verhältnisse im heutigen Deutschland während der Zeit der Völkerwanderung ist wenig bekannt. Viele Anbautechniken gerieten in Vergessenheit. Die jährlichen Ernten gingen deutlich zurück, selbst das Vieh wurde kleiner. Diese Epoche, die auch als das „Dunkle Zeitalter" bezeichnet wird, steht am Anfang des Mittelalters, das grob von 500 bis 1500 eingeordnet wird.

1.4 Rückbesiedlung

Nach der Völkerwanderungszeit wurden im 7. und 8. Jahrhundert die bevölkerungsarmen oder -freien Gebiete im germanischen Siedlungsraum immer schneller wiederbesiedelt. Dies geschah nicht allein durch Wachstum der

Abb. 1.12 Frühmittelalterlicher Siedlungshof im Freilichtmuseum Oerlinghausen (Kreis Lippe). (Mueller, K.)

ansässigen Bevölkerung, sondern auch durch neue Wanderbewegungen, die sich allerdings eher im regionalen Raum vollzogen. Die erneute Ausbreitung der Sachsen nach Norden und nach Westen ist ein Beispiel dafür. In Gebiete östlich der Elbe, die die Germanen während der Völkerwanderungszeit verlassen hatten, drangen Slawen vor. Neue Siedlungen entstanden, die zumeist in Wäldern angelegt wurden (Abb. 1.12).

Die zu Anfang dieser Entwicklung bestehenden zahlreichen „Ackerlandinseln" wuchsen im Laufe der Zeit immer mehr zu größeren Einheiten zusammen. Zur Zeit Karls des Großen (747–814) waren die Gebiete des heutigen Norddeutschlands damit wieder weitgehend bevölkert (Abb. 2.1).

Nach wie vor spielten die Waldweide und die Eichelmast eine große Rolle. Vor allem Schweine wurden in die Wälder getrieben. Die Bedeutung der Waldweide war so groß, dass der Waldwert in damaliger Zeit nicht in erster Linie in Holz, sondern nach der Anzahl der Schweine angegeben wurde, die man in den Wald treiben konnte (Abb. 1.13).

Durch Rodungen breitete sich der Ackerbau weiter aus. Pollenanalytische Untersuchungen zeigen, dass es sich vornehmlich um eine Feld-Gras-Wirtschaft handelte. Vor allem der Getreideanbau mit hohem Anteil an Roggen nahm deutlich zu. Solange mit Hakenpflügen gearbeitet wurde, die den Boden kaum wenden konnten, war es sinnvoll, auch quer zur vorherigen Richtung zu arbeiten. Dafür eigneten sich annähernd quadratische Grundformen – ähnlich der Celtic Fields – am besten.

Ab dem Frühmittelalter setzten sich die erstmals in spätrömischer Zeit beschriebenen Räderpflüge mit eisernem Schar, feststehendem Streichbrett und Messersech durch (Abb. 1.14). Die neuen Pflüge erforderten allerdings eine weit höhere Zugleistung und verbesserte Anspanntechnik als der Hakenpflug. Neben einer größeren Anzahl von Pflugochsen kamen ab dem 12. Jahrhundert auch

Abb. 1.13 Waldmast Ivenacker Eichen (Landkreis Mecklenburgische Seenplatte). (Mueller, K.)

Abb. 1.14 Mittelalterlicher Räderpflug mit eisernem Schar, Streichbrett und Messersech. (Bomann, W. 1941 (verändert))

Pferde als Zugtiere zum Einsatz. Möglich wurde dies durch effektiveres Zuggeschirr wie Kummet und Siele. Dadurch erhöhte sich die Flächenleistung bei der Bodenbearbeitung beträchtlich.

Durch die neue Pflugtechnik konnte bis zur Einführung des Kehrpfluges im 15. Jahrhundert der Erdbalken nur seitlich in eine Richtung abgelegt werden. Um das Pfluggespann möglichst selten wenden zu müssen, wandelten sich die bis zum Beginn des Mittelalters quadratischen bis länglichen Flurformen zunehmend in gestreckte Langstreifenflure (siehe Ergänzung: Flurformen und Flurtypen). Sie hatten eine Breite von oft nur wenigen Metern und Längen von 100 m und mehr. Als Erstes zog der Bauer mit seinem Gespann eine Furche längs in der Mitte des Ackers. Dann wurde das Gespann gewendet und im zweiten Umlauf der Boden in entgegengesetzter Richtung gegen die erste Furche gekippt. Dies wiederholte sich

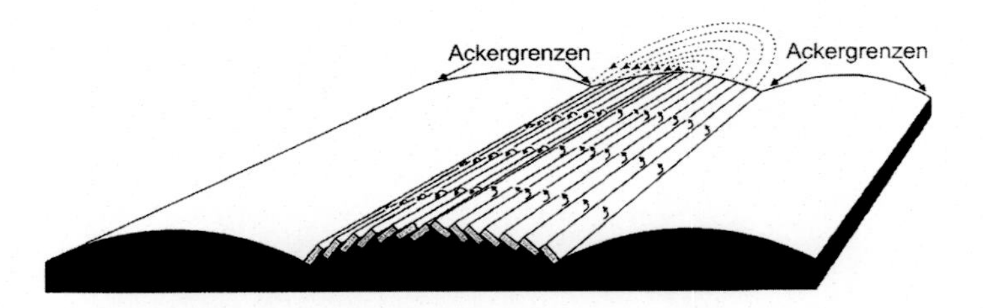

Abb. 1.15 Mittelalterlicher Wölbacker (Nikulka, F.)

Abb. 1.16 Frühmittelalterliche Pflugspuren in einem Wölbacker bei Warendorf-Milte (Kreis Warendorf). (Mueller, K.)

bei jedem Umlauf. Die Scholle wurde dadurch stets zur Mitte des Ackers gelegt (Abb. 1.15).

Durch langjähriges Pflügen wurde auf diese Art und Weise immer mehr Boden zur Mitte der Parzelle verlagert und die Ackerränder vertieft. Im Laufe der Zeit entstanden Felder, die mittig eine Scheitelhöhe von bis zu einem Meter erreichten. Sie werden als Wölbäcker bezeichnet und sind auch heute noch verschiedentlich in den Gemarkungen nachweisbar (Abb. 1.16).

Flurformen und Flurtypen
Flurformen und Flurtypen sind Begriffe der Ordnung und Beschreibung von landwirtschaftlich geprägten Räumen. Sie lassen sich nicht immer eindeutig voneinander trennen.

Flurtypen
Flurtypen kennzeichnen in der Regel die Anordnung der Äcker und richten sich nach deren Beschaffenheit sowie der Bodenbewirtschaftung. Zu unterscheiden sind:

1. **Gemarkung:** Die zu einer Siedlung gehörende Gesamtfläche. Ursprünglich wurde sie nach Gewohnheitsrecht festgelegt, später durch Kataster vermessen.
2. **Flur:** Teil der Gemarkung, der einer individuell- oder privatrechtlich geregelten Nutzung unterliegt, in Parzellen aufgeteilt.
3. **Flurstück (Parzelle):** Kleinste Besitzeinheit in der Flur.
4. **Eschflur:** Oft Keimform der Gewannflur, wird auch als Urform des Ackerlandes bezeichnet. Liegt in dorfnaher, relief- und bodenbegünstigter Lage. Ist ältester Teil der Gewannflur, oft identisch mit ältesten Langstreifengewannen. Befindet sich in der Regel in Besitz der Altbauernschicht.
5. **Allmende (Gemeinheit, gemeine Mark):** Gemeinschaftlich genutzte Flächen. Dazu gehören Wiesen, Wälder, Ödland und der Anger.
6. **Kamp/Kämpe:** Im Hoch- und Spätmittelalter durch Rodungen am Rande älterer Eschfluren entstandene Ackerflächen. Meist quadratisch, oft durch Hecken und/oder Erdwälle eingezäunt. Der Begriff ist vorzugsweise in Nordwestdeutschland verbreitet.

Flurformen
Flurformen beschreiben die Grundrisse der parzellierten oder auch nicht unterteilten agrarischen Nutzflächen einer Siedlung. Die formale Einheit einer Flur ist die Parzelle. Bekannt sind:

1. **Gewann/Gewannflur** – Parzellenverband oft schmaler, gleichlaufender, streifenförmiger Grundparzellen in Gemengelage. Die Arbeiten auf allen Ackerstücken eines Gewanns wurden immer gleichzeitig ausgeführt. Typisch für Gewanne ist, dass ihre Länge oft das Zehnfache der Breite oder mehr beträgt. Diese langgestreckte Form ist auf die Schwierigkeit des Wendens mit Pfluggespannen zurückzuführen. Die Anzahl der Parzellen im Gewann entspricht der Anzahl der Hausstätten.
2. **Blockgewann/Blockflur** – Freiland, aufgeteilt in verschieden große Blöcke oder Blockstreifen. Müssen nicht zwingend rechteckig sein. Seitenverhältnis unter 1:2,5.
3. **Streifengewann/Streifenflur** – Freiland, aufgeteilt in lange und schmale Ackerstreifen. Seitenverhältnis über 1:2,5. Seitenverhältnisse von 1:50 oder größer sind keine Seltenheit.
   Breitstreifengewann/Kurzstreifenflur – Seitenverhältnis 1:10–1:20.
   Langstreifengewann/Langstreifenflur – Seitenverhältnis größer 1:20.

1.5 Der Esch

Die frühmittelalterliche Rückbesiedlung vollzog sich in der Nordwestdeutschen Tiefebene vor allem auf den weitverbreiteten, sandigen, leicht erhöhten Geestrücken. Hier waren die Böden mit der zur Verfügung stehenden Technik wesentlich leichter zu bearbeiten als in den feuchteren, oft lehmigen bis tonigen Niederungen. Diese sandigen, getreidebegünstigten trockenen Standorte werden als Eschfluren bzw. als Esche bezeichnet. In der Regel nahmen sie 7–13 ha in Anspruch, die gemeinschaftlich von etwa 3–6 Höfen bewirtschaftet wurden.

Der Flurname Esch leitet sich von dem gotischen Wort „astik" ab und bedeutet in seinem Wortursprung einfach „Saatfeld" oder „Ackerfeld" oder auch „Land, von dem gegessen wird". Der Begriff wird erstmals in der Bibelübersetzung des Bischofs Wulfila aus dem 4. Jahrhundert erwähnt. Eine weitere Wortverwandtschaft besteht zu dem althochdeutschen Wort „ezzisc" für Saat und zum althochdeutschen Wort „ezzan" bzw. zum mittelhochdeutschen „ezzen" mit der Bedeutung „Nahrung zu sich nehmen", also nach heutigem Verständnis „essen".

Der Begriff Esch bzw. Eschflur ist heute nur aus dem nordwestdeutschen Raum und den östlichen Niederlanden bekannt. Für das Münsterland lässt sich diese Flurbezeichnung bereits im 9. Jahrhundert nachweisen, dürfte in ihrem Ursprung aber wesentlich älter sein. Der Esch gilt allgemein als „Keimzelle" oder „Urform" des Ackerlandes. Es wird vermutet, dass die ältesten Eschstandorte bereits vor 3000 bis 4000 Jahren Kernstücke des bäuerlichen Lebensraumes gewesen sind. Es handelt sich also um einen sehr alten Flurnamen für das Saatland, auf dem vor allem Getreideanbau erfolgte. Die Flächen waren bis zum Beginn des Mittelalters eher als Blockfluren angelegt. Erst mit der Einführung wendender Pflüge wandelten sie sich durch die damit einsetzende Wölbackerkultur zu Langstreifenfluren mit oft sehr langen und schmalen Teilstücken. Recht häufig findet man Esche, die von einem breiten Kranz jüngerer, eher kurzstreifiger bis blockartiger Äcker (sogenannte Kämpe) umgeben sind (Abb. 1.17).

Heute wird die Flurbezeichnung Esch oftmals unmittelbar mit der Plaggendüngung und dem dadurch entstandenen Bodentyp „Plaggenesch" in Verbindung gebracht (siehe nachfolgende Kapitel). Beide Begriffe sind jedoch nicht identisch. Eschflächen sind wesentlich älter als die Plaggendüngung. Esche wurden nach dem Beginn der Plaggenwirtschaft oftmals mit Plaggen gedüngt, können somit also den Bodentyp Plaggenesch tragen, müssen es aber nicht. Ebenso sind Plaggen auch auf Nicht-Eschstandorten, zum Beispiel den später angelegten Kämpen, ausgebracht worden.

1.6 Die Allmende

Noch bis in das 10. Jahrhundert waren die bäuerlichen Ansiedlungen von dichten ursprünglichen Wäldern umschlossen. Die Höfe und Weiler wirkten wie weit auseinanderliegende Inseln in einem grünen Meer.

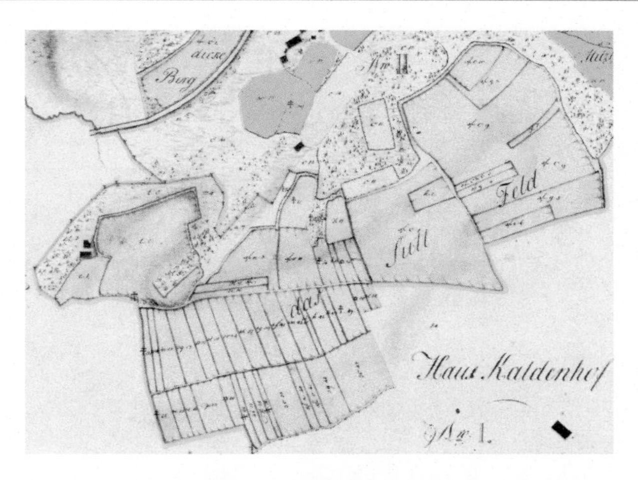

Abb. 1.17 Langstreifenflur mit umgebenden Kämpen 1790, Haus Kaldenhof bei Herringhausen (Landkreis Osnabrück). (Wrede, G. 1964)

Die Wälder waren „Jedermannsland“. Das heißt, sie waren nicht in Besitz einzelner Personen oder Gemeinschaften. Sie wurden als Allmende, Mark oder auch Gemeinheit bezeichnet, in denen die Menschen ihr Vieh weiden, Holz entnehmen, Nahrung sammeln und Plaggen schlagen konnten. Aufforstungen oder anderweitige Pflegemaßnahmen fanden nicht statt, die Verjüngung der Wälder lag in „Gottes Hand“.

Zu Anfang bestanden zwischen den Siedlungen keine festgeschriebenen Grenzen. Mit größer werdendem Bedarf an Nutzflächen infolge von Bevölkerungszuwachs und fortschreitender Besiedlungsdichte wurde die Mark aber immer mehr in Anspruch genommen. Eine Aufteilung und Zuordnung der sogenannten „Großen Allmende“ in Norddeutschland (Abb. 1.18) wurde schließlich notwendig.

Die Marknutzung ging vom 11. bis zum 13. Jahrhundert in die Hände von Markgenossenschaften über. Sie entstanden aus der Notwendigkeit heraus, institutionelle Regelungen zum Schutz der Ressourcen zu schaffen und die Rechte und Pflichten aller Beteiligten zu regeln. Obwohl von Markgenossenschaften gesprochen wurde, besaßen bei Weitem nicht alle Beteiligten die gleichen Rechte. An der Spitze standen die Holzgrafen, gefolgt von den Voll- und Halberben. Für die Kötter und Heuerleute (Landpächter, die zu Arbeitsleistungen auf dem Hof des verpachtenden Besitzers verpflichtet waren) war die Nutzung der Mark dagegen stark eingeschränkt.

Die Überwachung der Regeln der Markgenossenschaften und Ahndung von Verstößen lag in den Händen von Holzgerichten. Sie wurden ein- bis zweimal im Jahr einberufen. Die Verhandlungen nannte man Hölting oder seltener auch Marketing. Thing ist die alte germanische Bezeichnung für Gericht und Hol steht für Holz. Abstimmungsberechtigt waren alle landbesitzenden Mitglieder einer Bauerschaft. Die Teilnahme an den Zusammenkünften war in der Regel verpflichtend.

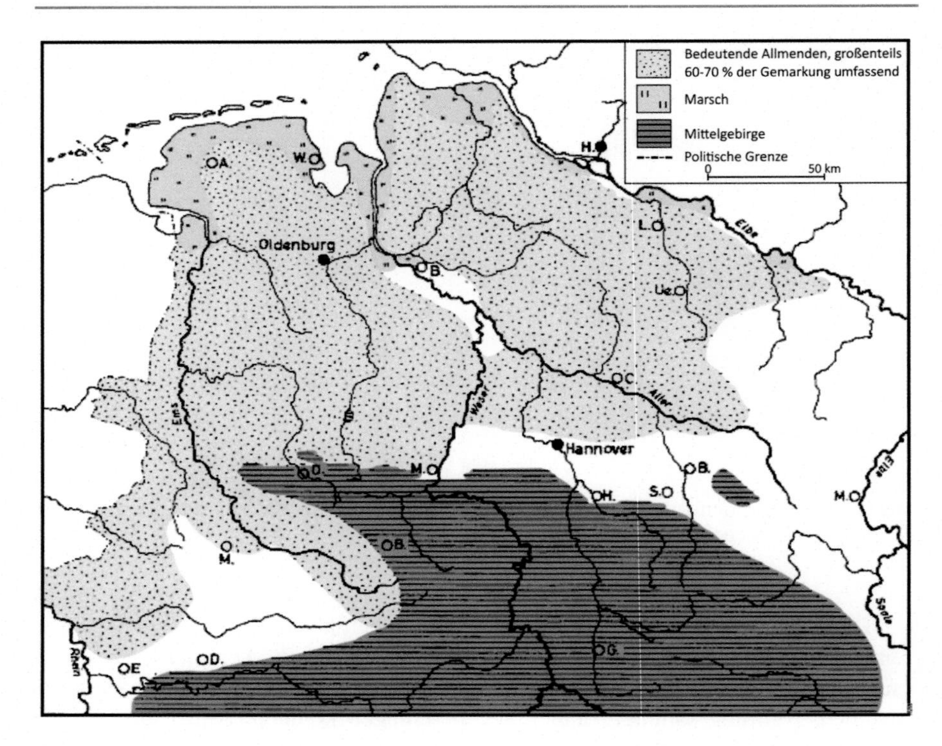

Abb. 1.18 Große Allmende in Norddeutschland um 1780. (Jäger, H. 1961 (verändert))

Die Niederschriften der Treffen werden als **Höltingsprotokolle** bezeichnet. Sie sind heute wesentliche Zeugnisse des Zusammenlebens der bäuerlichen Gesellschaften bis zum Beginn des 19. Jahrhunderts.

Die Leitung der Holzgerichtsbarkeit lag in den Händen eines Holzgrafen, der ursprünglich aus den Reihen der Markgenossen gewählt wurde. Diese Form der Selbstbestimmung war der Obrigkeit jedoch von Anfang an ein Dorn im Auge. Geistlichen und weltlichen Herrschern gelang es bald, die Besetzung der Holzgrafen in ihre Hände zu nehmen und damit die Rechte und Entscheidungsmöglichkeiten der Mitglieder der Markgenossenschaften immer mehr zu beschneiden.

Die Grenzen zwischen den einzelnen, zu Bauerschaften gehörenden Marken lagen fest. Sie wurden nach alter, teils heute noch bestehender Sitte alljährlich als „Schnadegang" (Grenzgang) oder „Schnatgang" abgegangen und bei Bedarf neu markiert. Um der Jugend die Grenzmarkierungen deutlich einzuprägen, wurde ihnen an markanten Stellen in die Wangen gekniffen oder „Backpfeifen" verabreicht. In Osnabrück führt der Traditionsverein „Heger Laischaft" noch heute jährlich solche Schnatgänge (einschließlich „Prägung") durch.

Der Druck auf die Allmende nahm in den folgenden Jahrhunderten durch die steigende Anzahl von Nutzern immer mehr zu. Nach dem Viehschatzregister von

1533/1534 einiger Bauerschaften in den Dammer Bergen (nördlich von Osnabrück) verdoppelte oder verdreifachte sich die Anzahl der Haushalte und damit auch der Viehzahlen im Vergleich zu 1350. Hinzu kam, dass mit Beginn des 16. Jahrhunderts Fürsten und Landesherren zunehmend versuchten, Teile der Allmende zu privatisieren und die genossenschaftliche Nutzung einzuschränken oder auszuschließen. Auch Markgenossen war es möglich, durch Gewohnheitsrecht oder auch Kauf sogenannte Zuschläge zu gewinnen und so weitere Nutzer auszuschließen. Nicht selten versuchten Anlieger auch, durch Versetzen von Zäunen oder Grenzmarkierungen zusätzlichen Grund zu erlangen.

Durch unkontrollierten Holzeinschlag (Abb. 1.19), Waldmast (Abb. 1.20), Ackerlandgewinnung und andere (Über-)Nutzungen verkümmerten die Wälder immer mehr, wurden kleiner und wandelten sich sukzessive in Heideflächen um. Ausgenommen waren lediglich die in herrschaftlichem Besitz befindlichen Bannwälder und Jagdforsten.

Diese Entwicklung wurde im 16. und 17. Jahrhundert durch die Ansiedlung von Markköttern und Heuerlingen verstärkt. Besonders diese Gruppe war auf eine intensive Nutzung der Mark angewiesen, da sie nur geringe oder keine Eschanteile besaßen.

Das Recht auf Nutzung der Mark wurde in der Folgezeit zunehmend reglementiert. Um zum Beispiel den weiteren Rückgang der Waldbestände zumindest zu verlangsamen, versuchte das Hochstift Osnabrück schon 1671, durch den Erlass einer Holzordnung eine gewisse Aufforstung der Allmendeflächen zu erreichen. Die Bemühungen waren allerdings wenig erfolgreich. Im Raum Hagen a. T. W. am Rande des Teutoburger Waldes hieß es schon 1712, es „habe der Zimmermeister in der Gantzen Mark keinen Baum mehr gefunden, welcher geeignet gewesen sei, einen Balken abzugeben“. In den Gebieten bei Meppen und Aschendorf-

Abb. 1.19 Totentanz Waldrodung. Der Holzschnitt von 1538 versinnbildlicht die immensen Waldzerstörungen im Mittelalter. (Holbein, H. d.J. 1538)

Abb. 1.20 Mittelalterliche Waldschädigungen durch Herunterschlagen der Baumfrüchte für die Waldmast. (Breviarium Grimani um 1500)

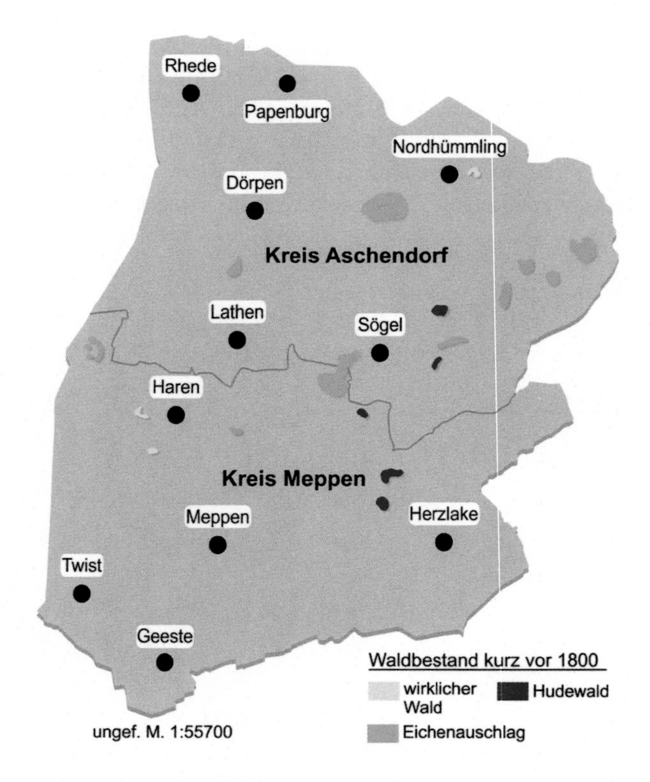

Abb. 1.21 Waldgebiete in den Kreisen Meppen und Aschendorf-Hümmling 1800 (Landkreis Emsland)

Hümmling im Nordwesten Niedersachsens waren die einstmals dichten Wälder um 1800 fast völlig verschwunden (Abb. 1.21).

Mitte des 18. Jahrhunderts waren die Allmendeflächen schließlich derart verkommen, dass sie nicht mehr zu den agrarwirtschaftlichen Verhältnissen jener Zeit passten.

Bis zur Mitte des 19. Jahrhunderts wurde daher die Markteilung durchgeführt, in deren Verlauf die Allmende auf die Markgenossen aufgeteilt wurde und damit in Privatbesitz überging (siehe Abschn. 7.1).

Nahrung braucht das Land

2

2.1 Rasche Bevölkerungszunahme

Nach dem Ende der Völkerwanderungszeit kam es zu einem rasanten Anstieg der Bevölkerungszahlen in Europa. Demnach sollen um das Jahr 700 etwa 27 Mio. Menschen auf unserem Kontinent gelebt haben, um 1000 bereits 42 Mio. und 1300 nicht weniger als 73 Mio. (Abb. 2.1). Allein zwischen der Jahrtausendwende und dem Jahre 1300 stieg die Bevölkerung damit um das etwa 1,7-Fache.

Zu dieser Entwicklung trug ganz wesentlich ein erneuter Klimawandel bei, das sogenannte mittelalterliche Klimaoptimum. Weiterhin wirkte sich auf diese deutliche Bevölkerungszunahme auch eine in Mitteleuropa um 950 beginnende relativ friedliche Zeit aus. Dadurch erhöhte sich der Nahrungsmittelbedarf kontinuierlich. Vom 11. bis zum Beginn des 14. Jahrhunderts kam es zugleich zu einer Vielzahl mittelalterlicher Städtegründungen. Das steigerte den Bedarf an ausreichender Nahrung zusätzlich.

Das mittelalterliche Klimaoptimum

Von 850 bis etwa 1250 kam es zu einer erneuten Klimaerwärmung mit einer für die Landwirtschaft günstigen Niederschlagsverteilung (Abb. 1.3). Insgesamt zeichnet sich das Bild einer Erwärmung mit Temperaturen ab, die den heutigen vergleichbar sind oder etwas darüber lagen. Allerdings scheint diese Zeit durch beachtliche Witterungsschwankungen geprägt worden zu sein. So berichten Chronisten, dass im Winter 1010/1011 der Bosporus zugefroren war und 1118 in Sachsen noch bis in den Juni Fröste auftraten. Andererseits aber sollen 1022 in Nürnberg die Menschen „vor großer Hiz verschmachtet und ersticket" sein. Der Sommer 1130 war so warm und so trocken, dass der Rhein durchwatet werden konnte, und im Januar 1187 blühten bei Straßburg die Bäume. Im August 1338 breiteten sich große Heuschreckenschwärme weit nach Norden bis Thüringen und Hessen aus.

K. Mueller, *Bauern, Plaggen, Neue Böden*,
https://doi.org/10.1007/978-3-662-68915-8_2

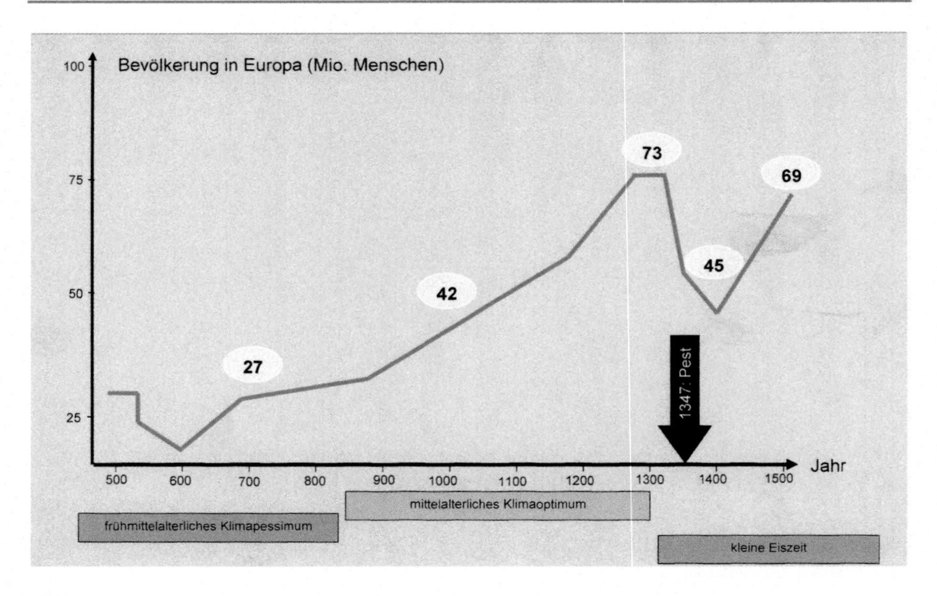

Abb. 2.1 Bevölkerungsentwicklung in Europa im Mittelalter. (Mueller, K.)

Die für den Anbau vieler Kulturpflanzen wichtigen Frühjahrstemperaturen fielen offenbar recht uneinheitlich aus. Kühle und kalte Witterung wechselte mit warmen und teils trockenen Verläufen. Die größte sommerliche Erwärmung Europas fand im Mittelmeerraum statt. Diese Klimaveränderungen scheinen allerdings nur auf die Nordhalbkugel der Erde beschränkt gewesen zu sein. In der Südhemisphäre herrschten zu dieser Zeit eher unterdurchschnittliche Temperaturen und die Eisbedeckung war besonders groß.

Die veränderten Klimaverhältnisse während der mittelalterlichen Warmzeit können auf mehrere Ursachen zurückgeführt werden. Von 900 bis 1000 sowie von 1050 bis 1200 war infolge erhöhter Sonnenaktivitäten die Sonneneinstrahlung besonders stark. Dies führte sowohl zur Erwärmung der Land- und Wasseroberflächen als auch der Atmosphäre. Ein weiterer wichtiger Faktor, besonders für den Nordatlantikraum, war eine positive Phase der Nordatlantischen Oszillation (NAO). Darunter versteht man die Ausbildung eines starken Tiefdruckgebietes über Island und eines starken Hochdruckgebietes über den Azoren (Abb. 2.2). Die damit verbundenen hohen Luftdruckunterschiede brachten starke Westwinde mit sich und sorgten in Europa für milde, feuchte Winter.

Im Mittelmeerraum und dem Vorderen Orient führte das jedoch zu trockenen und kalten Wintern. Diese Tatsache erklärt auch eine besonders starke Erwärmung in Europa im Vergleich zu der restlichen nördlichen Hemisphäre. In Nordwesteuropa ermöglichten die feuchten, warmen Sommer Landwirtschaft in nördlicheren und höher gelegenen Regionen und führten zu guten Ernten. Die

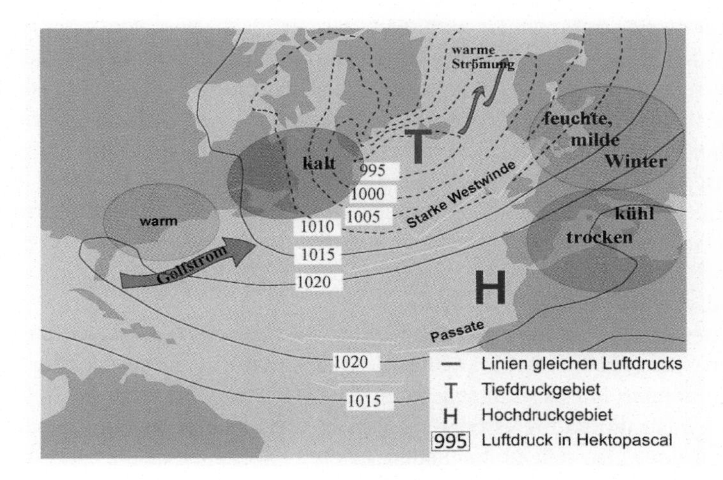

Abb. 2.2 Nordatlantische Oszillation – Tiefdruckgebiet über Island und Hochdruckzone über den Azoren. (wiki.Bildungsserver.de (verändert))

Baumgrenze in den Alpen stieg auf über 2000 m und im südlichen Norwegen konnte Wein angebaut werden.

Anfang des 14. Jahrhunderts setzte eine Phase mit kühleren, oft nassen Sommern und strengeren Wintern ein. Es begann die kleine Eiszeit, die zwischen 1650 und 1715 mit Temperaturen von 1,5 bis 2 °C unter heutigem Durchschnitt ihren Tiefpunkt erreichte und erst um 1850 endete.

Friedlicher werdende Zeit

Nach dem Ende der Völkerwanderungszeit hatte sich im Europa des beginnenden 7. Jahrhunderts eine völlig neue Staatenkonstellation eingestellt. Von den Pyrenäen und der Atlantikküste bis östlich des Rheins dehnte sich das Reich der Franken aus. Es wurde vom Geschlecht der Merowinger begründet, die vom 5. Jahrhundert bis 751 herrschten. Anschließend übernahmen die Karolinger die Macht, deren bekanntester Vertreter Karl der Große (747–814) war. Ihm gelang es, nach verlustreichen Kämpfen die Sachsen niederzuwerfen und das Frankenreich bis östlich der Elbe auszudehnen.

Nach dem Tod Karls des Großen 814 zerfiel das Reich zusehends durch innere Kämpfe, Erbstreitigkeiten, Aufstände und durch Einfälle der Wikinger und Ungarn. Seuchen, Hungersnöte und andere Schrecken des Krieges breiteten sich aus. Das einstmals unter einer Krone vereinigte Frankenreich zerfiel in einen West- und einen Ostteil. Im Jahr 919 wurden in Ostfranken die Karolinger als Herrscher schließlich durch die sächsischen Ottonen abgelöst. Unter ihnen befriedete sich das Land zunehmend. Mitte der Fünfzigerjahre des 10. Jahrhunderts waren die Bürgerkriege eingedämmt und die äußeren Feinde niedergeworfen.

Kriegerische Auseinandersetzungen gab es nach wie vor, aber sie fanden eher an den Reichsgrenzen statt. Im Inneren gab es immer wieder kleinere Auseinandersetzungen: lokale Scharmützel des Rittertums, einzelner Feudalherren und der aufstrebenden Städte gegen- und untereinander. Mit dem Erwerb von Teilen Italiens 951 und der Kaiserkrönung von Otto I. 962 stieg das ehemalige Ostfrankenreich als „Heiliges Römisches Reich deutscher Nation" zur Hegemoniemacht in Europa auf. Auch diese zunehmend friedlichen Zeiten im Kerngebiet des Landes begünstigten eine rasche Bevölkerungszunahme.

Mittelalterliche Stadtgründungen

Die Zeit vom 11. bis zum 14. Jahrhundert war gekennzeichnet durch eine Vielzahl von Stadtgründungen. Im deutschen Sprachraum stieg die Zahl der Städte von wenigen hundert auf ca. dreitausend an. Die Bewohner rekrutierten sich vor allem aus dem Zustrom landfreier oder landarmer, oftmals höriger oder leibeigener Bevölkerungsteile aus den umliegenden ländlichen Gebieten, die sich dadurch ein besseres Leben versprachen (Abb. 2.3).

Die Städte entwickelten sich schnell zu wichtigen Zentren geistlicher und weltlicher Macht. Alte römische Städte wie Trier, Mainz oder Köln blühten wieder auf. Neue Städte wie Leipzig, Magdeburg oder Berlin wurden gegründet. Im norddeutschen Raum sind in diesem Zusammenhang auch Hamburg, Lübeck, Bremen, Oldenburg, Osnabrück oder Münster zu nennen. Zur größten Stadt im deutschsprachigen Raum entwickelte sich im Hochmittelalter Köln mit ungefähr 40.000 Einwohnern. Es bildeten sich neue städtische Hierarchieebenen wie Patrizier, Handwerker und ihre Gilden, eine Unterschicht und Randgruppen heraus (siehe Ergänzung: „Stadtluft macht frei").

Abb. 2.3 Gegensatz Stadt–Land zu Beginn des 16. Jahrhunderts. (Szakonyi, B.)

Viele bedeutende Städte des Mittelalters lagen an Küsten oder an Flüssen und waren durch Handel und Gewerbe geprägt. Die Städte verfügten nicht nur über das ursprünglich vom König und ab dem 12. Jahrhundert von den jeweiligen Landesherren verfügte Marktrecht, sondern erlangten auch Selbstverwaltung und nach dem Grundsatz „Stadtrecht bricht Landesrecht" eine eigene Gerichtsbarkeit. Handwerker und in die Städte abgewanderte, ehemals unfreie Bauern gewannen so ein beachtliches Maß an Freizügigkeit. Nach dem 14. Jahrhundert blieben städtische Neugründungen überschaubar.

„Stadtluft macht frei"

Das Zusammenleben der Menschen im Hochmittelalter war durch die Grundherrschaft geprägt. Das heißt, das Land befand sich im Besitz von Grundherren (König, Adel, Klerus), das von abhängigen, persönlich unfreien Bauern bewirtschaftet wurde. Die krasseste Stufe der Unfreiheit war die Leibeigenschaft. Leibeigene Bauern waren körperlichen Züchtigungen ausgesetzt, sie konnten vom Hof vertrieben oder verkauft werden und durften nur mit dem Einverständnis ihres Herrn heiraten.

Als ab dem 11. Jahrhundert neue Städte entstanden, suchten immer mehr Menschen der Grundherrschaft zu entkommen, um in den neuen Siedlungszentren ihr Glück zu finden. Dort waren sie in der Regel für den Grundherrn nicht mehr greifbar. Nach damaligem Rechtsbrauch konnte ein Leibeigener nach „Jahr und Tag" in der Stadt nicht mehr von seinem Grundherrn zurückgefordert werden. Nach Ablauf dieser Frist war es den Betroffenen möglich, ein Leben in Freiheit zu führen. Daher der Ausdruck: „Stadtluft macht frei" (Abb. 2.4).

Allerdings war es nicht so einfach, das Bürgerrecht zu erwerben. Es musste gekauft oder ererbt werden. Oft gerieten die Neuankömmlinge von einer Unfreiheit in die nächste, denn ihr Besitz war zeitlebens zu gering, um in den Genuss des Bürgerrechts zu kommen. Zudem war das Leben in der Stadt deutlich durch kaum zu überwindende Standesunterschiede geprägt. Nur gut 2 % des Bevölkerungsanteils entfielen auf die Gruppe der wohlhabenden Ratsherren und Kaufleute. Handwerker stellten etwa 50 % der Stadtbevölkerung dar. Auf die sogenannte Unterschicht und Randgruppen (Tagelöhner, Bedienstete, Gesinde, Arme, Bettler u. a.), denen oft auch die in die Städte Geflüchteten angehörten, entfielen 40–60 %. Auch war die Stadt im Mittelalter oft kein gesunder Lebensraum. Es war sehr eng, die Gassen und Straßen voller Müll und Fäkalien. Brände breiteten sich oft rasend schnell aus und bedrohten Leib und Leben.

Abb. 2.4 Gemälde „Kampf zwischen Karneval und Fasten" von 1559. (Brueghel, P. d. Ä. 1559)

2.2 Zwei Wege

Durch die rasche Bevölkerungszunahme zwischen 900 und 1300 erlebte Europa eine einzigartige Periode des Aufschwungs und der Entfaltung von Wirtschaft und Gesellschaft. Dies hatte zur Folge, dass auf dem bisher kultivierten Land nicht mehr genug Nahrungsmittel für die enorm wachsende Bevölkerung produziert werden konnten. Notwendig wurden neue Anbaumethoden, die höhere Erträge bei zugleich steigender Ertragssicherheit gewährleisteten.

Generell kann die Agrarproduktion auf zwei Wegen gesteigert werden:

- durch extensive Ausweitung der Anbauflächen bei gleichbleibenden Erträgen pro Flächeneinheit,
- durch Intensivierung, d. h. Steigerung der Erträge pro Flächeneinheit.

Beide Wege wurden mit Beginn des 10. Jahrhunderts beschritten, wobei die zwei Vorgehensweisen meist miteinander kombiniert wurden. Durch Rodungen nahm der Waldanteil in Deutschland von ca. 70 % um das Jahr 1000 auf nahezu 20 % bis etwa 1300 ab. Zugleich stieg der Umfang des Ackerlandes, der Grünlandflächen und der Heidelandschaften deutlich an. (Abb. 2.5).

In den Mittelgebirgen drangen die Siedler weiter die Täler hinauf bis in Bereiche, die mit 100–200 Höhenmetern deutlich über heutigem Geländeniveau der

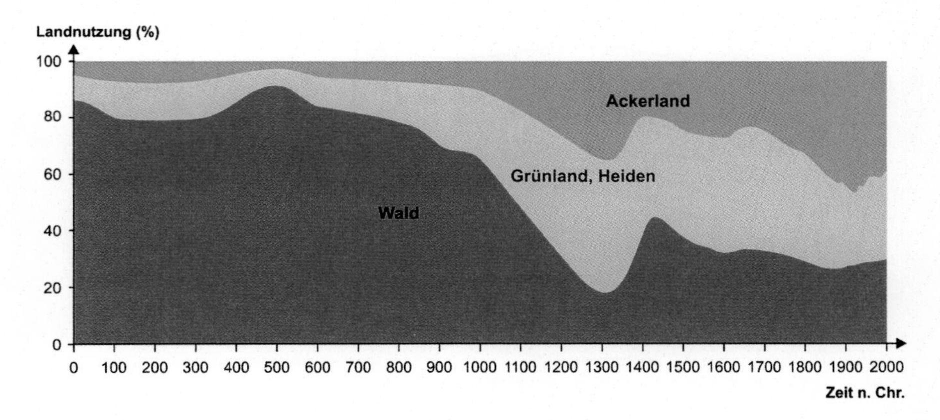

Abb. 2.5 Entwicklung der Wald-, Grünland- und Ackerflächen in Deutschland von der Römerzeit bis heute. (Poschlod, P. 2017)

landwirtschaftlichen Nutzung liegen. In der Norddeutschen Tiefebene begann die Moorkultivierung. Die flächendeckende Marschenbesiedlung an der deutschen Nordseeküste war zu dieser Zeit weitgehend abgeschlossen.

In weiten Teilen Mitteleuropas wie auch in Süd- und Westdeutschland etablierte sich die erstmals im 8. Jahrhundert erwähnte Dreifelderwirtschaft (siehe Ergänzung: Dreifelderwirtschaft) mit jährlichem Wechsel von Brache, Sommer- und Winterfrucht.

Dreifelderwirtschaft

Die Dreifelderwirtschaft ist seit dem 8. Jahrhundert bekannt. Sie wurde sehr rasch zur dominierenden Form der Landbewirtschaftung in großen Teilen Mitteleuropas wie auch in Süd- und Mitteldeutschland. Lediglich in der Nordwestdeutschen Tiefebene, in den östlichen Niederlanden und in Teilen Belgiens setzte sie sich nicht durch. Hier dominierte bis zum Beginn des 20. Jahrhunderts die durch die Plaggenwirtschaft geprägte Einfelderwirtschaft.

Die Dreifelderwirtschaft war gekennzeichnet durch einen jährlichen Wechsel von Wintergetreide, Sommergetreide und Brache (Abb. 2.6). Im ersten Anbaujahr wurde im Herbst gepflügt und Wintergetreide ausgesät. Nach der Ernte im folgenden Sommer wurde die Fläche erneut bearbeitet und im Frühjahr eine Sommerfrucht ausgebracht. Im dritten Anbaujahr ruhte der Acker. Durch die damit verbundene Anbaupause konnten sich die Böden erholen. Zudem wurde auf der Brache das Vieh geweidet, sodass eine Düngung der Flächen gewährleistet war.

Bei dieser Wirtschaftsform war die Ackerfläche in drei Teile (Gewanne) gegliedert, die einheitlich bewirtschaftet wurden. Die Bewirtschaftung erfolgte im Rahmen des Flurzwanges, da Feldwege fehlten und die einzelnen

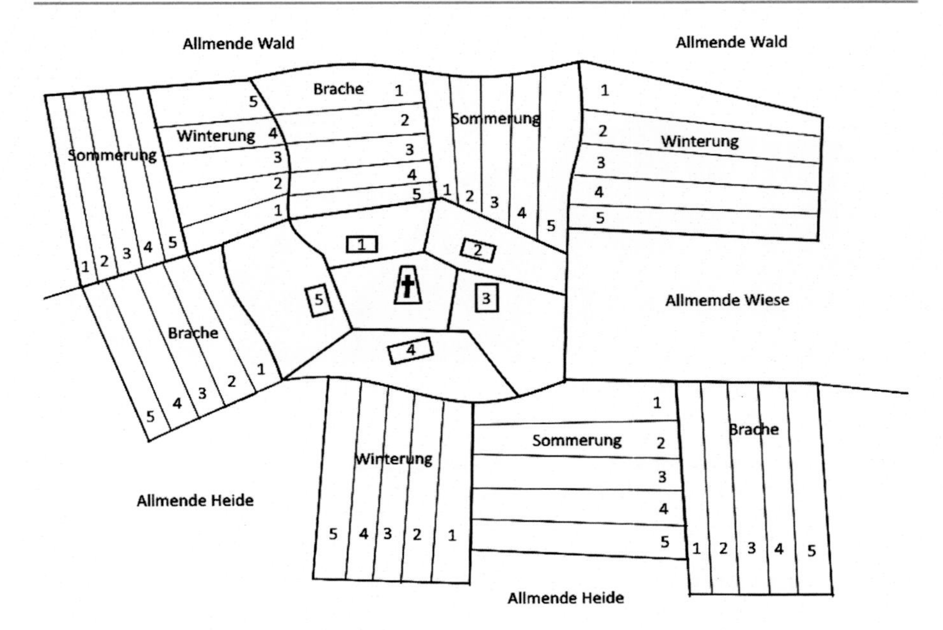

Abb. 2.6 Schema der Dreifelderwirtschaft. (Mueller, K.)

Parzellen nur durch Überfahrt der Nachbarfläche erreichbar waren. Innerhalb der Gewanne hatte jeder Hof seine Fläche. Alle Arbeiten mussten somit gleichzeitig durchgeführt werden.

Nachteil der Dreifelderwirtschaft war, dass Jahr für Jahr nur zwei Drittel der Gesamtfläche bebaut wurden. Anfang des 18. Jahrhunderts wurde die Brache aufgegeben und durch Ackernutzung ersetzt. Angebaut wurden dann vor allem Kartoffeln, aber auch Rotklee und Rüben. Dieses System wird auch als verbesserte Dreifelderwirtschaft bezeichnet. Die Dreifelderwirtschaft hatte bis Mitte des 19. Jahrhunderts Bestand, wurde dann aber durch die Markteilung und Verkopplung beendet.

Die Flächenleistung der Äcker konnte dadurch erheblich gesteigert werden. Nur in der Nordwestdeutschen Tiefebene setzte sich die Einfelderwirtschaft durch, die auf einen mehrjährigen Anbau des mit sich selbst verträglichen Winterroggens beruhte. Auswertungen von Pollendiagrammen zeigen die enorme Ausdehnung des Roggenanbaus zwischen den Jahren 900 bis 1000 sehr deutlich (siehe Ergänzung Abschn. 3.1: Pollenanalyse).

2.3 Auf Sand (an)gebaut

Die Frage ist: Warum setzte sich im Nordwesten Deutschlands die Dreifelderwirtschaft nicht durch? Der Grund lässt sich, wie bei vielen anderen Entwicklungen in der Geschichte auch, mit dem „Boden der Tatsachen" erklären. Weite Teile der nordwestdeutschen Landschaft sind aus quarzreichen, nährstoffarmen und kalkfreien Sanden aus den Vereisungsperioden der letzten 350.000 Jahre aufgebaut. Aus diesem Material entwickelten sich Böden mit relativ geringer Bodenfruchtbarkeit, einer ebenso unzureichenden Ertragssicherheit und nur geringem Wasserhaltevermögen. Sehr weit verbreitet sind bis heute vor allem zwei Bodentypen, die nach der Deutschen Bodensystematik von 2005 (KA 5) als „dystrophe Braunerde" (nährstoffarme Braunerde) und als „Podsol" (russisch Ascheboden) bezeichnet werden (siehe Ergänzung: Deutsche Bodensystematik). Beides sind basen- und nährstoffarme Standorte mit geringer Ertragsfähigkeit.

In der **dystrophen Braunerde** (Abb. 2.7) hat die Verwitterung in den Sanden den Unterboden erreicht und dort einen deutlich sichtbaren braunen Bereich (der Bodenkundler spricht von einem Horizont) gebildet. Die Farbgebung wird hervorgerufen durch die Verwitterung eisenhaltiger Minerale im Boden, bei der zweiwertiges Eisen gelöst und in die Bodenlösung abgegeben wird. Sobald dieses Eisen mit Sauerstoff in Kontakt kommt, oxidiert („verrostet") es und bildet „Goethit" (benannt nach Johann Wolfgang von Goethe), ein neues Mineral, das die Bodenteilchen umhüllt und den Boden braun färbt. Dieser Ablauf wird als Verbraunung bezeichnet.

Die Verbraunung geht immer auch mit der Verlehmung einher. Dabei werden durch die Verwitterung Teile bodenbildender Minerale in ihre Bausteine zerlegt und neu aufgebaut. Diese jetzt entstehenden Tonminerale sind kleiner, haben aber

Abb. 2.7 Bodenprofil einer dystrophen Braunerde aus Geschiebelehm. (Mueller, K.)

Abb. 2.8 Oberfläche einer Braunerde am Rande des Wiehengebirges (Landkreis Osnabrück). (Mueller, K.)

eine große Bedeutung für den Wasserhaushalt und das Nährstoffhaltevermögen der Böden. Der Tongehalt nimmt zu, die Bodenart wird lehmiger, die Bodenfruchtbarkeit steigt (Abb. 2.8).

Deutsche Bodensystematik

Viele Erscheinungen in der Natur zeugen von einer ungeheuren Vielfalt. Das trifft auch für Böden zu. Kein Boden gleicht dem anderen. Wie andere Naturerscheinungen auch können sie aber in ein System gebracht werden: Dies erleichtert den Überblick und lässt Verwandtschaften erkennen. Beispiele dafür sind die weltweit einheitlichen Systematiken in der Botanik oder der Zoologie. Für Böden weltweit anwendbar ist die „World Reference Base for Soil Resources" (WRB). In vielen Ländern wurden zudem regionale Systeme entwickelt, mit deren Hilfe Bodenentwicklungen und -eigenschaften der jeweiligen Regionen besonders gut beschrieben werden können.

Die Deutsche Bodensystematik ist ein Kombinationssystem, das sehr stark Prozesse der Bodenentwicklung und deren Merkmale in den Vordergrund stellt, teilweise aber auch territoriale Zuordnungen berücksichtigt. Mit ihrer Hilfe können die Böden der gemäßigten Breiten, besonders die Mitteleuropas, sehr gut beschrieben werden. Bei Böden anderer Klimazonen stößt sie allerdings rasch an ihre Grenzen.

Die Deutsche Bodensystematik erschien als ausführliches Regelwerk zur Beschreibung von Böden erstmals 1965 als „Bodenkundliche Kartieranleitung" (KA1). Sie wurde mehrfach überarbeitet und liegt aktuell in der fünften Auflage (KA5) vor. Eine sechste, überarbeitete und erweiterte Ausgabe ist für das Jahr 2024 angekündigt.

Die Deutsche Bodensystematik nach KA5 ist ein System, das aus 6 Hierarchieebenen aufgebaut ist. Auf der 1. Ebene sind 4 Abteilungen zusammengefasst, die nach ihrer unterschiedlichen Beeinflussung durch Wasser geordnet sind. Sie gruppieren sich weiter in 21 Klassen auf der 2. und 56 Bodentypen auf der 3. Ebene. **Diese Bodentypen** mit untersetzenden Subtypen (4. Ebene), Varietäten (5. Ebene) und Subvarietäten (6. Ebene) **sind die eigentlichen Grundeinheiten der Deutschen Bodensystematik.** Hauptkartiereinheiten der bodenkundlichen Standortaufnahme sind die Bodenformen, die sich aus der Kombination der Bodentypen mit substratsystematischen Einheiten ergeben.

Wird ein Boden aufgegraben, erhält man eine zweidimensionale Grabungswand, die als **Profil** bezeichnet wird. Dieser Grabungsschnitt ist in seinem Erscheinungsbild oft weit vom Aussehen des Ausgangsmaterials der Bodenbildung entfernt. Vor allem zeigt der Schnitt unterschiedliche Lagen, die in der Bodenkunde als **Horizonte** bezeichnet werden. Sie sind in ihrem Aufbau, in ihren Farben und Eigenschaften charakteristisch für die jeweiligen Bodentypen und bestimmen in ihrer Kombination auch deren Namensgebung. Den einzelnen, von bodenbildenden Prozessen geprägten Horizonten werden je nach ihrem Erscheinungsbild, ihrer Entstehung und ihren Eigenschaften Großbuchstaben zugewiesen.

Diese Horizontkennzeichnungen werden zur genaueren Beschreibung ergänzt durch vor- und nachgestellte Kleinbuchstaben. Vorangestellte Buchstaben stehen für Eigenschaften, die sich aus dem Ausgangsmaterial der Bodenbildung ergeben. Nachgestellte Buchstaben beschreiben Eigenschaften, die erst durch die Bodenbildungsprozesse entstanden sind. Die Abfolge dieser Horizontsymbole ergibt den Bodentyp. Treten Übergangsbodentypen auf, kann das ebenfalls durch eine entsprechende Buchstabenkombination dargestellt werden.

Verbraunung und Verlehmung sind untrennbar miteinander verbunden und laufen stets parallel zueinander ab. Sie sind die charakteristischen, bodenbildenden Abläufe der Braunerden.

Podsole entstehen bei feucht-kühlem, ausgeglichenem Klima in stark sauren, kalkfreien und nährstoffarmen Sanden mit sauerhumusbildender Vegetation (Abb. 2.9). Diese Voraussetzungen sind in der Norddeutschen Tiefebene gegeben. Unter diesen Umständen kommt es zum Ablauf der Podsolierung. Dabei geht der Streuabbau aufgrund niedriger pH-Werte nur langsam voran, wobei die Humifikation (Aufbau hochkomplexer Huminstoffe) gegenüber der Mineralisation (Zerlegung bis zu den anorganischen Pflanzennährstoffen) überwiegt. Die sich dabei bildenden Huminsäuren (besonders Fulvosäuren) verbinden sich mit freigesetzten Metalloxiden und werden bei gleichmäßig hohen Niederschlägen mit dem Sicker-

Abb. 2.9 Bodenprofil eines Podsols aus Geschiebesand. (Mueller, K.)

wasser in die Tiefe verlagert. Dadurch entsteht im oberen Teil des Bodens ein stark gebleichter Horizont.

In etwa 30–60 cm Bodentiefe werden die verlagerten Stoffe wieder festgelegt und akkumuliert. Es bilden sich humose schwarze Bänder und direkt darunterliegende, rotbraune, mit Eisen- und Manganoxiden stark angereicherte Bereiche. Nicht selten sind sie so fest und dicht gelagert, dass sie kaum noch wasser- und wurzeldurchlässig sind. Dann werden sie als Ortstein bezeichnet. Diese sehr komplexen, chemisch-physikalischen Abläufe werden in der bodenkundlichen Terminologie unter dem Begriff „Podsolierung" zusammengefasst.

Abb. 2.10 Raseneisenstein (links) und Ortstein (rechts) im Vergleich. (Mueller, K.)

Der Ortstein sollte nicht mit Raseneisenstein verwechselt werden, der auf anderen Wegen an der Oberfläche (in der Grasnarbe) grundwassernaher Böden entstehen kann (Abb. 2.10).

Sowohl der aschefarbene Auswaschungsbereich als auch die darunterliegenden, humus- und metalloxidreichen Lagen der Podsole sind typisch für diesen Boden. Werden diese Standorte gepflügt, kann der obere „Bleichsand" an die Bodenoberfläche befördert werden und ist dann deutlich sichtbar (Abb. 2.11).

Abb. 2.11 Oberfläche eines gepflügten Podsols mit streifenweise aufgepflügtem „Bleichsand" in den Dammer Bergen (Landkreis Vechta). (Mueller, K.)

Abb. 2.12 Podsol aus Geschiebesand in der Rostocker Heide (Mecklenburg-Vorpommern). (Mueller, K.)

Abb. 2.13 Roggenpflanzen. (Mueller, K.)

Losgelöst davon zeichnen sich Podsole aber auch durch eine interessante ästhetische Komponente aus: Für viele gelten sie als ausgesprochen farbschöne Böden. Abb. 2.12 zeigt ein besonders beeindruckendes Podsolprofil einer Sanderfläche in der Rostocker Heide nahe der deutschen Ostseeküste.

2.4 Lösung des Problems

Auf den sandigen Braunerden und Podsolen konnten keine anspruchsvolleren Fruchtarten gedeihen. Dennoch wurden diese Böden verbreitet für den landwirtschaftlichen Anbau genutzt, weil potenziell fruchtbarere, lehmige oder gar tonige Standorte mit der zur Verfügung stehenden Technik kaum bearbeitet werden konnten. Angebaut wurden vor allem der mit sich selbst verträgliche und relativ anspruchslose Roggen (Abb. 2.13, siehe Ergänzung: Roggen). Andere Getreidearten traten dagegen weit zurück. Auf Moorflächen wurde ab dem 14. Jahrhundert verstärkt auch Buchweizen kultiviert.

Roggen

Roggen gehört ebenso wie Weizen, Gerste und Hafer zur Gruppe der Süßgräser. Seine Urform entwickelte sich vermutlich in den Bergregionen Kleinasiens, Irans und Afghanistans bis Tadschikistan. Er trat zunächst als Wildgras in frühen Weizen- und Gerstenkulturen auf, wurde dann aber durch züchterische Auslese zu einer Kulturpflanze weiterentwickelt.

Seine Nutzung begann vor fast 9000 Jahren im Vorderen Orient. Bei den Etruskern (lebten bis zum 3. Jahrhundert v. Chr. in Italien) war er seit etwa

3600 Jahren bekannt, galt aber als minderwertiges Getreide, das nur in rauen Lagen am Nordrand der Alpen angebaut wurde. Verbreitet war die Vorstellung, dass sich hier der Weizen allmählich in Roggen verwandelt habe.

In Mitteleuropa begann nach archäologischen Funden die Nutzung des Roggens vor etwa 2500 bis 2600 Jahren. Er wurde hier rasch zum wichtigsten Brotgetreide der ansässigen Kelten, Germanen und Slawen.

Die Dominanz des Roggens erklärt sich aus seinen Anbaueigenschaften und seinen Standortansprüchen. Durch seine hohe Selbstverträglichkeit und Krankheitsresistenz kann er über viele Jahre hintereinander angebaut werden. Hinzu kommt, dass Roggen Temperaturen bis −25 °C erträgt und sich die Wurzeln in bis zu 1 m Bodentiefe mit einer Wurzeloberfläche von bis zu 400 m^2 entwickeln können. Dadurch verfügt er über eine hohe Kälte- und Trockenheitstoleranz und gedeiht somit unter den klimatischen und bodengegebenen Bedingungen im nördlichen Mitteleuropa oft besser als andere Getreidearten. Vor allem in der Nordwestdeutschen Tiefebene erreichte der Anbau von Roggen ab dem Beginn des Hochmittelalters eine überragende Bedeutung. Er liefert auf den hier verbreiteten nährstoffarmen Sandböden unter feucht-kühlen Klimabedingungen ausreichend hohe Erträge mit beachtlicher Ertragssicherheit und wurde schlicht als „Korn" bezeichnet. Bis Ende des 19. Jahrhunderts dominierten vor allem hoch aufwachsende Sorten, deren Stroh als Winterfütterung für das Vieh unentbehrlich war. Sehr sandreiche Gebiete wie die Lüneburger Heide oder das Wendland wären ohne den Roggenanbau wohl kaum oder wesentlich schwächer besiedelt worden.

Ein Problem war allerdings, dass Roggen von den Getreidearten am meisten von dem stark giftigen Mutterkornpilz befallen wurde. Durch mangelhafte Reinigung des Getreides gelangten die Mutterkörner ins Roggenmehl, was zu lokalen Massenvergiftungen mit Tausenden von Todesfällen führen konnte, deren Ursache als Strafe Gottes verstanden wurde. Die Vergiftung führte zu schmerzhaften Krampfanfällen und Muskelzuckungen bis hin zum Verlust ganzer Extremitäten. Die Erkrankung wurde auch als „Antoniusfeuer" bezeichnet und erinnert an die Qualen des Heiligen Antonius, der im 4. Jahrhundert lebte.

Solange ausreichend Land zur Verfügung stand, konnten die daraus resultierenden niedrigen Erträge durch Ausweitung der Anbauflächen ausgeglichen werden. Zu Beginn des 10. Jahrhunderts waren die Möglichkeiten der extensiven Ausdehnung der Ackerflächen aber weitgehend ausgeschöpft. Durch die Allmendenutzung (siehe Abschn. 1.6) waren der Erweiterung zusätzlich Grenzen gesetzt.

Hinzu kam auf den ertragsschwachen Böden ein weiteres Problem: die hohe Ertragsunsicherheit. Regnete es in den Frühjahrs- und Sommermonaten ausreichend, konnte die für das Überleben der bäuerlichen Familien notwendige Nahrung in ausreichenden Mengen erzeugt werden. Fielen die Jahre aber zu trocken aus, war das Leben durch Hungersnöte oder sogar den Hungertod bedroht.

Roggen wird Ende September bis Anfang Oktober gesät und Ende Juli bis Anfang August geerntet. Im Gegensatz zu Sommergetreide mit weiten Anbaupausen oder der Dreifelderwirtschaft mit zwischengeschalteter Brache und abwechslungsreicherer Fruchtfolge konnten sich die Böden dadurch nicht mehr erholen. Das Reservoir der nährstoffarmen sandigen Standorte erschöpfte sich in wenigen Jahren. Zudem waren viele Äcker unter den Pflug genommen worden, die aus heutiger Sicht als Grenzstandorte anzusprechen sind und eine dauerhafte Nutzung nicht ertrugen.

Trotz der insgesamt günstigen ackerbaulichen Bedingungen im Hochmittelalter, vor allem durch das milde und feuchte Klima, kam es immer wieder auch zu Missernten und Hungersnöten. Insbesondere zu Beginn des 14. Jahrhunderts häuften sich diese Ereignisse. Neben einer Steigerung der Erträge musste somit vor allem die Ertragssicherheit erhöht werden. Dies war nur durch ausreichende und kontinuierliche Düngung zu erreichen.

Mineralische Düngemittel standen mit Ausnahme von Mergel, der in der Nordwestdeutschen Tiefebene aber nur vereinzelt zu finden war, nicht zur Verfügung. Organische Stoffe konnten dagegen eingesetzt werden, aber auch hier gab es erhebliche Einschränkungen. Verwertbare Abfälle aus Haus, Hof und Garten wurden fast ausnahmslos verfüttert. Tierische Exkremente für die Düngung reichten bei Weitem nicht aus, weil sie durch die Weide- und Waldhaltung, besonders von Rindern, Schweinen, Schafen und Ziegen, weitgehend verloren gingen. Bei den auf dem Hof gehaltenen Tieren wie Pferden, Kühen und Kleinvieh sowie bei Stallhaltung im Winter wurde der Dung hingegen sorgsam gesammelt. Reines Stroh war aufgrund seiner ungünstigen Nährstoffzusammensetzung als organisches Düngemittel kaum geeignet. Außerdem wurde Stroh als Rohstoff für handwerkliche Arbeiten und im Hausbau eingesetzt. Vor allem aber wurde Stroh als Winterfutter für das Vieh benötigt. Stalldung auf Strohbasis stand somit als Düngemittel praktisch nicht zur Verfügung. Erst mit Beginn der Neuzeit und der zunehmenden Stallhaltung wurde Stroh vermehrt auch als Einstreumaterial verwendet.

Die Lösung des Problems war die sogenannte Plaggenwirtschaft, die in der Nordwestdeutschen Tiefebene flächendeckend zu Beginn des 10. Jahrhunderts begann und erst Anfang des 20. Jahrhunderts mit der verbreiteten Einführung mineralischer Düngemittel (vor allem Stickstoff) endete.

3 Harte Arbeit

Auslöser für die Plaggenwirtschaft war der zunehmende Bedarf an Brotgetreide zum Ende des Frühmittelalters. Auf den sandigen, nährstoffarmen Böden Nordwestdeutschlands war dies nur durch den intensiven Anbau des selbstverträglichen und genügsamen Roggens als Dauerkultur zu erreichen. Durch die damit verbundene ganzjährige Nutzung ohne Anbaupausen laugten die Böden in wenigen Jahren aus. Da kaum andere organische Dünger zur Verfügung standen, wurde die notwendige Bodenverbesserung über die Plaggendüngung erreicht. Der Ablauf der Plaggenwirtschaft ist in Abb. 3.1 dargestellt und wird in den nachfolgenden Abschnitten erläutert.

3.1 Beginn der Plaggenwirtschaft

Die Anfänge der Plaggenwirtschaft lassen sich nicht eindeutig belegen. Wahrscheinlich ist aber, dass bereits die ersten Siedler in Mitteleuropa (siehe Kap. 1) vor 7000 bis 6000 Jahren den Wert der organischen Düngung zur Steigerung und Stabilisierung der Erträge erkannten. Hinweise darauf finden sich zum Beispiel auf der Insel Sylt. Im November 1981 wurde hier bei einer Sturmflut ein bronzezeitlicher Grabhügel freigespült, unter dessen Sohle sowie in der näheren Umgebung bis zu 70 cm mächtige, tief humose Aufträge aus Heidesand- und Kleiplaggen (der Begriff Klei bezeichnet Marschensedimente) zu finden waren. Dies muss allerdings kein eindeutiges Zeichen für die Verwendung von Plaggen zu Düngungszwecken sein. Bronzezeitliche Grabhügel wurden auch unter Verwendung von Grassoden errichtet.

Verschiedentlich wurde versucht, den Beginn der Plaggenwirtschaft anhand der Mächtigkeit der Plaggenauflage über der ehemaligen Bodenoberfläche abzuschätzen. Dabei setzt man voraus, dass die durchschnittliche Zuwachsrate beim Plaggenauftrag etwa 1 mm pro Jahr betrug. Bei einer Plaggenüberdeckung von heute 40–120 cm begann danach die Plaggenwirtschaft im 8. bis 16. Jahrhundert.

K. Mueller, *Bauern, Plaggen, Neue Böden*,
https://doi.org/10.1007/978-3-662-68915-8_3

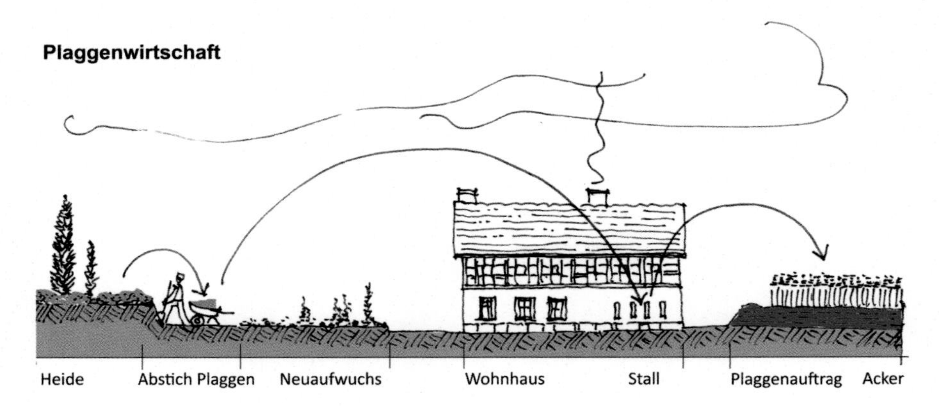

Abb. 3.1 Ablauf der Plaggenwirtschaft. (Thierer, K.)

Diese Vorgehensweise ist allerdings sehr unsicher, weil die Plaggendüngung an unterschiedlichen Standorten nicht in gleicher Intensität erfolgte und auch die Auflagenhöhe auf einer Fläche in kürzesten Abständen variieren kann. Auswertungen des Bodenaufbaus der Plaggenesche zeigen zudem, dass es immer wieder Jahre und Jahrzehnte des Stillstands des Plaggenauftrags, gefolgt von Zeiten einer raschen Überdeckungszunahme gegeben hat.

Auch der Versuch einer Altersbestimmung anhand archäologischer Befunde an der Basis der Plaggenauflage ist wenig geeignet, weil die Funddichte in der Regel sehr gering ist und zudem die Artefakte verschleppt worden sein können. Hinzu kommt, dass Hinterlassenschaften an der Basis der Plaggenüberdeckung wesentlich älter als der Beginn der Überdeckung sein können. Funde der Varusschlacht in Kalkriese aus dem Jahre 9, die an der Basis von Plaggeneschen entdeckt wurden, zeigen dies eindrucksvoll (Abb. 3.2).

Ein Durchbruch wurde ab den 1950er-Jahren mit der Einführung der Radiokarbondatierung (14C-Methode) zur Altersbestimmung organischer Materialien erreicht (siehe Ergänzung: Radiokarbonmethode). Plaggenauflagen sind unter anderem dadurch gekennzeichnet, dass sie fast durchgehend auch fein verteilt Holzkohlereste enthalten, die sich gut mithilfe der 14C-Bestimmung datieren lassen. Diese Holzkohle stammt fast immer aus Herdbrandresten von kurz zuvor geschlagenem Feuerholz, die mit den Plaggen kompostiert wurden und so auf die Äcker gelangten. Unschärfen bei der Altersbestimmung der Plaggenauflagen können aber aus Durchmischungen und Aufpflügen im Zuge der Bodenbearbeitung und der damit verbundenen Verschleppung der Kohlestückchen resultieren. Auch wenn Holzaschen wesentlich früher geschlagener Hölzer (z. B. nach Hofbränden) oder mit alten Plaggen auf die Äcker gelangten, kann dies zu Fehlinterpretationen führen. Dennoch kann die 14C-Analyse der Holzkohle als vergleichsweise verlässliche Methode der Altersbestimmung bezeichnet werden. Abgesehen von wenigen Ausnahmen weisen unterschiedliche 14C-Untersuchungen auf einen Beginn der Plaggenwirtschaft vom 7. bis 14. Jahrhundert hin.

Abb. 3.2 Kupferschatzfund aus dem Jahre 9 n. Chr. an der Basis eines Plaggenesch, Ausgrabungen zur Varusschlacht in Kalkriese (Landkreis Osnabrück). (© Varusschlacht im Osnabrücker Land, Hehmann, S.)

Radiokarbonmethode

Die Radiokarbonmethode basiert auf dem 14C-Isotopenkreislauf (Abb. 3.3). Sie wurde in den 40er-Jahren des 20. Jahrhunderts von dem US-amerikanischen Chemiker und Geophysiker Willard Frank Libby entwickelt, der die kosmische Strahlung untersuchte.

Bestandteil der kosmischen Strahlung sind hochenergetische Neutronen, die permanent auf den oberen Teil der Erdatmosphäre treffen. Hier reagieren sie mit Stickstoffatomen, die jeweils aus 7 Neutronen und 7 Protonen bestehen. Sie werden als 14 N bezeichnet.

Bei der Reaktion eines Neutrons mit einem 14 N-Atom wird ein Proton abgespalten, wobei das radioaktive Kohlenstoffisotop 14C entsteht. Dieses Isotop reagiert mit Sauerstoff zu Kohlendioxid (CO_2) und wird Bestandteil des CO_2-Anteils in der Erdatmosphäre. Die 14C-Gehalte sind allerdings sehr gering. Das Verhältnis zu den zwei anderen, ebenfalls in der Lufthülle vorkommenden stabilen Kohlenstoffisotopen 12C und 13C beträgt ungefähr eins zu einer Billion.

Pflanzen nutzen diese drei Kohlenstoffisotope in Form von CO_2 für die Photosynthese, Tiere und Menschen nehmen sie über die Nahrung auf. Damit wird 14C laufend in die Lebendmasse eingebaut. Stirbt ein Organismus, nimmt er also kein neues 14C mehr auf, sinkt sein Gehalt durch den radioaktiven Zerfall kontinuierlich ab. Die sogenannte Halbwertszeit (die Zeit, in der sich der 14C-Wert halbiert) beträgt 5730 Jahre. Über die Abnahme des 14C-Gehaltes kann somit das Ende des Stoffwechsels und damit der Zeitpunkt des Ablebens eines Organismus berechnet werden. Das ist rückwirkend bis zu einem Sterbealter von 50.000 bis 60.000 Jahren möglich. Damit hat sich die 14C-Methode als sehr geeignetes Mittel zur Altersbestimmung organischer Kohlenstoffverbindungen etabliert.

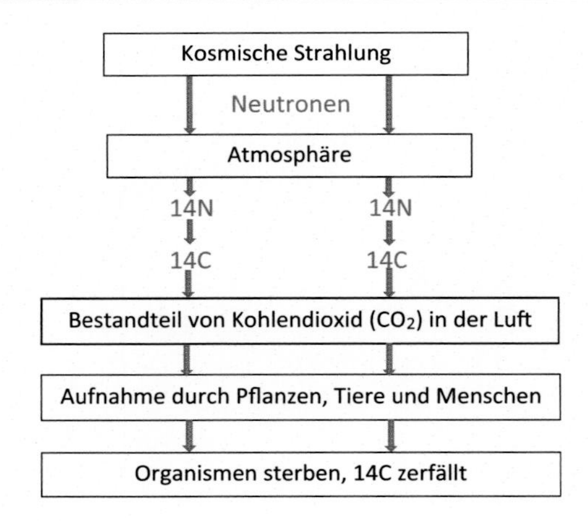

Abb. 3.3 14C-Isotopenkreislauf. (Mueller, K.)

Verschiedentlich wurden auch an anderen organischen Verbindungen, zum Beispiel an Humusbestandteilen, Datierungen mit der 14C-Methode durchgeführt. Diese Ergebnisse müssen allerdings äußerst kritisch gesehen werden. Humusbestandteile können in hohem Maße der Verlagerung und Auswaschung unterliegen. Sehr wahrscheinlich ist auch, dass sie bereits mit frisch gestochenem Plaggenmaterial auf die Felder gelangten und dann wesentlich älter als die Auflagen sind. Einige Humusbestandteile sind sehr stabil und können ein Alter von bis zu 4000 Jahren erreichen.

Große Fortschritte in der Altersbestimmung wurden durch pollenanalytische Untersuchungen erreicht. Pollenanalytik beruht auf dem Auszählen von Blütenstaubpollen in Torflagerstätten und dem Eintrag der Mengenanteile in eine Zeitskala (siehe Ergänzung: Pollenanalyse).

Diese Vorgehensweise wurde von dem Geobotaniker Karl-Ernst Behre in den 1970er-Jahren erstmals auch zur Altersbestimmung von Plaggenauflagen in Kombination mit 14C-Bestimmungen angewandt. Untersuchungen eines kleinen Kesselhochmoores bei Dunum in Ostfriesland ließen kurz vor dem Jahre 1000 eine geradezu explosionsartige Zunahme von Roggenpollen und von Begleitunkräutern des Roggens erkennen (Abb. 3.4 und 3.5).

Abb. 3.4 Roggenpollen. (Mueller, K.)

Abb. 3.5 Kornblume und Mohn, typische Begleitunkräuter des Roggens. (Mueller, K.)

Pollenanalyse

Pollen sind die geschlechtlichen Keimzellen von Samenpflanzen. Sie werden vor allem im Frühjahr und Sommer in die Umgebung entlassen, um andere Pflanzen zu befruchten. Die Größe von Pollen ist sehr unterschiedlich und reicht von 5 bis 200 µm. Sie werden vor allem durch den Wind und Insekten verbreitet.

Pollenkörner besitzen eine widerstandsfähige Umhüllung und haben charakteristische, nicht zu verwechselnde Merkmale. Dadurch können sie systematisch einzelnen Pflanzengruppen und Pflanzenarten zugeordnet werden. Die Pollenanalyse ist demzufolge eine pflanzengeografische Methode zur Ermittlung der historischen Vegetationsverhältnisse.

Für die Pollenanalyse werden vor allem die Pollen windblütiger Pflanzenarten genutzt, weil nur sie weitflächig verbreitet und sedimentiert werden. Sie ist damit gut geeignet, um anhand der Mengenanteile bestimmter Pollengruppen Rückschlüsse auf Veränderungen der Pflanzenbestände zu ziehen (Abb. 3.6). Besonders Rodungsmaßnahmen und die Zunahme von Ackerflächen spiegeln sich deutlich in Pollendiagrammen wider.

Generell kann die Pollenanalyse damit Informationen zur Ausbreitung bestimmter Pflanzenarten und Bewirtschaftungsformen liefern. Dies trifft auch für die Plaggenwirtschaft zu, die durch den ausgeweiteten Anbau von Roggen geprägt ist.

Da die Plaggenwirtschaft mit einer extremen Ausweitung des Roggenanbaus verbunden war, können auf diesem Wege die Anfänge der Plaggenwirtschaft in das 10. Jahrhundert datiert werden. Pollenanalytische Untersuchungen in anderen

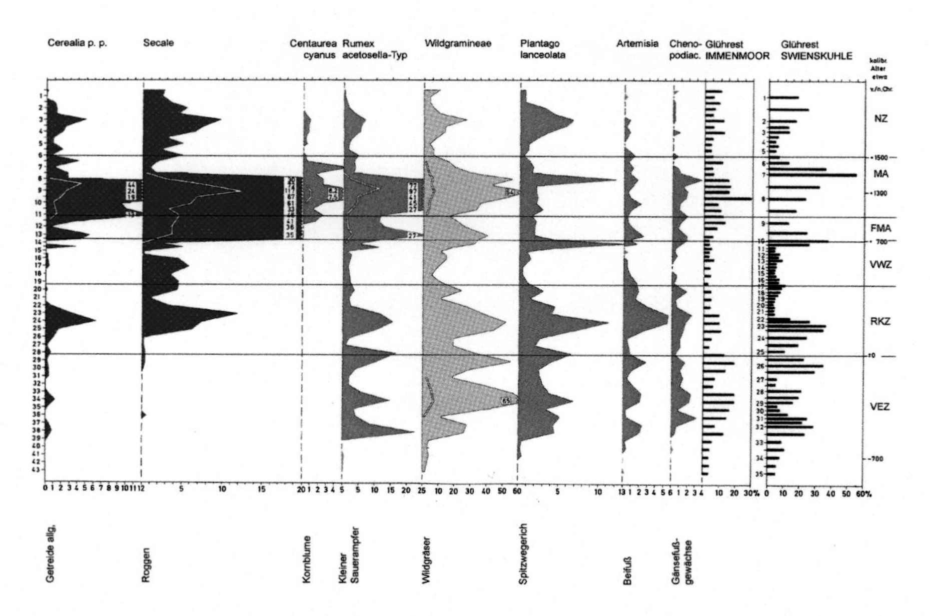

Abb. 3.6 Pollendiagramm einer Moorfläche bei Flögel (Landkreis Cuxhaven). Auffallend ist der deutliche Anstieg der Roggenpollen im Früh- und Hochmittelalter. (Behre, K.-E. 2008)

Regionen (z. B. in den Niederlanden) lassen hier auf einen früheren oder auch späteren Beginn schließen.

Das Ende der Plaggenwirtschaft kann auf die Zeit kurz nach Ende des Ersten Weltkrieges recht genau datiert werden. Von da an standen für die Landwirtschaft in Deutschland ausreichend mineralische Düngemittel zur Verfügung. Vor allem trifft dies für den Stickstoff zu, der dank des Haber-Bosch-Verfahrens nun preiswert und in großen Mengen produziert werden konnte. In den Jahren 1945 bis 1947 kam es durch den nachkriegsbedingten Mangel an Düngemitteln noch einmal zu einem kurzen Aufflackern der Plaggenwirtschaft.

Zusammenfassend kann festgestellt werden, dass die Anfänge der Plaggenwirtschaft möglicherweise bis in die Bronzezeit zurückreichen. In Nordwestdeutschland begann sie als dominierende Form der Landnutzung recht sicher in der Mitte des 10. Jahrhunderts und setzte sich bis zum 12. Jahrhundert nahezu flächendeckend durch. Mit der Einführung der Mineraldünger zu Beginn des 20. Jahrhunderts endete diese Wirtschaftsweise.

3.2 Plaggen

Als Plaggen werden Heide-, Gras-, Kraut- und Strauchsoden mitsamt dem Wurzelwerk und anhaftendem Bodenmaterial bezeichnet (Abb. 3.7 und 3.8).

Sie wurden auf den gemeinschaftlich genutzten Flächen der Bauerschaften und Dörfer – den Allmenden (siehe auch Abschn. 1.6) – gewonnen. Allerdings standen dafür nicht die gesamten Gemeinschaftsgründe zur Verfügung. Wälder waren in der Regel ausgenommen. Erlaubt war die Plaggengewinnung vor allem in oftmals trockenen Heidegebieten oder nassen Wiesen. Diese Flächen wurden allgemein als

Abb. 3.7 Wiesenplaggen. (Mueller, K.)

Abb. 3.8 Heideplaggen. (Mueller, K.)

„Plaggenmatt“ bezeichnet. Auf ihnen hatte jeder Markgenosse das Recht, Plaggen zu stechen.

Es gab jedoch auch Einschränkungen: Stieß die Plaggenmatt an die Grundstücksgrenze eines Markgenossen, konnte dieser das sogenannte Hagenrecht in Anspruch nehmen. Mancherorts war dieses Recht mit einer aus heutiger Sicht etwas skurril anmutenden Tradition verbunden: dem Hammerwurf. Der Ausführende stand dabei mit einem Fuß auf seinem Grund und mit dem anderen in der Mark. Mit der rechten Hand warf er einen Haarhammer (Hammer zum Dengeln von Sensen) oder auch ein Pflugeisen unter seinem linken Bein hindurch in die Mark. Es war ihm dabei erlaubt, sich mit der linken Hand an einem Ast, einem Zaun oder einer Mauer festzuhalten. In dem auf diese Weise gewonnenen „Zuschlag“ oder „Anschluss“ konnte er jedem anderen die Plaggenentnahme verwehren. Ab dem 16. Jahrhundert wurde der Hammerwurf jedoch zunehmend verboten.

Die Größe der Zuschläge war unterschiedlich. Im Kirchspiel Bramsche (Landkreis Osnabrück) betrugen sie zwischen einigen 10 bis über 200 Quadratruten (1 Hannoversche Quadratrute = 21,84 m^2). Auch heute noch sind in vielen Ortschaften Flächen mit der Bezeichnung „Zuschlag“ zu finden (Abb. 3.9).

Der weitaus größte Anteil der Plaggen wurde in Heidegebieten gestochen, die allgemein aber nur Soden von geringer Qualität lieferten. Das lag zum einen daran, dass diese Flächen aus wenig fruchtbaren Sanden aufgebaut waren. Zum anderen verrottete der Bewuchs relativ langsam und setzte wenige Nährstoffe frei.

Wiesenplaggen waren dagegen sehr begehrt, weil die Pflanzenteile leichter abgebaut wurden und nährstoffreicher waren. Außerdem ist in den mineralischen Bodenanteilen der fruchtbarkeitsbestimmende Schluff- und Tonanteil oftmals höher als der von sandigen Standorten. Die Entnahme der Wiesenplaggen war jedoch oft beschränkt, da Wiesen flächenmäßig in deutlich geringerem Umfang zur

Abb. 3.9 Fläche „Am Zuschlag" in Bramsche-Epe (Landkreis Osnabrück). (Mueller, K.)

Abb. 3.10 Große Waldplaggen (Woinoff, O.)

Verfügung standen und zudem als Weideflächen oder der Heubereitung dienten. Wo möglich, wurden Plaggen auch in Anmoor- und Moorgebieten gestochen.

Die Größe der Plaggen und ihre Stärke waren unterschiedlich. Ihre Abmessungen konnten 40–50 × 100 cm bei einer Stärke von 5–10 cm betragen (Abb. 3.10). Kleinere Plaggen maßen 25 × 30 cm und waren 2–6 cm kräftig (Abb. 3.11).

Teilweise wurden die Plaggen mit einem Stielmesser (etwa 35–40 cm lang) in 40–50 cm breiten Streifen vorgeschnitten und dann aufgenommen.

Abb. 3.11 Kleine Heideplaggen. (akpool)

3.3 Hauen, Stechen, Schlagen

Im Verbreitungsgebiet der Plaggenwirtschaft setzten sich im Laufe der Zeit unterschiedliche Entnahmetechniken und Geräte durch. Ablauf und Werkzeuge wurden dabei im Wesentlichen bestimmt durch:

- den Entnahmebereich (Heide, Wiese, Wald),
- die Korngrößenzusammensetzung (Sand, Schluff, Lehm, Ton),
- die Region (z. B. Sennegebiet, Lüneburger Heide, Münsterland, Osnabrücker Land, Emsland),
- die Mundart (gleiche Techniken wurden in verschiedenen Sprachräumen teilweise unterschiedlich benannt),
- Gewohnheiten (… wie der Vater, so der Sohn …).

Entnommen wurden die Plaggen entweder mit der Twicke, dem Plaggenspaten oder der Plaggensense. Ab dem Ende des 18. Jahrhunderts wurden darüber hinaus auch der Plaggenpflug und der Plaggenhobel eingesetzt.

Die Twicke (Abb. 3.12), auch Plaggenhacke oder Plaggenhaue genannt, wurde im gesamten Verbreitungsgebiet der Plaggenwirtschaft genutzt. Stiellänge, Stielausführung und Griff sind in der Regel den individuellen Anforderungen der Nutzer angepasst. Am Stiel befestigt ist eine kräftige breite Schneide aus Metall, die schräg zum Stiel mit einem Winkel von 70–80 Grad angebracht ist.

Eine Sonderform der Twicke war das nur aus der „Griesen Gegend" in Südwestmecklenburg bekannte Plaggeisen. Es wurde vor allem zur Gewinnung von Waldstreu genutzt.

Allgemein wurde die Arbeit mit der Twicke als Plaggenhauen oder Plaggenhieb bezeichnet. Dabei wurde vier- bis fünfmal unter den hochgestellten,

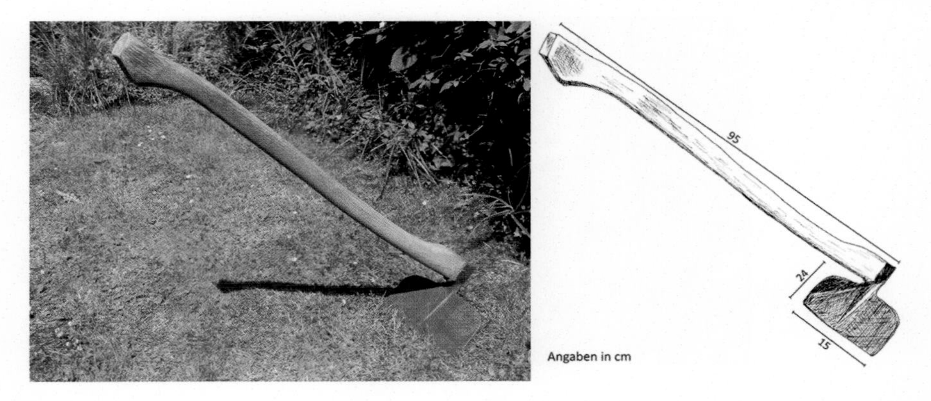

Abb. 3.12 Twicke. (Mueller, V.)

Abb. 3.13 Schlagen von Heideplaggen. (Museumsdorf Hösseringen)

holzschuhbewerten Fuß geschlagen. Die so gelösten Vegetationsstreifen wurden aufgenommen und flach gelagert oder aufgerollt. Eine erste Vortrocknung über ein oder mehrere Tage erfolgte in der Regel noch am Entnahmestandort.

Aus der Lüneburger Heide wird berichtet, dass ein Mann täglich etwa 15 Stiegen (eine Stiege war etwa 1 m lang und 50 cm breit) pro Tag hieb; 15 bis 20 Stiegen ergaben ein Fuder Heidestreu. In den Abb. 3.13, 3.14 und 3.15 sind einige alte Aufnahmen dieser Entnahmetechnik zusammengestellt.

Der Plaggenspaten (Abb. 3.16) war neben der Twicke ein bekanntes, aber wohl nicht ganz so weitverbreitetes Werkzeug. Mit seiner Hilfe konnten vor allem Plaggen von Standorten mit etwas schwereren Böden (z. B. Wiesen) mit einer Stärke von 10 cm und mehr aufgenommen werden.

Abb. 3.14 Schlagen von Wiesenplaggen. (Woinoff, O.)

Abb. 3.15 Schlagen von Waldplaggen. (Paschke, P.)

Das Blatt des Plaggenspatens ist mit knapp 140 Grad deutlich abgewinkelt. Er hat einen langen Stiel ohne Knauf oder Griff. Sein Blatt aus Metall läuft vorne schmal bis spitz zu. Dies verlängert nicht nur die Schneidkante, sondern erleichtert auch die Plaggenaufnahme von steinhaltigen Böden. Teilweise waren die Kanten der Blätter auch seitlich aufgebogen, sodass die Plaggen nicht nur an der Basis, sondern zugleich auch seitlich geschnitten wurden (Abb. 3.17).

Abb. 3.18 zeigt die Arbeit mit dem Plaggenspaten, der vor allem im Münsterland, im Osnabrücker Raum und im Oldenburgischen verbreitet war. Diese Spatenform ist daher bis heute auch als Osnabrücker oder Oldenburger Spatentyp bekannt.

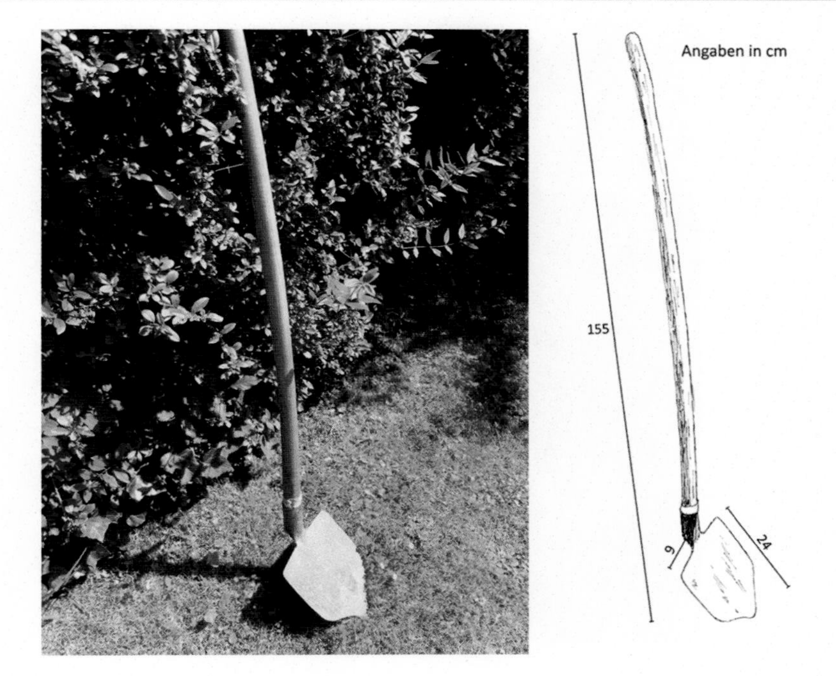

Abb. 3.16 Plaggenspaten. (Mueller, V.)

Abb. 3.17 Plaggenspaten mit seitlich aufgewölbten Kanten. (Mueller, K.)

Abb. 3.18 Plaggenschaufeln mit dem Plaggenspaten (Museumsdorf Cloppenburg)

Die Plaggensense wird auch als Kniesense, Sichte oder Plaggenseget bezeichnet. In der Lüneburger Heide wird auch von der Haidlinje gesprochen. Im Vergleich zur bekannten Getreide- oder Grassense zeigen sie deutliche Unterschiede (Abb. 3.19).

Der Stiel ist recht kurz und mit einem gebogenen Handgriff sowie einer Fingerschlaufe für die bessere Handhabung des Gerätes versehen. Teilweise sind die Stiele auch mit einer zusätzlichen Unterarmstütze ausgestattet. Die Klinge ist einwärts zum Mähgut gebogen, im Profil leicht nach unten gewölbt und zeigt zur Spitze hin eine leichte Aufwärtsbiegung. Mit der Plaggensense wurde in der Regel nur die Grasnarbe mit Wurzelfilz und etwas anhaftender Erde geschlagen. Wurde nur der Aufwuchs ohne Anhaftungen entnommen, sprach man auch vom Heidemähen. Das dann gewonnene Material wurde nicht nur als Einstreu verwendet, sondern z. B. in der Lüneburger Heide auch als Viehfutter oder zur Dachbedeckung genutzt.

Während eine Hand die Plaggensense führte, wurde mit der anderen Hand die zu schlagende Plagge oder der Aufwuchs mit einem Haken (den Mahd- oder Matthaken) oder einer kleinen Handharke abgezogen. Die Arbeit erfolgte stets in gebückter Haltung, historische Aufnahmen verdeutlichen dies (Abb. 3.20). Aus den Niederlanden wurden auch langstieligere, ein- oder zweiarmig geführte Plaggensensen bekannt.

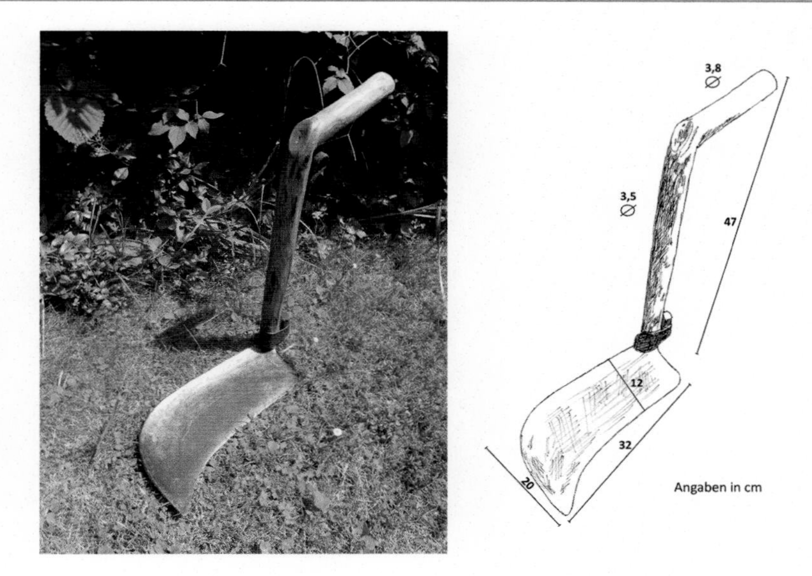

Abb. 3.19 Plaggensense. (Mueller, V.)

Abb. 3.20 Mähen von Heidekraut mit Plaggensense und Handharke. (Carl-Mardorf, W.)

Die Arbeit mit der Twicke, dem Plaggenspaten oder der Plaggensense war eine harte und kräftezehrende, nicht ungefährliche Tätigkeit. Sie konnte schon in jungen Jahren zu schweren Rückenschäden führen. Vor allem aber waren die Füße durch die kräftig geführten Schläge mit den scharfen Blättern der Twicke und der Plaggensense gefährdet. Einen gewissen Schutz boten hier die im Gebiet der Plaggenwirtschaft weitverbreiteten Holzschuhe.

Abb. 3.21 Wetzstein mit Köcher. (Mueller, K.)

Abb. 3.22 Artländer Plaggenpflug. (Museumsdorf Cloppenburg)

Wichtig war es auch, die Schneiden der Werkzeuge in kurzen Abständen nachzuschärfen. Bei der Arbeit wurde daher stets ein Wetzstein mit Köcher mitgeführt (Abb. 3.21).

Plaggenpflug und Plaggenhobel kamen ab Ende des 18. bis in das 20. Jahrhundert hinein zum Einsatz. Mithilfe beider Geräte konnte die Plaggenaufnahme deutlich beschleunigt werden.

Der Plaggenpflug (Abb. 3.22) war auf einen Schlitten montiert und mit einem breit und flach schneidenden Schar sowie Vorschneider ausgerüstet. Statt des Schars wurde auch ein in Laufrichtung schräg eingesetztes Messer genutzt.

Augenzeugen berichten, dass mit diesem Gerät in kürzester Zeit ganze Flächen „rasiert“ wurden.

Der Plaggenhobel (Abb. 3.23) war wannenartig aufgebaut und vorn mit einer zumeist schräg laufenden Schnittkante versehen. Mittels eines Lenkbaumes musste er stets geführt und mit hohem Kraftaufwand in die Narbe gedrückt werden. Der Vorteil bestand darin, dass die Plaggen auf diese Weise gleichzeitig gesammelt werden konnten.

Die Plaggenentnahme aus Wäldern war in der Regel verboten, um die Baumwurzeln zu schützen, oder sie war nur in ausreichender Entfernung zu den Bäumen erlaubt. Die Entnahme von Streumaterial wurde dagegen vielerorts geduldet. Dann wurde sehr flach geschält oder die Streu oberflächlich mit Harken abgekratzt (Abb. 3.24). Um die Baumwurzeln zu schonen, war die Verwendung von eisernen Rechen vielerorts verboten, Holzharken hingegen erlaubt.

Abb. 3.23 Arbeit mit dem Plaggenhobel. (Heimatverein Lohne)

Abb. 3.24 Im Wald zusammengetragene Streuhaufen. (Woinoff, O.)

Vor allem im Herbst wurde in den Wäldern abgefallenes Laub und Nadelstreu in großen Haufen zusammengetragen und abtransportiert.

3.4 Vom Feld in den Stall und zurück

Das Verladen und Abfahren der geschlagenen Plaggen erfolgte mit Karren oder mit Ochsen-, Pferde- oder auch Kuhgespannen auf Kastenwagen (Abb. 3.25 und 3.26). Das Aufladen, der Transport auf schlechten Wegen und das Abladen dürfte dabei jeweils einen Tag in Anspruch genommen haben.

Der Umfang der pro Flächeneinheit entnommenen Plaggen war enorm. Zum Beispiel wird 1861 aus dem Bereich der „Königlichen Hannoverschen Landwirtschaftsgesellschaft" berichtet, dass bei einer Entnahme von Heideplaggen mit einer Stärke von 1–4 Zoll (1 Zoll = 2,43 cm) die Zahl der Fuder 40–80 pro Morgen betrug. Bei einem Rauminhalt von 20–50 Cubikfuß pro Fuhre

Abb. 3.25 Schlagen und Aufladen von Plaggen. (Fischer, H.)

Abb. 3.26 Abfahren von Plaggen. (Museumsdorf Hösseringen)

(1 Cubikfuß = 0,028 m^3) und einem Gewicht von etwa 1 t pro m^3 entspricht das ca. 0,6–1,4 t je Fuder und damit gut 22–112 t, die je Morgen abtransportiert wurden.

Auf dem Hof wurden die Plaggen abgeladen und zunächst getrocknet. Das erfolgte in der Regel in sehr einfachen, offenen Plaggenhütten, die auf nahezu jedem Gehöft zu finden waren (Abb. 3.27). Sehr selten wurden die frisch geschlagenen Plaggen auch direkt auf die zu düngenden Felder gefahren.

Auch heute noch sind auf einigen Höfen ehemalige Plaggenhütten zu finden. Sie dienen als Unterstand, Schuppen oder Holzlager (Abb. 3.28).

Abb. 3.27 Einfache Plaggenhütte. (© LWL Medienzentrum Westfalen)

Abb. 3.28 Alte, heute als Schuppen und Holzlager genutzte Plaggenhütte. (Mueller, K.)

Abb. 3.29 Lagerung von streufertigen Plaggen. (Hillmer, K.)

Nach der Trocknung gelangten die Plaggen als Einstreu in die Viehställe (Abb. 3.29). Das Einstreuen erfolgte oft in sehr kurzen Zeitabständen, die Einstreumengen waren sehr hoch. Das Verhältnis von Plaggen zum Mist betrug in der Regel 2:1, teilweise 5:1 und in Einzelfällen sogar 10:1. Aus der Lüneburger Heide wird zum Beispiel 1861 berichtet, dass auf einem größeren Hof (1710 Morgen, davon 1400 Morgen Heide und 170 Morgen Ackerland) in den Sommermonaten allein für die Schafställe 420 Fuder Heide gestreut wurden.

Das Vieh wurde zumeist in Tiefställen gehalten. Die Plaggen und der Mist blieben oft monatelang liegen, bis die aufwachsenden Lagen für die Viehhaltung hinderlich wurden. Nicht selten waren die Stallplätze daher tiefer gelegt und mit höhenverstellbaren Futterkrippen ausgestattet (Abb. 3.30). Der Stalldung wurde bei dieser Haltungsform extrem festgetreten. Das Entmisten war dann mit großen Anstrengungen und dem Einsatz spezieller Werkzeuge wie Misthaken, Mistgabeln, Mistschneidern oder Mistsägen verbunden.

Der den Ställen entnommene Dung wurde überwiegend kompostiert, um seine Düngewirkung zu erhöhen. Sicher waren die wissenschaftlichen Grundlagen für dessen „Reifung" nicht bekannt, wohl aber die damit verbundene ertragssteigernde Wirkung.

Auf den Kompost gelangten auch andere organische Materialien, die in Haus, Hof und Garten anfielen und verrotten konnten. Zu nennen sind hier zum Beispiel Kehricht, Erden aus Erdfängen und Kuhlen, Schlämme und Futterreste. Auch Küchenabfälle und insbesondere Aschen aus der Holzverfeuerung wurden mitkompostiert. So ist es zu erklären, dass in den Eschauflagen (siehe Abschn. 5.2) stets fein verteilt auch Holzkohlestücke, aber hin und wieder auch Knochen, Scherben und andere Artefakte zu finden sind.

Seltener wurden Plaggen auch „frisch", ohne Stalldurchgang, kompostiert. Die Plaggen wurden dann mit dem Viehmist gemischt oder schichtweise aufgelegt und mit Jauche durchtränkt. Auch hier betrug das Mischungsverhältnis etwa 2:1 bis 5:1.

Abb. 3.30 Querschnitt eines Stallgebäudes, 18. bis 19. Jahrhundert, mit höhenverstellbaren Futtertrögen. **a** Futtergänge, **b** höhenverstellbare Futtertröge, **c** Mittelgang, **e** Jauchegrube mit Abfluss. (Hamm, W. 1872)

Abb. 3.31 Aufladen von kompostiertem Plaggendung. (Jaspers, Fickensholt)

Erst nach teils sehr langer Lagerungszeit wurden die Komposte aufgeladen und auf die Äcker gefahren (Abb. 3.31).

Aus dem Osnabrücker Land wird berichtet, dass je nach Hofgröße jährlich 250–400 Fuder auf die Äcker transportiert wurden. Für Nordhorn im Emsland werden 1857 jährlich 55 Fuder je Hektar Ackerland genannt, für das Artland mehr als 15 Fuder pro Jahr und Morgen. In der Boker Heide (südwestlich von Delbrück) betrug 1820 der jährliche durchschnittliche Bedarf an Plaggen je Morgen

Ackerland 10 Fuhren. Setzt man voraus, dass pro Wagenladung maximal 1,5 t transportiert wurden, was etwa der Zugkraft eines Pferde-Zweiergespanns entspricht (auch Ochsen und Kühe haben eine ähnlich hohe Zugkraft), ergeben sich allein aus diesen wenigen Zahlen die enormen Mengen an Material, die jährlich gefahren wurden. Das erklärt auch den allgemein sehr hohen Pferdebesatz, der bei der Plaggenwirtschaft etwa doppelt so hoch war wie bei der anderswo üblichen Dreifelderwirtschaft. Aus einer Schrift des Westfälischen Bauernverbandes von 1865 geht beispielsweise hervor, dass auf Höfen von 60 bis 80 Morgen Ackerland 4 Pferde anstelle von sonst nur 2 Pferden gehalten wurden.

Generell dominierte der Roggen auf den mit Plaggen gedüngten Ackerflächen. Er wurde jahraus, jahrein angebaut. Man spricht auch vom „ewigen Roggenbau" oder von „Roggenmonokultur". Aus dem Kreis Warendorf im Münsterland wird beispielsweise berichtet, dass manche Felder seit Menschengedenken in ununterbrochener Folge Roggen getragen hätten. Das ist sicherlich eine Übertreibung, lässt aber auf den enormen Konzentrationsgrad des Roggens auf den Anbauflächen schließen. Angebaut wurden langstrohige Sorten, da große Mengen Stroh vor allem zur Winterfütterung benötigt wurden.

Unterbrochen wurde diese Kette in langen Abständen lediglich durch Buchweizen und – noch seltener – Gerste, Hafer und Hanf. Zeiten der Brache wurden nicht eingeschoben.

Ausgefahren wurde der Dung vor allem in der Zeit zwischen der Ernte des Roggens Ende Juli und seiner Aussaat Ende September bis Anfang Oktober (Abb. 3.32).

Nicht selten erfolgte in diesem Zeitraum auch eine Beweidung der stark verunkrauteten Stoppelfelder. Wurde der Dung zu anderen Jahreszeiten gefahren, erfolgte in der Regel eine Zwischenlagerung am Feldrand (Abb. 3.33). Wo möglich hat man auch versucht, die Bodenqualität zu verbessern, indem auf schwereren

Abb. 3.32 Transport von Plaggendung. (Archiv für Heimatforschung Wallenhorst)

Abb. 3.33 Zwischenlagerung von Plaggendung am Feldrand. (Heimatverein Kalkriese)

Abb. 3.34 Einpflügen von Plaggendung. (Archiv für Heimatforschung Wallenhorst)

Böden Sandplaggen und auf leichten Böden anlehmige bis lehmige Plaggen ausgebracht wurden.

Das Einpflügen des Düngers wurde vor der Aussaat des Roggens durchgeführt (Abb. 3.34). Aufgrund der Zugkraft der Gespanne war dabei eine maximale Pflugtiefe von 12–15 cm möglich. Waren die Plaggen frisch oder der Dung wenig zersetzt, war auch das Einarbeiten schwierig. Insofern brachte es Vorteile, mit gut zersetztem Plaggenkompost zu arbeiten. Die Plaggendüngung erfolgte aufgrund des hohen Nährstoffentzuges durch den Roggen oft Jahr für Jahr, spätestens aber alle drei Jahre.

Über die Verwendung als Einstreu- und Düngemittel hinaus wurden Plaggen auch für andere Zwecke genutzt. Sie dienten unter anderem zur Dachdeckung von

Abb. 3.35 Mit Plaggen gedecktes Wohn- und Stallgebäude. (Museumsdorf Cloppenburg)

Wohn- und Wirtschaftsgebäuden (Abb. 3.35), zur Wärmedämmung von Ställen und zur Mietenabdeckung. Selbst beim Wegebau und als Baumaterial für Brunnen fanden sie Verwendung.

3.5 Viel Arbeit ...

Die Plaggenwirtschaft bedurfte eines enormen Arbeitskräfteaufwandes: Das Hauen, Einstreuen, Entmisten, Kompostieren, Auf- und Abladen sowie Einarbeiten der Plaggen war wesentlicher, oft auch bestimmender Bestandteil der täglichen Arbeit auf den Höfen. Noch Mitte des 19. Jahrhunderts nahm die Plaggendüngung einen Großteil der wirtschaftlichen Arbeitsleistung der Landwirtschaftsbetriebe in Anspruch.

Plaggen wurden praktisch während des ganzen Jahres gehauen. Jede ansonsten arbeitsärmere Zeit diente ihrer Beschaffung. Die damit verbundene schwere körperliche Arbeit war eingebunden in den täglichen Arbeitsablauf, der in der Regel morgens um 5 Uhr begann und erst mit Sonnenuntergang endete (Abb. 3.36).

Aus dem Artland wird berichtet, dass auf größeren Höfen mindestens eine Arbeitskraft pro Jahr nur für die Plaggenwirtschaft benötigt wurde. Auf kleineren Höfen war dafür bis zur Hälfte der jährlichen Arbeitszeit notwendig. Hinzu kamen enorme Arbeitsspitzen in der kurzen Zeit zwischen Ernte und Aussaat des Roggens, in der gedüngt, gepflügt und ausgesät werden musste.

Angesichts dessen verwundert es doch etwas, wenn hin und wieder die Feldarbeit und auch das Plaggenschlagen von städtischen Beobachtern als romantisches Erlebnis der Landleute in der freien Natur beschrieben wurden.

Der Bedarf an Plaggen war gewaltig. Vor allem kleineren Betrieben standen oft nicht genügend Entnahmeflächen zur Verfügung, auf größeren Höfen bestand

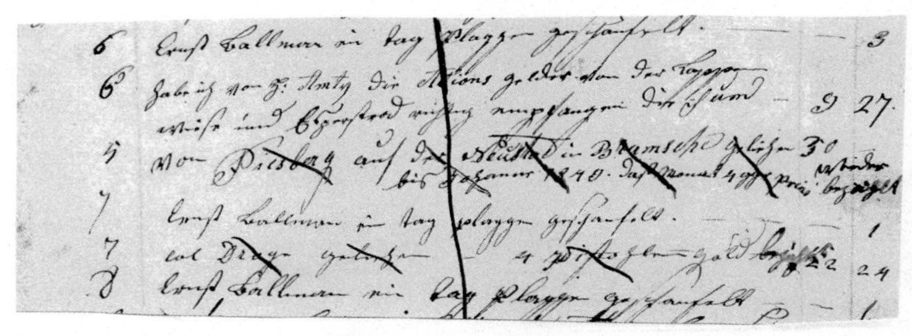

Ernst Ballmann hat vom 06. - 08. Februar 1849 täglich Plaggen gefahren

Brockmeier und Ernst Ballmann haben am 30.Mai und 01. Juni 1849 Plaggen geschaufelt

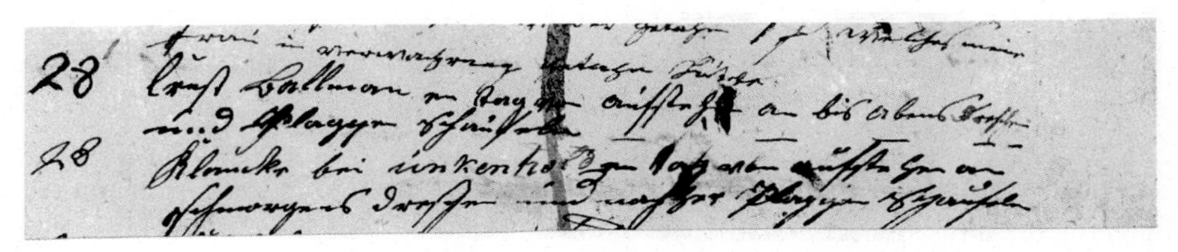

Ernst Ballmann und Klauke haben am 28. August 1849 morgens gedroschen und dann bis abends Plaggen geschaufelt

Abb. 3.36 Auszüge aus dem Arbeitstagebuch des Colon Dunker von 1849 über das Fahren und Schaufeln von Plaggen (freundlichst überlassen von Familie Duncker, Bramsche-Schleptrup). (Duncker, A.; Semberger, F.)

dagegen für die zu leistenden Arbeiten Arbeitskräftemangel. Größere Landbesitzer verknüpften daher die Erlaubnis zur Plaggenentnahme auf ihren Flächen mit Naturalabgaben sowie Hand- und Spanndiensten. Für einen Gutshof bei Nordwalde im Münsterland wird berichtet, dass für die Erlaubnis zum Plaggenstechen wöchentlich einen halben Tag Pflügen und bis zu 2 Tage Mäharbeiten zu verrichten waren. Auf anderen Höfen mussten für den Landbesitzer auch Plaggen geschlagen werden.

Arbeiten im Rahmen der Plaggenwirtschaft sind auch als Dienstleistungen durchgeführt worden. Anfangs war der diesbezügliche Bedarf nicht hoch, stieg im Laufe der Jahrhunderte aber immer mehr an und erreichte schließlich ab dem 18. Jahrhundert ein großes Ausmaß. Die Tätigkeiten waren allerdings sehr stark reglementiert (siehe weiter unten). Das Schlagen, Abfahren oder der Verkauf von Plaggen aus der Mark zum eigenen Nutzen war für Ortsfremde verboten. Im Auftrag von Mitgliedern der Bauerschaften und Gemeinden, zum Beispiel Großbauern,

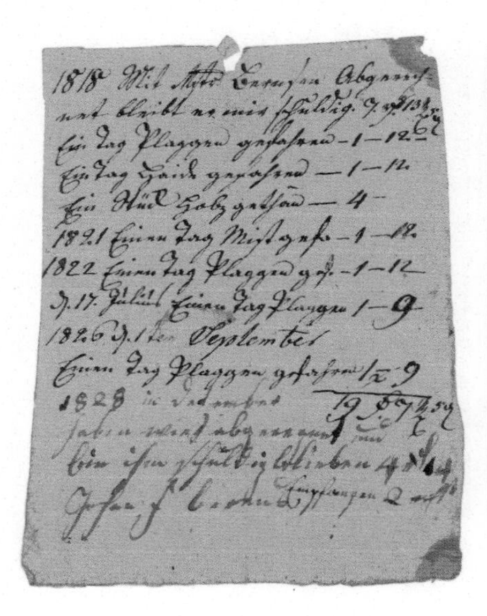

1818
Mit Meister Bernsen abgerechnet und bleibt er mir schuldig 7 (Taler) 13 1/2 (Groschen)
Ein Tag Plaggen gefahren – 1 (Taler) – 12 (Groschen)
Ein Tag Heide gefahren – 1 (Taler) – 12 (Groschen)
Ein Stück Holz getan – 4 – (Taler)
1821
Einen Tag Mist gefahren – 1 (Taler) –12 (Groschen)
1822
Einen Tag Plaggen gefahren – 1 (Taler) – 12 (Groschen)
D. 17. Julius einen Tag Plaggen 1 (Taler) – 9 (Groschen)
1826
D. 1.ten September
Einen Tag Plaggen gefahren 1 (Taler) – 9 (Groschen)
1828
im Dezember haben wir abgerechnet und bin ihm schuldig 4 (Taler) 4 (Groschen) empfangen 2 (Taler) rest

Abb. 3.37 Rechnung des Colon Dunker von 1828 über das Fahren von Plaggen (freundlichst überlassen von Familie Duncker, Bramsche-Schleptrup). (Duncker, A.; Semberger, F.)

war dies für ortsansässige Hörige, Kleinbauern oder auch Wanderarbeiter mit Auflagen jedoch möglich. Landarbeiter, die im Akkord in der Lüneburger Heide Plaggen schlugen, erhielten um 1860 für die Arbeit eines Tages 150 bis 300 Pfennige bei freier Kost.

Aufzeichnungen von 1818 bis 1828 des Colon (Bauer) Duncker aus Schleptrup bei Bramsche (Landkreis Osnabrück), der über mehrere Jahre im Auftrag eines Meister Bernsen Plaggen fuhr, zeigen, dass mit solchen Dienstleistungen pro Tag 1 Taler und einige Groschen zu verdienen waren (Abb. 3.37).

3.6 Zank und Streit

Viel Arbeit und begrenzte Ressourcen (in diesem Fall Plaggen) führten immer wieder auch zu Rechtsstreitigkeiten. Aus der Anfangszeit der Plaggenwirtschaft (10. bis 14. Jahrhundert) waren entsprechende Auseinandersetzungen kaum bekannt. Das mag daran gelegen haben, dass in dieser Zeit der Plaggenbedarf noch nicht so hoch war und damit verbundene Regelverstöße kaum vorkamen. Zudem wurden zu der Zeit Rechtsstreitigkeiten zwischen Einzelpersonen oder Bauerschaften auf der Basis des überlieferten Gewohnheitsrechtes geregelt.

Erst im 13. Jahrhundert wurde der Sachsenspiegel verfasst, der das Recht schriftlich fixierte und der in Norddeutschland verbindlich wurde. Seither lag die Rechtsprechung zunehmend in den Händen der Obrigkeit, bestellter Holzgrafen und der Gerichte. In Meppen ging beispielsweise zu Beginn des 15. Jahrhunderts das Recht zur Abhaltung des Gerichtes an die Stadt über.

Mit wachsendem, und ab dem 18. Jahrhundert enorme Ausmaße erreichendem Plaggenbedarf stiegen auch damit verbundene Straftaten, Streitigkeiten und Verhandlungen deutlich an. Die Plaggenwirtschaft und insbesondere die Plaggenentnahme waren schließlich durch umfassende, stark reglementierende Vorschriften gekennzeichnet.

Im Jahr 1725 bestimmte der Holzgraf der Kalkrieser und Engter Mark im Osnabrücker Land:

> Vor Sonnenaufgang dürfen keine Plaggen gemäht oder geschlagen werden.
> Keiner darf von anderen gemähte Plaggen abfahren.
> Keiner darf Leute aus anderen Marken zu Hilfe nehmen.
> Keiner darf Plaggen in eine andere Mark fahren.

Im Hochstift Osnabrück und den benachbarten westfälischen Provinzen galt laut einer Aufstellung von 1798 unter anderem Folgendes:

> Plaggen dürfen in einigen Marken nur gemäht, nicht geschaufelt werden.
> Auf einigen Weiden ist die Plaggenmatt ausgesetzt.
> Das Plaggenschlagen unter Bäumen ist nicht gestattet, „soweit der weiteste Tropfen fällt".
> Ein Markgenosse darf für einige Tage dort keine Plaggen mähen, wo ein anderer bereits mäht.
> Es dürfen keine Plaggen an Ausmärker verkauft werden, auch dann nicht, wenn sie die Fläche „geheuert" (gepachtet) haben.
> Darf ein Ausmärker Plaggen mähen, dürfen mit den geschlagenen Plaggen nur in der Mark gelegene Flächen gedüngt werden, auch darf das Korn nur unter bestimmten Voraussetzungen aus der Mark gefahren werden.

Häufig kam es zwischen einzelnen Bauerschaften in Grenzmarken zu Streitereien. Diese Flächen wurden dann auch als „Streitmarken" oder „Streitheide" bezeichnet.

Schließlich war genauestens geregelt, durch wen, wann, wo, wie viel, zu welchen Zeiten und unter welchen Bedingungen Plaggen gehauen und gefahren werden durften. Die Höhe der Bestrafungen richtete sich nach dem Umfang der Vergehen. Plaggen wurden zum Beispiel in kleinsten Mengen, aber auch fuderweise gestohlen. Zu Anfang der Plaggenwirtschaft waren die Strafen oft in Naturalien (z. B. Bier) zu zahlen, später waren Bußgelder zu entrichten. Die Höhe der Zahlungen richtete sich nach dem Vergehen, dem Ausmaß und der Intensität der Straftat, auch der gesellschaftliche Stand der Täter spielte eine Rolle.

Im Dorf Nerstedte (heute Neerstedt, Wildeshauser Geest) wurde 1789 die unberechtigte Entnahme von Plaggen aus einem herrschaftlichen Forst mit einer Strafzahlung von 1 Reichstaler, 24 Groschen geahndet. Der gleiche Betrag war für das Schaufeln eines Fuders Plaggen unter jungen Eichen zu entrichten (Abb. 3.38).

Eine Auswertung der Höltingsprotokolle (siehe auch Abschn. 1.6: Allmende) der Jahre 1700 bis 1800 der Gemeinde Bramsche (Landkreis Osnabrück) und der dazugehörigen Marken zeigt folgende Vergehen und Sanktionen:

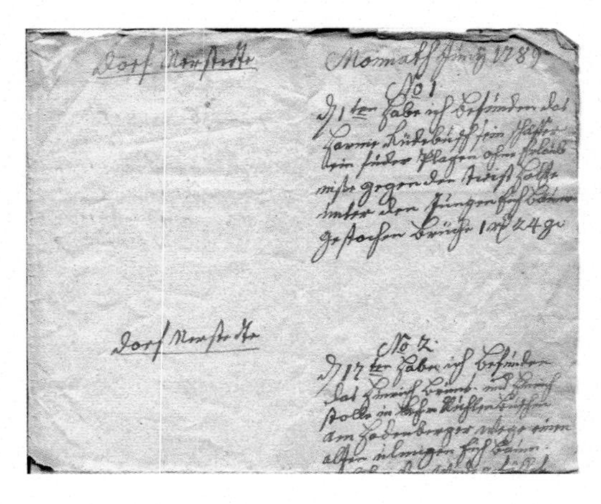

Dorf Nerstedte Monnath Juny 1789
No 1
den 1 ten hab ich befunden das
Harmir Hüdebusch sein Schäffer
ein fuder Plagen ohne Erlaub
niße gegen den Twist Holte
unter den Jungen Eich Bäumen
gestochen Brüche 1 rth 24 gr

Dorf Nerstedte No 2
den 17ten habe ich befunden
das Hinrich Bruns und Hinrich
Stolle im ...hr Vuhlenbuschen(?)
am Hodenberger Wege einen
alten elmigen Eich Baum
.... gefället

Abb. 3.38 Niederschrift zweier Strafverhandlungen von 1789 in Nerstedte, Wildeshauser Geest. (Museumsdorf Cloppenburg)

Mähen in fremder Mark: 10 Schillinge bis 5 Reichstaler
Unrechtmäßiges Plaggenschaufeln: 5 bis 10 Schillinge
Plaggenschlagen unter Bäumen: 10 Schillinge bis 1 Reichstaler
Plaggenschaufeln statt -mähen: 5 Schillinge bis 10 Reichstaler
Unerlaubtes Laubharken im Wald: 10 Schillinge
Plaggenverkauf: 5 Schillinge bis 1 Reichstaler
Ausfuhr von Plaggen in eine andere Mark: 1 Reichstaler

Waren ganze Bauerschaften an Vergehen wie Mähen unter Bäumen, Verkauf von Plaggen oder Plaggenschaufeln statt -mähen beteiligt, drohten Bußgelder von 5 Goldgulden. In den Bramscher Höltingsprotokollen lassen sich allerdings keine Hinweise darauf finden, dass diese Kollektivstrafen auch verhängt wurden.

4 Grenzverläufe

Die Grenzen der Plaggenwirtschaft werden allgemein mit der Verbreitung des Bodentyps „Plaggenesch" (Abb. 4.1) gleichgesetzt. Das ist logisch, denn die Entstehung dieses Bodens ist ausschließlich an diese Wirtschaftsform geknüpft. Wurde Plaggenwirtschaft erst seit dem 17. oder 18. Jahrhundert betrieben, kann unter Umständen noch kein Plaggenesch, der per bodenkundlicher Definition eine aus Plaggen aufgebaute Auflage (die sogenannte Eschauflage) von mindestens 40 cm zeigen muss, auskartiert werden. Dann aber sind zumindest Böden mit geringmächtigen Eschüberdeckungen zu finden.

Die südlichen Verbreitungsgrenzen der Plaggenesche liegen im Sauerland und im unteren Niederrheingebiet, die östlichen in der Altmark und in der Griesen Gegend im südwestlichen Mecklenburg. Westlich treten Plaggenesche bis in die Niederlande und das nordöstliche Belgien auf. Nördlich werden Vorkommen dieses Bodentyps bis Schleswig-Holstein und Jütland beschrieben.

Plaggenesche sind vor allem auf den nährstoffarmen, wenig fruchtbaren Sanden aus den letzten Eiszeiten verbreitet, aber auch in den Randlagen der nördlichen Lössgebiete und in Flusstälern zu finden. Das Gesamtgebiet der Plaggenesche umfasst rund 500.000 ha und stellt weltweit die größte Fläche mit kontinuierlicher Verbreitung dieses Bodentyps dar.

Innerhalb Deutschlands sind vor allem das Münsterland und Ostwestfalen sowie das Osnabrücker Land durch das Auftreten der Plaggenesche und somit auch der Plaggenwirtschaft geprägt. Abb. 4.2 lässt das deutlich erkennen.

Der Umfang der Plaggenesche in Niedersachsen beträgt etwa 183.000 ha und damit rund 3,8 % der Landesfläche. In Nordrhein-Westfalen liegt der Anteil bei ca. 3,5 %. Auch in der Geestlandschaft Schleswig-Holsteins sind neben bekannten Vorkommen auf Sylt, Amrum und Föhr in jüngerer Zeit einige weitere Standorte beschrieben worden.

K. Mueller, *Bauern, Plaggen, Neue Böden*,
https://doi.org/10.1007/978-3-662-68915-8_4

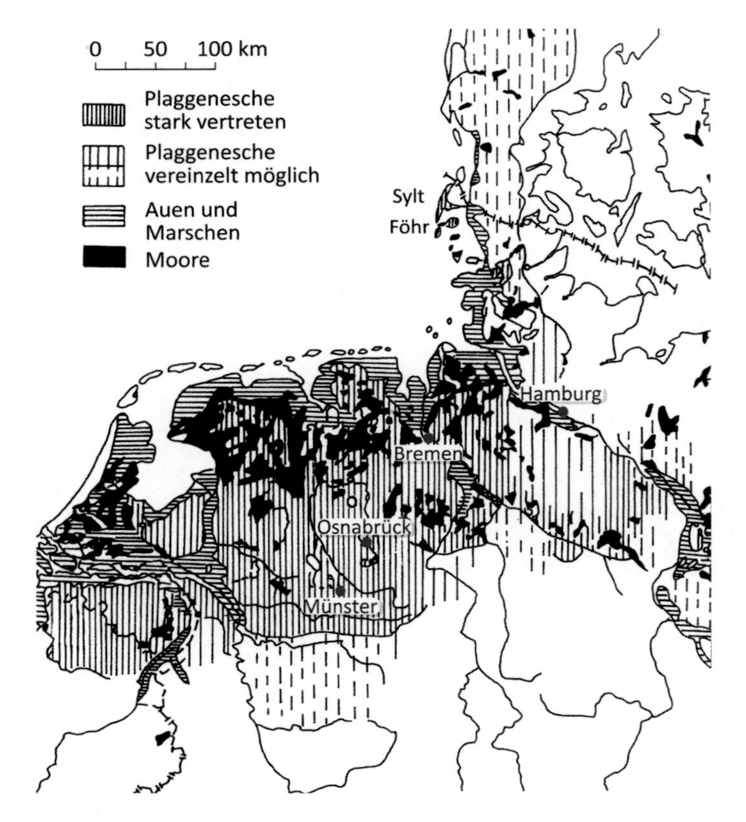

Abb. 4.1 Verbreitung der Plaggenesche in Nordwesteuropa. (Giani, L.; Makowsky, L.; Mueller, K. 2014 nach Niemeier, G.; Taschenmacher, W. 1939)

In einzelnen Regionen kann die Konzentration der Plaggenesche an der Gesamtfläche allerdings wesentlich größer sein. Für den Kreis Steinfurt werden 12,4 % genannt. Auswertungen der bodenkundlichen Karte 1:25.000 ergeben für die Gemeinde Wallenhorst (Landkreis Osnabrück) sogar einen Anteil von 22,7 % (Abb. 4.3).

Plaggenesche sind besonders in der nahen Umgebung von Siedlungen zu finden und treten oft kleinräumig begrenzt auf. Auf kleinmaßstäbigen Karten (Karten, die große Flächeneinheiten umfassen) werden sie daher oft unzureichend ausgegrenzt oder nicht berücksichtigt.

Plaggenesche oder plaggeneschähnliche Böden sind auch für Schottland, die Küsten Irlands und Südwestenglands, für Norwegen sowie für Regionen um St. Petersburg und Archangelsk beschrieben worden.

Vereinzelt gab es Überlegungen, die Plaggenwirtschaft auch Gebieten in Europa zuzuschreiben, deren Ackerflächen fast ausschließlich mit organischen

Abb. 4.2 Verbreitung der Plaggenesche in Deutschland. (Mueller, K.; Makowsky, L.; Giani, L. 2013)

Materialien ohne anhaftenden Boden gedüngt wurden und keine Plaggenesche als Bodentyp tragen. Aber das ist sehr kritisch zu sehen. Plaggenwirtschaft ist an die Düngung mit Gras- oder Heideplaggen mit hohem Anteil an mineralischen Bodenbestandteilen gebunden (vergleiche Abb. 3.1). Nur wenn dieses Bodenmaterial zuvor von anderen Flächen entnommen wurde und somit zusätzlich auf die Äcker gelangte, wachsen die Oberflächen mit ihren Auftragshorizonten aus Plaggenmaterial über die umgebenden Böden auf. Wird lediglich rein organisches Material in die anstehenden Böden eingemischt, kann folglich auch nicht von Plaggenwirtschaft gesprochen werden.

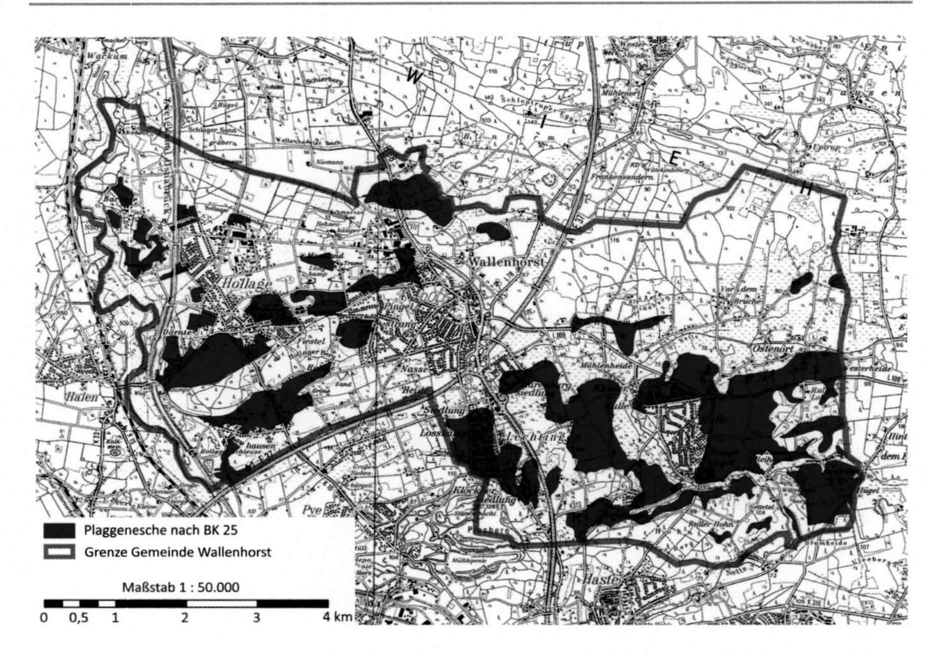

Abb. 4.3 Verbreitung der Plaggenesche in der Gemeinde Wallenhorst nördlich von Osnabrück. (Bodenkarte TK25 (verändert))

5 Neuer Boden

5.1 Ein neuer Bodentyp entsteht

Jeder Landwirt, Gartenbauer oder auch Hobbygärtner weiß, dass eine einmalige oder auch über mehrere Jahre nacheinander erfolgende organische Düngung noch nicht zu dauerhaften Veränderungen im Humusgehalt von Böden führt (siehe Ergänzung: Humus). Die Zufuhr organischen Materials erhöht zwar über 1 bis 3 Jahre durch steigende Mineralisation die Freisetzung von Nährstoffen, aber danach stellt sich wieder ein Humusgehalt wie zuvor ein. Erst nach frühestens 6 bis 8 Jahren intensiver organischer Düngung wird sich eine erste messbare Steigerung im Humusstatus der Böden einstellen.

Ganz anders ist dies allerdings bei der Plaggenwirtschaft. Die bis zu 1000 Jahren andauernde Düngung mit hohen jährlichen Aufwandmengen an organischem und mineralischem Material führte zum Aufwachsen humushaltiger Überdeckungen, die bis zu einem Meter und mehr über die alten Geländeoberflächen hinauswachsen konnten. Dadurch baute sich ein neuer, durch den Menschen geschaffener Bodentyp auf, der nach der Deutschen Bodensystematik (siehe Ergänzung Abschn. 2.3: Deutsche Bodensystematik) als Plaggenesch bezeichnet wird. Zu berücksichtigen ist, dass eine Plaggenauflage von mindestens 40 cm gegeben sein muss, um einen Plaggenesch auszugrenzen. Ist die Überdeckung geringer, wird von einer Plaggenauflage über dem jeweils überdeckten Bodentyp gesprochen.

Die Mehrzahl der Böden in Mitteleuropa ist aus ehemals einheitlichem Ausgangsmaterial der Bodenbildung entstanden, das jedoch sehr verschieden sein kann. Lockergesteine wie Marschensediment, Sand, Lehm oder Löss kommen da ebenso infrage wie zum Beispiel die Festgesteine Granit, Kalkstein oder Sandstein. Wird ein Boden aufgegraben, erhält man eine zweidimensionale Grabungswand, die als Profil bezeichnet wird. Dieser Grabungsschnitt ist in seinem Erscheinungsbild oft weit vom Aussehen des Ausgangsmaterials der Bodenbildung

K. Mueller, *Bauern, Plaggen, Neue Böden,*
https://doi.org/10.1007/978-3-662-68915-8_5

entfernt. Einige Beispiele für diese unterschiedlichen Entwicklungen speziell in Nordwestdeutschland sind in Abb. 5.1 dargestellt.

Der Humus

Unsere Böden bestehen aus anorganischen und organischen Bestandteilen. Bei mineralischen Böden, zu denen die meisten der Ackerböden gehören, überwiegen deutlich die anorganischen Anteile mit 85–99 %. Es verbleibenden 1–15 %, die auf die organische Substanz entfallen. Sie wird allgemein, wenn auch nicht ganz korrekt, als Humus bezeichnet.

Der Humusgehalt im Oberboden der landwirtschaftlich genutzten sandigen Flächen in der Nordwestdeutschen Tiefebene liegt bei 2–5 %. Marschenböden an der Nordseeküste können bis zu 15 % erreichen, Moore und Anmoore zeichnen sich durch Werte von 15 bis deutlich über 30 % aus (siehe auch Abb. 8.8).

Humus besteht aus abgestorbenen pflanzlichen und tierischen Stoffen im Boden einschließlich ihrer Umwandlungsprodukte. Die Gesamtheit der im Erdreich lebenden Organismen wird dem Edaphon zugerechnet und zählt nach allgemeiner Lesart nicht zum Humus.

Der Humusgehalt und die Humusqualität haben eine enorme Bedeutung für die chemischen, physikalischen und biologischen Eigenschaften eines Bodens und damit für die Bodenfruchtbarkeit. Zu nennen sind insbesondere die Gehalte an Pflanzennährstoffen, die Nährstofffreisetzung und das Nährstoffspeichervermögen. Zugleich ist Humus eine wichtige Lebensgrundlage für die Mikroorganismen, die nicht nur von den organischen Bestandteilen leben, sondern ihn auch produzieren. Im Zuge dieser Umsetzungen werden auch Wirkstoffe wie Vitamine, Botenstoffe und Enzyme freigesetzt.

Auch bodenphysikalische Eigenschaften der Böden werden günstig beeinflusst: Steigende Humusgehalte bewirken eine höhere Gefügestabilität und dienen damit dem Erosionsschutz. Die Konsistenzgrenzen und die Belastbarkeit nehmen zu, Böden können somit auch bei höheren Wassergehalten noch befahren und bearbeitet werden. Das Wasserhaltevermögen steigt, der Wärme- und Lufthaushalt verbessert sich.

Vor allem zeigen Böden unterschiedliche Lagen – der Bodenkundler spricht hier von Horizonten –, die in ihrem Aufbau, ihren Farben und Eigenschaften charakteristisch für den jeweiligen Bodentyp sind und deren Kombination auch dessen Namensgebung bestimmt. Sie werden in Deutschland nach der Bodenkundlichen Kartieranleitung (siehe Ergänzung Abschn. 2.3: Deutsche Bodensystematik) beschrieben.

Plaggenesche zeigen einen oder mehrere für sie typische E-Horizonte (E für Esch aus Plaggenmaterial), die dem überdeckten Boden aufliegen. Eschhorizonte lassen sich je nach Färbung weiter unterteilen in eine graue oder eine braune Variante.

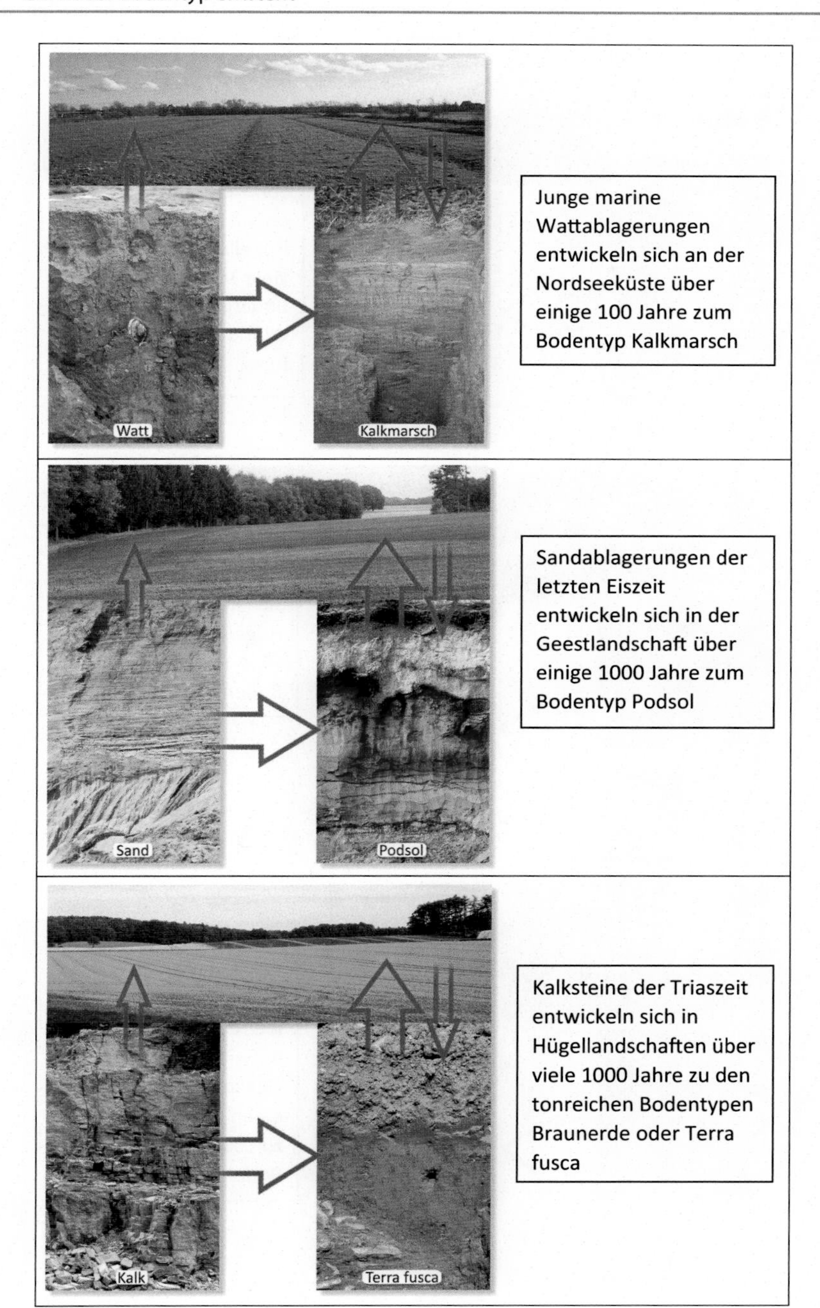

Abb. 5.1 Typische Gesteine und landwirtschaftlich genutzte Böden Nordwestdeutschlands. (Mueller, K.)

Sandsteine der Jurazeit entwickeln sich in Hügellandschaften über viele 1000 Jahre zum Bodentyp Braunerde oder Braunerde-Terra fusca

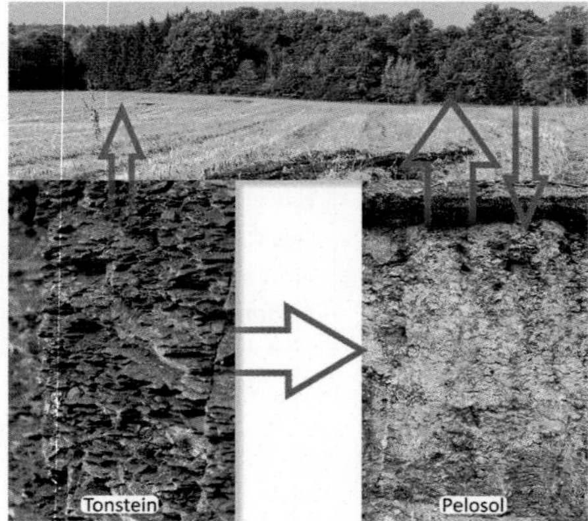

Tonsteine der Kreidezeit entwickeln sich in Hügellandschaften über viele 1000 Jahre zum Bodentyp Pelosol

Plaggenaufträge auf Sandablagerungen der letzten Eiszeit entwickeln sich in der Geestlandschaft über einen Zeitraum von bis zu 1000 Jahren zum Bodentyp Plaggenesch

Abb. 5.1 (Fortsetzung)

Abb. 5.2 Brauner Plaggenesch im Nettetal bei Osnabrück. (Mueller, K.)

Abb. 5.3 Grauer Plaggenesch auf dem Bloherfelder Anger bei Oldenburg. (Giani L.)

Der E-Horizontbezeichnung ist dann ein kleines g (für grau) oder ein kleines b (für braun) vorangestellt. Dementsprechend können Plaggenesche in graue oder braune Varietäten unterteilt werden. Abb. 5.2 und 5.3 zeigen zwei typische Vertreter, die beide durch das „Kuratorium Boden des Jahres" zum Boden des Jahres 2013 proklamiert wurden (siehe https://boden-des-jahres.de/kuratorium-1/).

Die bodenkundlichen Profilbeschreibungen beider Böden sind in den nachfolgenden Ergänzungen zusammengestellt.

Braune Plaggenesche entstehen durch den Auftrag von Wiesenplaggen aus oft gut mit Feuchtigkeit versorgten Standorten. Wiesenvegetation gedeiht auf meist nährstoffreichen, sandigen bis lehmig-schluffigen Böden, deren pH-Werte mit 4,7 bis über 7,0 im mäßig sauren bis neutralen Reaktionsbereich liegen. Das Pflanzenmaterial zeichnet sich durch beachtlich hohe Gehalte an Kohlenhydraten, stickstoffhaltigen Verbindungen und anderen leicht abbaubaren Inhaltsstoffen aus. Die Gesamtumsetzungen und Mineralisationsraten sind recht hoch, die Zersetzungsarbeit wird in erster Linie durch Bakterien geleistet. Das führt zu der braunen Farbgebung.

Graue Plaggenesche sind aus Plaggen aufgebaut, die oft trockenen Heideflächen entnommen wurden. Die Heidevegetation wächst auf sandigen, nährstoffarmen und meist stark sauren Standorten mit pH-Werten um 4,0 bis 4,7 auf. Das Pflanzenmaterial hat relativ hohe Zellulose- und Ligningehalte, die sich nur langsam zersetzen. Bei geringen Gesamtumsetzungsraten überwiegt die Humifikation, das heißt, es bauen sich stabile, grau bis schwarz färbende Huminstoffe auf. Am Umbau der organischen Substanz sind vor allem Pilze und Strahlenpilze beteiligt.

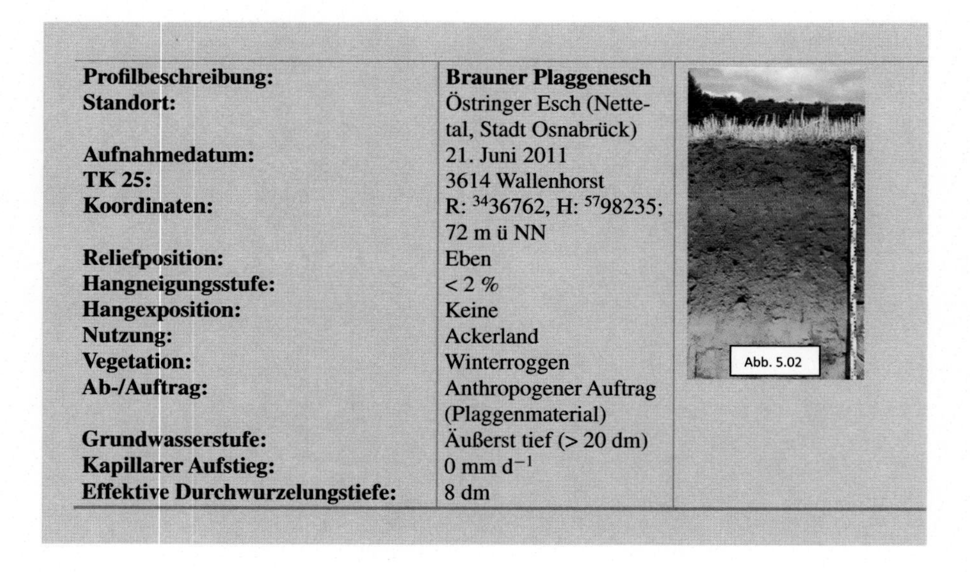

Profilbeschreibung:	**Brauner Plaggenesch**
Standort:	Östringer Esch (Nettetal, Stadt Osnabrück)
Aufnahmedatum:	21. Juni 2011
TK 25:	3614 Wallenhorst
Koordinaten:	R: ^{34}36762, H: ^{57}98235; 72 m ü NN
Reliefposition:	Eben
Hangneigungsstufe:	< 2 %
Hangexposition:	Keine
Nutzung:	Ackerland
Vegetation:	Winterroggen
Ab-/Auftrag:	Anthropogener Auftrag (Plaggenmaterial)
Grundwasserstufe:	Äußerst tief (> 20 dm)
Kapillarer Aufstieg:	0 mm d^{-1}
Effektive Durchwurzelungstiefe:	8 dm

Horizont-symbol	**Tiefe** (cm)	**Beschreibung**
Ap	0–29	Stark lehmiger Sand, pH 6,6 (CaCl), mittel humos, Pges. 828 mg/kg, dunkelbraun (10YR3/3), trocken, mittlere Trockenrohdichte, Bröckel- bis Subpolyedergefüge, Regenwurmröhren, sehr stark durchwurzelt, carbonatfrei, Horizontübergang eben und scharf *Bemerkung: Einzelfunde von Holzkohle- und Anthrazitkohlestückchen*
bE	–118	Schwach bis stark lehmiger Sand, pH 6,4 (CaCl), sehr schwach bis schwach humos, Pges. 418 mg/kg, dunkelbraun (10YR3/4) bis braun (7.5YR4/6), trocken, mittlere Trockenrohdichte, Einzelkorn- bis Subpolyedergefüge, Regenwurmröhren, mittel bis stark durchwurzelt, carbonatfrei, Horizontübergang fleckenförmig und diffus *Bemerkung: Einzelfunde von Holzkohlestückchen, an der Basis undeutliche Spuren von Bodenbearbeitung durch Spaten oder Pflug, starke Krumenbasisverdichtung unterhalb Ap-Horizont*
bE+ IIfilCv-Bv	–127	Reiner Sand (Mittelsand), pH 6,3 (CaCl), sehr schwach humos, Pges. 97 mg/kg, gelblich braun (10YR5/6), 40 % hellbraune Fleckungen (7.5YR5/6) (Ø 1–3 cm), schwach feucht, mittlere Trockenrohdichte, Einzelkorn- bis Subpolyedergefüge, keine Regenwurmröhren, sehr schwach durchwurzelt, carbonatfrei, Horizontübergang wellig und deutlich *Bemerkung: Eschmaterial verzahnt eingearbeitet*
ilCv	–160+	Reiner Sand (Mittelsand), pH 7,2 (CaCl), sehr schwach humos, Pges. 78 mg/kg, schwach gelborange (10YR6/4), 30 % hellbraune Bänderungen (7.5YR5/8), schwach feucht, hohe Trockenrohdichte, Einzelkorngefüge, keine Regenwurmröhren, nicht durchwurzelt, carbonatfrei *Bemerkung: sehr wenige Manganflecken vermutlich durch reliktische Vergleyung*

Des Öfteren sind auch Farbübergänge zu finden, die dann eine graubraune Färbung zeigen, was darauf hinweist, dass hier sowohl Heide- wie auch Wiesenplaggen zur Düngung verwendet wurden. Relativ selten zeigen Plaggenesche aber auch beide Farben im Profil deutlich übereinander. Oft liegt dann ein grauer Eschhorizont über einem braunen (Abb. 5.4).

Profilbeschreibung	**Grauer Plaggenesch**
Standort:	Bloherfelder Anger (Oldenburg)
Aufnahmedatum:	30. Juni 2009
TK 25:	2814 Bad Zwischenahn
Koordinaten:	R: ^{53}34430, H: ^{58}58910; 5 m ü NN
Reliefposition:	Eben
Hangneigungsstufe:	< 2 %
Hangexposition:	Keine
Nutzung:	Brache (1. Jahr, vorher Ackerland)
Vegetation:	Ackerunkräuter, Roggen
Ab-/Auftrag:	Anthropogener Auftrag (Plaggenmaterial)
Grundwasserstufe:	Sehr tief (13–20 dm)
Kapillarer Aufstieg:	0,3 mm d^{-1}
Effektive Durchwurzelungstiefe:	8 dm

Abb. 5.03

Horizont-symbol	**Tiefe** (cm)	**Beschreibung**
Ap	0–32	Reiner Sand (fSms), pH 4,3 (CaCl), stark humos, Pges. 1153 mg/kg, sehr dunkelgrau (10YR 3/1), trocken, geringe Trockenrohdichte, Einzelkorngefüge, stark durchwurzelt, carbonatfrei, Horizontübergang ebenförmig und scharf *Bemerkung: Einzelfunde von Ziegel- und Kohlestückchen*
gE	–65	Reiner Sand (fSms), pH 4,1 (CaCl), schwach humos, Pges. 699 mg/kg, sehr dunkelgrau (10YR 3/1), trocken, geringe Trockenrohdichte, Einzelkorngefüge, stark durchwurzelt, carbonatfrei, Horizontübergang fleckenförmig und deutlich *Bemerkung: Einzelfunde von Ziegel- und Kohlestückchen, helles humusfreies Sandband*
IIfAe + Bh + Bs	–72	Reiner Sand (fSms), pH 4,3 (CaCl), sehr schwach humos, Pges. 518 mg/kg, leicht gelblich braun (10YR 6/4), trocken, geringe Trockenrohdichte, Einzelkorngefüge, sehr schwach durchwurzelt, carbonatfrei, Horizontübergang fleckenförmig und deutlich *Bemerkung: gewachsene Profildifferenzierung ohne anthropogene Artefakte*
Go	–155	Reiner Sand (fSms), pH 4,6 (CaCl), fast humusfrei, Pges. 204 mg/kg, leicht gelblich braun (10YR 6/4), schwach feucht bis feucht, mittlere Trockenrohdichte, Einzelkorngefüge, fast ohne Wurzeln, carbonatfrei, Horizontübergang ebenförmig und deutlich *Bemerkung: redoximorphe Merkmale mit Rostflecken und Mangankonkretionen, Bänder mit leicht erhöhten Schluffanteilen*
Gr	–170 +	Reiner Sand (fSms), pH 4,8 (CaCl), humusfrei, Pges. 34 mg/kg, bräunlich gelb (10YR 6/6), nass, mittlere Trockenrohdichte, Einzelkorngefüge, nicht durchwurzelt, carbonatfrei

Abb. 5.4 Grauer über braunem Plaggenesch. (Mueller, K.)

Tritt das auf, wurden zu Beginn der Plaggenwirtschaft nährstoffreichere Wiesenplaggen oder sogenannte Lauberden aus Wäldern genutzt. Wurden diese in der Folgezeit knapper oder durften nicht mehr verwendet werden, wurden grau färbende Heideplaggen geschlagen. Aus der Gemeinde Rieste im Artland wird beispielsweise berichtet, dass zu Beginn des 18. Jahrhunderts die Plaggengründe noch von guter Qualität waren (gemeint sind Wiesenplaggen aus den Brüchen), dann aber zunehmend nur noch Heide gestochen werden konnte.

Selten sind auch rote Plaggenesche zu finden, deren Plaggen aus Wiesen in Überschwemmungsgebieten gewonnen wurden. Hier kamen rötliche Sedimente aus der Buntsandsteinverwitterung zur Ablage. Auch die Plaggenentnahme aus Niederungen mit Raseneisensteinbildung kann für die Rotfärbung der Böden verantwortlich sein.

Die Mächtigkeit der Eschauflagen beträgt im Durchschnitt 70–85 cm. Bei den grauen Plaggeneschen fallen sie tendenziell etwas kräftiger aus als bei den braunen. Im Artland wurden bei grauen wie auch braunen Varietäten sogar E-Horizonte von mehr als 150 cm ermittelt.

Graue Plaggenesche treten häufig im nördlichen Verbreitungsgebiet auf den kalkfreien nährstoffarmen Sandböden der Geestgebiete auf. Die braunen Plaggenesche sind dagegen auf den südlicher gelegenen nährstoffreicheren Verwitterungsböden der Becken- und Hügellandschaften weiter verbreitet (siehe auch Abb. 4.1).

Vereinzelt wurden Plaggenesche auch auf Sandlössstandorten am nördlichen Rand der Mittelgebirge beschrieben. Das verwundert zunächst etwas, denn diese Böden gelten allgemein als besonders fruchtbar. Wahrscheinlich ist der hier angewehte Löss während der letzten Eisüberdeckungsphasen mehrfach abgelegt und durch den Wind wiederaufgenommen worden, bis er schließlich dauerhaft zur Sedimentation kam. In den Zwischenablagerungsphasen entkalkte er weitgehend, was die Bodenfruchtbarkeit senkte. Insofern konnten auch auf diesen Böden durch Plaggendüngung höhere und stabilere Erträge erwirtschaftet werden.

5.2 Veränderte Bodeneigenschaften

Plaggenesche zeichnen sich im Vergleich zu den unter der Plaggenauflage anstehenden Ausgangsböden durch eine deutlich verbesserte Bodenfruchtbarkeit aus. Dies zeigt sich in der Veränderung einer Vielzahl von Bodeneigenschaften. Einige der wichtigsten chemischen und physikalischen Kennwerte für die in den Abb. 5.2 und 5.3 zu sehenden braunen und grauen Plaggenesche sind in den folgenden Diagrammen dargestellt (Abb. 5.5 und 5.6) und werden nachfolgend erläutert.

Interessant sind zunächst die **pH-Werte** als Ausdruck des Säuregrades der Böden. Bei kalkfreien sandigen Plaggeneschen, wie sie ganz überwiegend zu finden sind, betrugen sie bis Mitte des 19. Jahrhunderts oft nur pH 4–5 und waren damit als stark bis mäßig sauer einzuordnen. Erst nach Einführung einer regelmäßigen Kalkdüngung ab Mitte des 19. Jahrhunderts stiegen die pH-Werte bis heute auf 5,5–6,5 an, wobei die braunen Varietäten mit ihren oft etwas höheren Lehmgehalten auch Werte bis pH 7,0 zeigen können.

Die **Humusgehalte** der grauen Plaggenesche betragen in der Eschauflage allgemein 2–4 %, können aber auch bis zu 7 % erreichen. In den braunen Varietäten werden aufgrund höherer Mineralisationsraten des Pflanzenmaterials regelmäßig etwas geringere Werte gemessen. Ein Vergleich der Bodenfarben beider Böden lässt dies erkennen (Abb. 5.7).

Der Humus in den Eschhorizonten bewirkt eine verbesserte Festlegung und Umwandlung sowie einen beschleunigten Abbau anorganischer und organischer Schadstoffe. Zugleich sorgt er für einen besseren Zusammenhalt der Bodenteilchen, sodass sich Aggregate ausbilden, die zu einem höheren Wasser- und Nährstoffspeichervermögen beitragen und vor Erosion schützen.

Die **Kationenaustauschkapazität** (KAK) als Maß des Nährstoffhaltevermögens ist in hohem Maße abhängig von der Quantität und Qualität des Humus. Es gilt: Je höher der Humusgehalt und der Zersetzungsgrad, umso höher ist auch die KAK. In Plaggeneschen liegt sie häufig zwischen 5 und 15 cmolc/kg Boden (Summe der adsorbierten Kationen in Zentimol pro kg Boden, c von charge). Die Kationenaustauschkapazität erreicht damit Bereiche, wie sie für Böden mit geringer bis mittlerer Bodenfruchtbarkeit typisch sind. Allerdings ist zu berücksichtigen, dass die KAK regelmäßig auf pH 7 bezogen wird. Die Angabe KAKpot. (pot. steht für potenziell) bringt dies zum Ausdruck. Das heißt, mit sinkenden pH-Werten verringert sich auch das tatsächliche Nähstoffhaltevermögen stetig.

Allgemein wurden den Böden durch die über Jahrhunderte laufende kontinuierliche Plaggendüngung jährlich größere Mengen an **Pflanzennährstoffen** zugeführt, die dann von den Pflanzen aufgenommen wurden, in die Atmosphäre gelangten oder der Auswaschung unterlagen. Von den Hauptnährstoffen Stickstoff und Kalium sind heute durch die damit verbundenen Verluste und die seit ca. 100 Jahren nicht mehr erfolgende Plaggenzufuhr keine höheren Gehalte als in

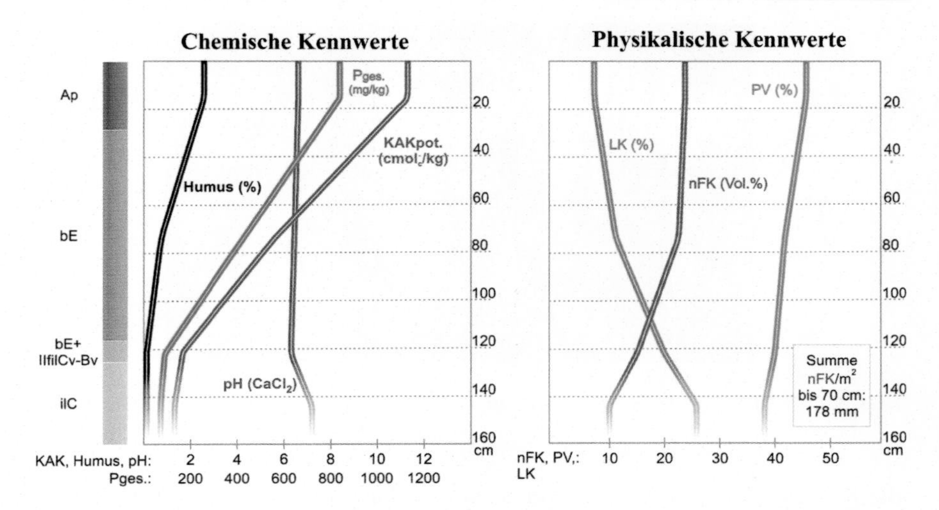

Abb. 5.5 Kennwerte eines braunen Plaggeneschs. *KAK* Kationenaustauschkapazität, *LK* Luftkapazität, *nFK* nutzbare Feldkapazität, *PV* Gesamtporenvolumen. (Dahlhaus, C.; Kniese, Y.; Mueller, K. 2018)

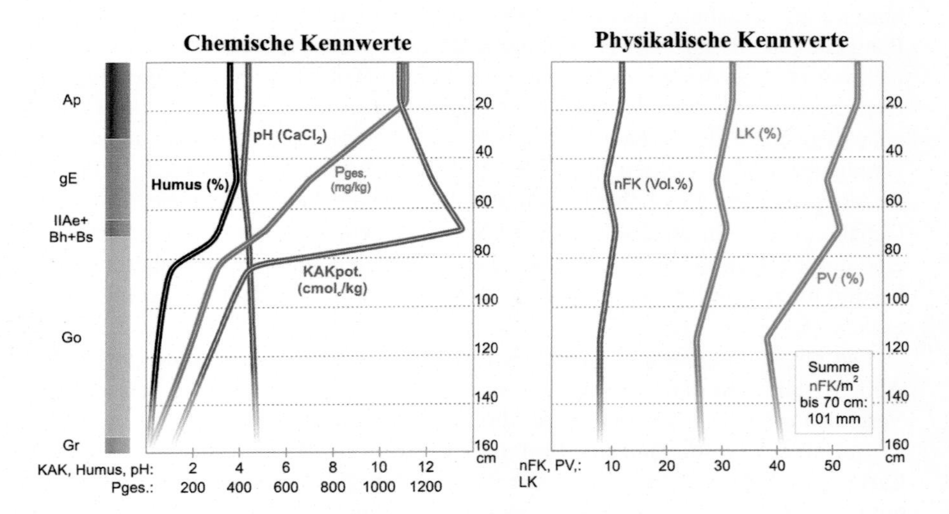

Abb. 5.6 Kennwerte eines grauen Plaggeneschs. *KAK* Kationenaustauschkapazität, *LK* Luftkapazität, *nFK* nutzbare Feldkapazität, *PV* Gesamtporenvolumen. (Dahlhaus, C.; Kniese, Y.; Mueller, K. 2018)

den umgebenden nicht geplaggten Böden mit ansonsten gleichen Eigenschaften zu finden.

Anders ist das jedoch beim **Gesamtphosphor** (Pges.). Das Plaggenmaterial hatte durch die Anreicherung mit tierischen Exkrementen hohe P-Gehalte. Nach der Düngung wurde dieser Phosphor innerhalb einer sehr kurzen Zeitspanne in

Abb. 5.7 Vergleich der Farben eines braunen und eines grauen Plaggeneschs. (Mueller, K.)

die Kristallgitterverbände von Mineralen eingebaut und war kaum noch pflanzenverfügbar. Er konnte dann nur noch in sehr geringen Mengen von den Pflanzen aufgenommen werden. Eine P-Auswaschung in das Grundwasser findet bis heute mit jährlichen Austrägen von 0,2–0,3 kg/ha praktisch nicht statt. Eine Verlagerung über kurze Strecken ist möglich, aber sehr gering. Die mittleren Pges.-Gehalte der Plaggenesche betragen 500–600 mg/kg Boden, wobei graue Varietäten tendenziell etwas höher liegen als braune. Einzelmessungen bewegen sich allerdings mit einer Spanne von 200 bis zu 2000 mg/kg in sehr weiten Grenzen. Nahezu durchgehend nehmen die Gehalte mit zunehmender Bodentiefe ab. In sandigen, nicht geplaggten Böden werden in der Regel Pges.-Werte von weniger als 100 mg/kg Boden gemessen. Bei höheren Schluff- und Tongehalten können die natürlichen Gehalte auch mehr als 200 mg/kg betragen. Aufgeplaggte Standorte weisen damit eine durchgehend 3- bis 6-fach höhere Pges.-Akkumulation aus. Gesamtphosphorbestimmungen stellen somit ein sicheres Kriterium für den Nachweis von Plaggeneschen dar.

Die physikalischen und damit auch hydrologischen Eigenschaften (siehe auch Abb. 5.5 und 5.6) der Plaggenesche sind allgemein als recht gut zu bewerten. Im Vergleich trifft das insbesondere für die braunen Varietäten zu.

Bei einem **Gesamtporenvolumen** (PV) von 40–50 % entfällt auf die **Luftkapazität** (LK) ein Anteil von durchschnittlich 20 %. Daraus ergibt sich eine gute Durchlüftung und Erwärmbarkeit. Auch das Sickerwasser wird rasch abgeleitet und der Boden durchwurzelt leicht. Durch den Einsatz schwerer Bearbeitungs- und Erntetechnik kann es heute allerdings zu Bodenverdichtungen unterhalb der Pflugtiefe kommen, die die genannten günstigen Eigenschaften einschränken.

Von besonderer Bedeutung für die Bodenfruchtbarkeit ist das Speichervermögen der Plaggenesche für das Wasser, das Pflanzen pro Quadratmeter Oberfläche aus dem Wurzelraum grundwasserferner Böden aufnehmen können. Diese Wassermenge wird als **nutzbare Feldkapazität** (nFK) bezeichnet und in

Prozent zum möglichen Gesamtwassergehalt angegeben. Sie wird in Millimeter oder Liter pro m^2 (l/m^2) gemessen. Die nFK beträgt bei Böden mit sehr hohem Sandgehalt etwa 70 l/m^2. Nutzpflanzenbestände verdunsten pro Tag etwa 20–30 l/m^2. Damit können sie, zum Beispiel in der Lüneburger Heide, lediglich 2–3 Tage Trockenheit ohne Welkeerscheinungen überstehen. Auf sehr fruchtbaren Lössböden, die eine nFK von bis zu 300 l/m^2 erreichen, treten solche Schädigungen erst nach gut 2 Wochen auf. Mit Werten von etwa 120–180 l/m^2 bewegen sich die Plaggenesche hier in einem mittleren bis hohen Bereich.

Neben günstigen chemischen und physikalischen Eigenschaften zeichnen sich Plaggenesche ganz überwiegend auch durch fein verteilte **Holzkohlestückchen** in den Eschhorizonten aus. Sie erreichen oft nur 1–2 mm Durchmesser, schmieren beim Zerreiben zwischen den Fingern deutlich und hinterlassen eine tiefschwarze Farbe (Abb. 5.8). Sie stammen aus den Holzbrandresten der Hausöfen, die dem Plaggenmaterial bei der Kompostierung zugegeben wurden.

Das Vorhandensein dieser fein verteilten Holzkohlereste gilt bei Felduntersuchungen als sicheres Indiz für eine Plaggenüberdeckung, die dann durch Gesamtphosphoruntersuchungen untermauert werden kann. Einzelne Untersuchungen zeigen, dass hin und wieder auch gröbere Holzkohlestücke in den unteren 20 cm der Eschauflagen zu finden sind. Dann ist eine Herkunft aus vorangegangener Brandrodung zu Beginn der Plaggenwirtschaft nicht auszuschließen.

Häufig zeichnen sich die mächtigen, nährstoffreichen und humosen Eschhorizonte durch eine hohe **biologische Aktivität** aus. Ausdruck dessen sind die beachtlichen Besiedlungsdichten durch Regenwürmer und andere Bodentiere (Abb. 5.9). Sie sorgen für eine intensive Durchmischung, homogenisieren die Böden und schaffen ein stabiles Porensystem. Pflanzenwurzeln wachsen bevorzugt in diese Poren hinein, zugleich kann das Niederschlagswasser rasch in größere Tiefen versickern.

Abb. 5.8 Schmierende Färbung von Holzkohlestückchen aus Plaggeneschen. (Mueller, K.)

Abb. 5.9 Regenwurmgänge in einem braunen Plaggenesch in 1 m Bodentiefe. (Mueller, K.)

Abb. 5.10 Wespennest in der Profilwand eines Plaggeneschs. (Mueller, K.)

Auch Insekten nutzen die gut grabbaren Plaggenesche gerne für ihre Wohnbauten. Handelt es sich dabei allerdings um Wespen, kann dies für den untersuchenden Bodenkundler mit schmerzhaften Erinnerungen verbunden sein (Abb. 5.10).

In Plaggeneschen sind oft auch **Artefakte** wie Ziegelreste, Keramik und andere Bestandteile von Dingen des täglichen Bedarfs zu finden, die als Abfälle in die Komposte und somit in die Böden gelangten (Abb. 5.11). Neben den Holzkohlestückchen und den hohen Gesamtphosphorgehalten gelten diese Beimengungen ebenfalls als typische Indikatoren für Plaggenesche.

Relativ häufig sind an der Basis der Plaggenesche am Übergang zu den überdeckten Böden auch Zeugnisse ehemaliger Besiedlung und Nutzung zu finden. Sie

Abb. 5.11 Funde in Plaggeneschen: Tonscherbe (ca. 17.–18. Jahrhundert), handgeschmiedeter Nagel (ca. 18.–19. Jahrhundert), Bügelflasche (ca. 19.–20. Jahrhundert). (Mueller, K.)

stammen dann aber aus der Zeit vor der Plaggenwirtschaft. Gut geschützt durch die Eschaufträge blieben sie bis in die heutige Zeit oft gut erhalten und können dann von erheblicher archäologischer Bedeutung sein (siehe auch Abschn. 8.6).

5.3 Erträge

Es wurde bereits eingangs gesagt, dass vor Beginn der Plaggenwirtschaft auf den oftmals sandreichen ertragsschwachen Böden keine hohen und sicheren Erträge zu erzielen waren. Genauere Ertragsangaben sind allerdings nicht bekannt. Aufzeichnungen aus dem 9. Jahrhundert lassen für klimatisch wie bodenmäßig begünstigte karolingische Landgüter eine Ertragszahl für Getreide von 2,7 (geerntetes zu ausgesätem Korn) erkennen. Unter weniger begünstigten Bedingungen dürfte diese Zahl bei 2,0 gelegen haben. Das heißt, die eine Hälfte der Ernte wurde gegessen, die andere Hälfte musste für die kommende Aussaat aufgehoben werden. Bei Missernten drohten unter diesen Bedingungen stets Hungersnöte und der Hungertod.

Durch die Einführung der Plaggenwirtschaft stellte sich zunächst wohl noch keine wesentliche Ertragssteigerung bei Getreide, wohl aber eine höhere Ertragssicherheit ein. Roggen stand beim Anbau an erster Stelle. Allein bei den bischöflichen Tafelgütern im Osnabrücker Nordland betrug 1240 der Roggenanteil etwa 54 %. Eine ähnlich hohe Anbaukonzentration war im gesamten Gebiet der Plaggenwirtschaft zu finden, die sich auch in den nächsten Jahrhunderten nicht wesentlich veränderte. Noch 1804 betrug der Roggenanteil in der Grafschaft Ravensberg (Nordostwestfalen) an der Gesamtfläche knapp 40 % und im Amt Bodenstedt in der Lüneburger Heide 57 %.

Die Erntemengen blieben im Mittelalter auch mit Plaggendüngung durchweg dürftig. Geerntet wurde das 2- bis 3-Fache der Aussaaten, wobei zu bedenken ist, dass die mittlere Länge des Roggenkorns zu der Zeit ungefähr 4–6 mm betrug. Heute liegt dieser Wert bei 8 mm und mehr.

Ende des 15. Jahrhunderts betrug auf den Roggenanbauflächen des Benediktinerinnen-Klosters Gertrudenberg in Osnabrück die Aussaatmenge 9,0–9,5 Malter und die Ernte 16–28 Malter (ein Osnabrücker Malter entsprach einem Raummaß von 344,4 l). Damit lagen die Erträge nicht höher als im Umland, obwohl die Klöster für eine besonders erfolgreiche Landbewirtschaftung bekannt waren (Abb. 5.12). Und auch in der Grafschaft Ravensberg wurde zwischen 1787 und 1815 bei Roggen im Durchschnitt nicht mehr als das 4- bis 5-Fache der Aussaatmenge geerntet. Heute liegt dieses Verhältnis allgemein bei etwa 1:40.

Insgesamt waren auf den landwirtschaftlichen Höfen die Erträge bis in die Neuzeit hinein so gering, dass kaum etwas verkauft werden konnte. Neben den Rücklagen für die nächste Aussaat und den Abgaben für die Obrigkeit musste mit den verbleibenden Mengen die Familie ernährt werden. Die wenigen Bauern, die Korn verkaufen konnten, verfügten allerdings über eine gute Einnahmequelle. Die beachtliche Anzahl prächtiger Bauernhöfe im Artland mit seinen ertragreichen Böden dokumentiert das bis heute (Abb. 5.13).

Getreide kam als Viehfutter nicht infrage. Auch die Heuerträge waren sehr gering. Als Winterfutter musste daher Getreidestroh, gestreckt mit Laub und Heideaufwuchs, herhalten.

Abb. 5.12 Gebet des heiligen Benedikt. Das Gemälde von 1500 zeigt die Arbeit bei der Getreideernte auf den Feldern einer klösterlichen Gemeinschaft. (Breu, J. 1500, Bernhardsaltar, Stiftskirche Zwettl (Niederösterreich))

Abb. 5.13 Artländer Hof im Landkreis Osnabrück. (Mueller, K.)

Das Rindvieh war dadurch ständig unterernährt, klein und schmalbrüstig. Oft war es im Frühjahr so schwach, dass es am Schwanz gezogen auf die Weide gebracht werden musste. Für diese beklagenswerten Tiere bürgerte sich mancherorts der Begriff „Schwanzvieh" ein. Im Münsterland wurde gesagt, dass eine Kuh, wenn sie im Frühjahr noch das Auflegen eines nassen Sackes ertragen könne ohne niederzubrechen, gut durch den Winter gekommen sei. Zu der Zeit lag das Gewicht einer Kuh in der Regel unter 120–130 kg, die Milchleistung war mit 500–600 l pro Jahr dementsprechend gering (Abb. 5.14). Selbst zu Beginn des 20. Jahrhunderts wog eine Kuh des alten Landschlags nur etwa 300 kg bei einer jährlichen Leistung von kaum mehr als 1500 l Milch. Heutige Hochleistungstiere erreichen ein durchschnittliches Gewicht von 600 kg und Milchmengen von durchaus 10.000–12.000 l.

Besonders in Norddeutschland spielte Roggen bis in die frühe Neuzeit hinein eine wesentlich größere Rolle für die menschliche Ernährung als heute. Kalkulationen gehen davon aus, dass täglich etwa 1 Pfund pro Person verzehrt wurde. Bei 10 Personen je Hof (Familienmitglieder und Gesinde) wurden also pro Tag 10 Pfund Roggen benötigt. Leider gab es einen großen Nachteil. Oft befand sich im Erntegut ein hoher Anteil an Mutterkorn (siehe Ergänzung Abschn. 2.4: Roggen), ein Schlauchpilz, der bei einer Aufnahme von 5–10 g zu schweren Vergiftungserscheinungen bis hin zum Tode führen konnte.

Noch im 17. bis 18. Jahrhundert reichte im Delbrücker Land das geerntete Getreide oft nicht einmal für die Selbstversorgung aus. Für den Kreis Bersenbrück heißt es Ende des 18. Jahrhunderts in einer Mitteilung: „Rocken und Haber wach-

Abb. 5.14 Der Kupferstich „Die Melkerin“ von 1510 lässt die Kleinwüchsigkeit und geringe Milchleistung der Rinder im Mittelalter erkennen. (Leyden v., L. 1510)

Abb. 5.15 Bienenstand an einem Eschkotten. (Heimatverein Wallenhorst)

sen zwar allenthalben, aber nur in guten Jahren so viel wie nötig ist.“ Und weiter: „Das Getreide stand meistens dünn, wuchs selten hoch, war von Unkraut überwuchert und brachte wenig ein.“ Besonders bei landarmen Markköttern und Heuersleuten war daher ein Zuerwerb unumgänglich. Vor allem der Flachsanbau und seine Verarbeitung zu Leinen spielten eine große Rolle. In einigen Gebieten war auch die Bienenzucht verbreitet (Abb. 5.15).

In den Anbaugebieten nördlich des Wiehengebirges sowie im Fürstentum Osnabrück betrug die durchschnittliche Roggenernte noch um 1800 nur etwa 6 dt/ha. Heute werden in Niedersachsen im Mittel der Jahre 2011 bis 2020 auf einer Anbaufläche von knapp 130.000 ha Erträge von 63 dt/ha erwirtschaftet.

Erst mit Einführung des Kartoffelanbaus Mitte des 18. Jahrhunderts begann sich die Ernährungssituation zu verbessern. Die Kartoffel besitzt zwar einen geringeren Nährwert als Getreide, bringt aber auf der gleichen Fläche deutlich höhere Erträge. Sie wurde daher in der Folgezeit rasch zum Hauptnahrungsmittel der Bevölkerung.

5.4 Niveauerhöhungen und -ausgleich

Im Gebiet der Plaggenwirtschaft sind bis heute weitverbreitet landschaftsprägende Geländestrukturen zu finden, die durch den Menschen geschaffen wurden. Dazu gehören Niveauerhöhungen, die sich durch die bis zu 1000 Jahre andauernde Plaggendüngung einstellten. Dieses Aufwachsen der Oberflächen ist vor allem auf die Zufuhr mineralischer Bodenbestandteile, zum Beispiel Sand und Lehm, zurückzuführen. Organische Bestandteile wurden dagegen größtenteils durch die Mineralisierung in Pflanzennährstoffe umgewandelt und durch die Pflanzen aufgenommen oder unterlagen der Auswaschung. Ein geringer Anteil wurde aber auch zu dauerhaften stabilen Humusverbindungen aufgebaut und trug dadurch zur Geländeerhöhung bei.

Bis heute sind in Plaggeneschprofilen deutlich die ehemaligen Bodenoberflächen und die darüberliegenden Eschauflagen erkennbar (Abb. 5.16).

Wie bereits ausgeführt, betragen die mittleren Überdeckungen 70–85 cm, sie können aber auch mehr als 150 cm erreichen. Kräftigere Eschauflagen sind besonders in der Nähe von Gehöften oder am Rande der Dörfer zu finden. Nicht selten ist zu beobachten, dass deren Mächtigkeit mit zunehmender Entfernung von der Bebauung abnimmt. Ein typisches Beispiel ist im Nettetal bei Osnabrück auf den ehemaligen Flächen des Klosters Nette zu finden: Auf einer nahezu quadratischen Ackerfläche von 3,09 ha beträgt die Eschüberdeckung heute nahe der Klosterbegrenzung 112 cm, 80 m weiter wurden dagegen nur noch 40 cm ermittelt.

Mit der Niveauerhöhung verbunden ist ein weiteres Phänomen, das in der Regel aber nicht deutlich sichtbar in Erscheinung tritt. Es ist der Niveauausgleich. Bei Bohrungen ist immer wieder feststellbar, dass das ehemalige, jetzt überdeckte Relief deutlich strukturierter sein kann. Plaggeneschoberflächen erscheinen heute dagegen relativ geglättet (Abb. 5.17).

Vorhandene Wellen, Vertiefungen und Unebenheiten wurden somit durch den Plaggenauftrag ausgeglichen. Allerdings lässt sich dieses Bild nur durch Bohrungen über längere Strecken in engem Raster erkennen. In großem Umfang wurden solche Untersuchungen 1965 durch Reimer Asmus im Kirchspiel Menslage bei Quakenbrück im Landkreis Osnabrück durchgeführt. Eine dieser Catenen ist in Abb. 5.18 dargestellt.

Deutlich ist die alte wellige Oberfläche des überplaggten Bodens und die heute geglättete Linie des Plaggenesches zu erkennen. Hier wird zugleich ein anderes Problem sichtbar: Wird bei bodenkundlichen Untersuchungen zum Beispiel an einem Punkt A gebohrt, wird keine oder nur eine geringmächtige

Abb. 5.16 Grauer Plaggenesch mit deutlichem Übergang zwischen Eschauflage und anstehendem Boden. (Milbert, G)

Abb. 5.17 Geglättete Plaggeneschoberfläche bei Groß-Mimmlage (Landkreis Osnabrück). (Mueller, K.)

Plaggenüberdeckung ermittelt. Wird dagegen nur wenige Meter weiter am Punkt B eine weitere Bohrung niedergebracht, kann dagegen ein tiefer Plaggenesch ausgegrenzt werden. Daraus folgt, dass bei bodenkundlichen Kartierungen stets in relativ engem Raster gearbeitet werden muss, um zu verlässlichen Ergebnissen zu kommen. Ansonsten können Karten zur Verbreitung von Plaggeneschen fehlerhaft sein – und sind es hin und wieder auch.

Weiterhin zeigt Abb. 5.18 die für viele Plaggeneschflächen typische gewölbte Oberfläche. Sie ist auch hier durch den Plaggenauftrag geglättet, zeichnet aber den Rücken alter, höher gelegener Eschäcker nach (Abb. 5.19).

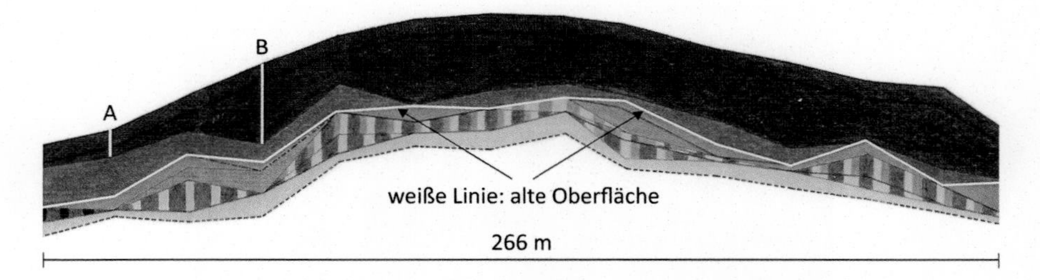

Abb. 5.18 Oberflächenausgleich durch Plaggenauftrag. (Asmus, R. 1965 (verändert))

Abb. 5.19 Gewölbte Plaggeneschfläche bei Bramsche-Engter (Landkreis Osnabrück). (Mueller, K.)

5.5 Niveautieferlegung und Eschkanten

Die für die Plaggenwirtschaft benötigten Plaggen wurden Flächen entnommen, die auf Allmendegebiet lagen, zu trocken oder zu nass waren oder anderweitig nicht genutzt werden konnten.

In der Norddeutschen Tiefebene waren dies vor allem sehr sandreiche Standorte ohne Wasseranschluss, auf denen bis heute eine eher anspruchslose Vegetation oder ertragsschwache Baumbestände aufwachsen (Abb. 5.20, 5.21 und 5.22).

In den hügeligen Landschaften wurden in erster Linie von Wasserarmen durchflossene Wiesen und Niederungen zur Plaggenentnahme genutzt. Das Oberflächenniveau der betroffenen Standorte wurde dabei immer tiefer gelegt und zugleich eingeebnet. Teilweise entstanden „Kastentäler", die heute noch gut zu erkennen sind (Abb. 5.23, 5.24).

Typisch für diese Standorte ist ein verkürztes Bodenprofil durch den Abtrag der oberen Lagen des gewachsenen Bodens (Abb. 5.25). Durch die teils über Jahrhunderte andauernde Plaggenentnahme „stieg" der Grundwassersaum immer wei-

Abb. 5.20 Wacholderhain am Rande der Ankumer Berge (Landkreis Osnabrück). (Mueller, K.)

Abb. 5.21 Heidefläche bei Celle. (Mueller, K.)

ter an, sodass eine Nutzung, zum Beispiel zur Heubereitung oder als Viehweide, zunehmend erschwert wurde oder nicht mehr möglich war.

Vor allem in der zweiten Hälfte des 19. Jahrhunderts begann man diese Standorte mit Aushubmaterial, Schutt, Brandresten und Abfällen wieder aufzufüllen. Während der Zeit des Reichsarbeitsdienstes (RAD, 1935 bis 1944) wurde dies beispielsweise in großem Umfang im Nettetal bei Osnabrück durchgeführt. Aufgeschüttet wurde hier vor allem lehmiges Kalksteinverwitterungsmaterial vom Talrand, zu dessen Transport auch Lorenbahnen verlegt wurden. Heute sind diese Auffüllungen im Bodenprofil gut zu erkennen (Abb. 5.26).

Abb. 5.22 Heidefläche mit ertragsschwachem Waldbestand bei Lingen (Landkreis Emsland). (Mueller, K.)

Abb. 5.23 Durch Plaggenentnahme tiefer gelegte Wiese im Nettetal bei Osnabrück. (Mueller, K.)

In den heutigen, durch Plaggenwirtschaft geprägten Landschaften fallen immer wieder auch steile Geländekanten auf, die die aufgeplaggten Flächen begrenzen. Es sind die sogenannten Eschkanten, die deutlich den Übergang der aufgehöhten Plaggenesche zu den umgebenden Böden nachzeichnen. Sie sind ein besonders charakteristischer Bestandteil des von Menschen geschaffenen Formenbestandes in dieser Landschaft.

Die Eschkanten erreichen oft eine Höhe von etwa 1 m und sind für jeden Beobachter leicht zu erkennen (Abb. 5.27 und 5.28). Besonders augenfällig treten sie in Erscheinung, wenn zwei Plaggeneschflächen durch einen Hohlweg getrennt sind (Abb. 5.29). Hin und wieder sind sie durch Gebüsche und Wallhecken bewachsen und stellen dann wertvolle ökologische Refugien dar.

Abb. 5.24 Durch Plaggenentnahme tiefer gelegte Wiese im Hasetal bei Bramsche (Landkreis Osnabrück). (Mueller, K.)

Abb. 5.25 Durch Plaggenentnahme tiefer gelegter grundwassernaher Boden (Gley). (Mueller, K.)

Treten Eschkanten unmittelbar am Übergang von Plaggeneschen zu Entnahmeflächen auf, können sie Höhen von 2 m und mehr erreichen (Abb. 5.30). Vor allem im südlichen hügeligen Bereich der Plaggenwirtschaft, wo Plaggenesche und Entnahmebereiche oft unmittelbar beieinanderliegen, sind diese deutlich sichtbaren Geländemarken häufiger zu finden.

Nach der Markteilung Anfang bis Mitte des 19. Jahrhunderts (siehe auch Abschn. 7.1) und insbesondere mit der verstärkten Technisierung der Landwirtschaft ab den 30er-Jahren des 20. Jahrhunderts begannen die Eschkanten zunehmend den Technikeinsatz zu behindern. Viele wurden daher im Laufe der Zeit eingeebnet oder abgeschoben. Sie sind aber dennoch bis heute – wenn auch nur bei genauerem Hinsehen und Kenntnis der Plaggenwirtschaft – in der Landschaft erkennbar (Abb. 5.31, 5.32).

Abb. 5.26 Mit Kalksteinverwitterungsmaterial aufgefüllter Boden (Depo-Syrosem über Gley-Braunerde). (Mueller, K.)

Abb. 5.27 Eschkante in Wallenhorst-Hollage (Landkreis Osnabrück). (Mueller, K.)

Abb. 5.28 Eschkante bei Bramsche-Engter (Landkreis Osnabrück). (Mueller, K.)

Abb. 5.29 Durch Plaggenauftrag auf die linke und rechte Eschfläche entstandener Hohlweg bei Bramsche-Epe (Landkreis Osnabrück). (Mueller, K.)

Abb. 5.30 Mächtige Eschkante bei Bersenbrück (Landkreis Osnabrück). (Mueller, K.)

Abb. 5.31 Abgeschobene Eschkante bei Bramsche-Epe (Landkreis Osnabrück). (Mueller, K.)

Abb. 5.32 Abgeschobene Eschkante bei Wallenhorst-Ostenort (Landkreis Osnabrück). (Mueller, K.)

5.6 Eschgräben

Ein relativ selten beschriebenes Phänomen in den durch Plaggenwirtschaft geprägten Landschaften sind die sogenannten Eschgräben. Sie liegen fast ausnahmslos unter Plaggeneschen und sind in die anstehenden alten Bodenoberflächen eingetieft (Abb. 5.33).

Sie werden hin und wieder bei archäologischen Ausgrabungen gefunden und sind auch, wenngleich nur in geringem Umfang, bodenkundlich beschrieben und analysiert worden. Da die Grabungsfelder in der Regel nur fensterartig angelegt

Abb. 5.33 Planum einer Vielzahl von Eschgräben, archäologische Ausgrabungen bei Nordhorn 2014 (Landkreis Grafschaft Bentheim). (Rasink, B.)

Abb. 5.34 Eschgraben mit scharfer Abgrenzung zum umgebenden Boden. (Mueller, K.)

sind, bleibt die Ausdehnung der Eschgräbensysteme in der Fläche oft unklar. Ausgrabungen auf den Bloherfelder Anger am Westrand Oldenburgs lassen allerdings ihr mögliches Ausmaß erkennen. Hier wurden auf einer Fläche von 8,9 ha 17 Reihen mit bis zu 31 Gräben je Reihe gefunden.

Eschgräben treten meist in Gruppen von parallel zueinander verlaufenden Reihen auf, die sich kreuzen oder auch schneiden können. Die einzelnen Gräben liegen teils dicht beieinander, sind jedoch nicht miteinander verbunden. Ihre Länge beträgt meist 7–10 m, kann aber auch bis zu 16 m erreichen. Der Abstand in den Reihen liegt oft bei unter 1 m, der Reihenabstand kann 1–3 m oder mehr betragen. Sie sind 0,3–1,3 m breit, ihre Tiefe variiert zwischen 0,2–0,7 m.

Die einzelnen Gräben sind meist rechteckig oder seltener wannen- bis zungenförmig eingetieft. Sie zeigen an der Basis und den Seiten scharfe Abgrenzungen zu den umgebenden Böden, was für ein rasches Füllen nach dem Öffnen spricht (Abb. 5.34).

Bisher bodenkundlich bekannt gewordene Untersuchungen zeigen in den Grabenfüllungen fast durchgehend pH-Werte um 4 und sind damit im stark sauren Bereich einzuordnen. Das entspricht den Werten der umgebenden sandreichen Böden (siehe Ergänzung: Brauner Plaggenesch mit Eschgraben).

Profilbeschreibung:	**Brauner Plaggenesch mit Eschgraben**
Standort:	Wietmarscher Straße, Ecke Bosinkskamp (Nordhorn; Grafschaft Bentheim)
Aufnahmedatum:	8. April 2014
Reliefposition:	Eben
Hangneigungsstufe:	< 1 %
Hangexposition:	Keine
Exposition Profilwand	Süd
Nutzung:	Ackerland
Vegetation:	Mais (abgeerntet)
Ab-/Auftrag:	Anthropogener Auftrag (Plaggenmaterial) über Flugsand (Pleistozän)
Grundwasserstufe:	Äußerst tief (> 20 dm)
Kapillarer Aufstieg:	0 mm d^{-1}
Effektive Durchwurzelungstiefe	7 dm

Abb. 5.34

Horizont-symbol	**Tiefe** (cm)	**Beschreibung**
bE-Ap	0–26	Schwach schluffiger bis schwach lehmiger Sand, grobbodenfrei (0 %), stark humos, sehr dunkelbraun (10YR2/2), feucht, mittlere Trockenrohdichte, Bröckelgefüge, Regenwurmröhren vorhanden, mittel durchwurzelt, carbonatfrei, pH 3,4 (CaCl), Pges. 920 mg/kg, ebener und diffuser Horizontübergang *Bemerkung: Holzkohlestückchen*
bE1	26–49	Schwach lehmiger Sand, grobbodenfrei (0 %), mittel humos, dunkelrötlich braun (5YR3/2), feucht, geringe Trockenrohdichte, Subpolyeder- bis Einzelkorngefüge, Regenwurmröhren vorhanden, mittel durchwurzelt, carbonatfrei,, pH 3,8 (CaCl), Pges. 670 mg/kg, ebener und diffuser Horizontübergang *Bemerkung: Holzkohlestückchen*
fAh-bE1	49–60	Schwach schluffiger Sand, fast grobbodenfrei (1 %), mittel humos, sehr dunkelgräulich braun (10YR3/2), feucht, Subpolyeder- bis Einzelkorngefüge, Regenwurmröhren vorhanden, schwach durchwurzelt, carbonatfrei, pH 4,0 (CaCl), Pges. 410 mg/kg, ebener und sehr diffuser Horizontübergang *Bemerkung: Holzkohlestückchen*
bE2	60–74	Schwach schluffiger Sand, grobbodenfrei (0 %), schwach humos, dunkelbraun (10YR3/3), feucht, geringe Trockenrohdichte, Subpolyeder- bis Einzelkorngefüge, keine Regenwurmröhren, schwach durchwurzelt, carbonatfrei, pH 4,4 (CaCl), Pges. 430 mg/kg, deutlicher und zungenförmiger Horizontübergang *Bemerkung: Holzkohlestückchen*

fAh-bE2	74–81	Schwach schluffiger bis sandiger Sand, grobbodenfrei (0 %), schwach humos, dunkelgelblich braun (10YR4/6), feucht, Polyeder- bis Einzelkorngefüge, keine Regenwurmröhren, sehr schwach durchwurzelt, carbonatfrei, pH 4,5 (CaCl), Pges. 430 mg/kg, ebener und deutlicher Horizontübergang *Bemerkung: Holzkohlestückchen*
gbE (Eschgraben-füllung)	81–101	Schwach schluffiger Sand, grobbodenfrei (0 %), schwach humos, dunkelbraun (10YR3/3), 10 % sehr dunkelgrau (10YR3/1), feucht bis sehr feucht, geringe Trockenrohdichte, Polyeder- bis Einzelkorngefüge, keine Regenwurmröhren, schwach durchwurzelt, carbonatfrei, pH 4,5 (CaCl), Pges. 360 mg/kg, ebener und scharfer Horizontübergang *Bemerkung: Holzkohlestückchen*
Go (neben und unter Eschgraben)	81/101–134+	Sandiger Sand (Mittelsand), grobbodenfrei (0 %), sehr schwach humos bis humusfrei, leicht rötlich braun (2.5Y7/3), 20 % gelb (10YR7/8), sehr feucht, mittlere Trockenrohdichte, Polyeder- bis Einzelkorngefüge, keine Regenwurmröhren, nicht durchwurzelt, carbonatfrei, pH 4,6 (CaCl), Pges. 60 mg/kg *Bemerkung: oben Mn-Stippen, unten Fe-Flecken*

Die Füllböden bestehen aus Fein- bis Mittelsanden mit nur geringen Anteilen an Schluff (Löss) und Ton. Die Humusgehalte liegen mit einem Durchschnittswert von 3,3 % im mittelhumosen Bereich. Die Gräben zeigen dunkelbraune bis fast schwarze Farben und stehen damit in starkem Kontrast zu den wesentlich helleren umgebenden Sanden. Teilweise sind auch Holzkohlestückchen und, wenn auch sehr selten, Siedlungsreste wie Scherben in dem Füllboden zu finden. Interessant sind die hohen Gehalte an Gesamtphosphor, die im Durchschnitt knapp 300 mg/kg Boden betragen und damit den unteren Wertebereich von Plaggeneschen erreichen.

Bisher wurden Eschgräben nur in Niedersachsen westlich der Weser bis in die niederländische Provinz Drenthe gefunden. Abb. 5.35 zeigt die Lage der Eschgräben im Emsland, soweit sie bis 1961 bekannt waren.

Im Dezember 2020 erschien eine Mitteilung des Landschaftsverbandes Westfalen-Lippe (LWL), dass bei archäologischen Ausgrabungen in Gronau erstmals Eschgräben auch in Westfalen entdeckt wurden.

Gemessen am Gesamtgebiet scheint sich das Vorkommen der Eschgräben somit auf den nordwestlichen Teil des Ausbreitungsraumes der Plaggenwirtschaft zu konzentrieren. Es bleibt abzuwarten, ob sich diese Annahme weiter bestätigen wird.

Bis heute ist nicht zufriedenstellend geklärt, warum diese Eschgräben angelegt wurden und welche Funktion sie hatten.

Ein Erklärungsversuch ist die **Standortentwässerung.** Dem können sie jedoch nicht gedient haben, weil sie nicht miteinander verbunden sind und blind enden.

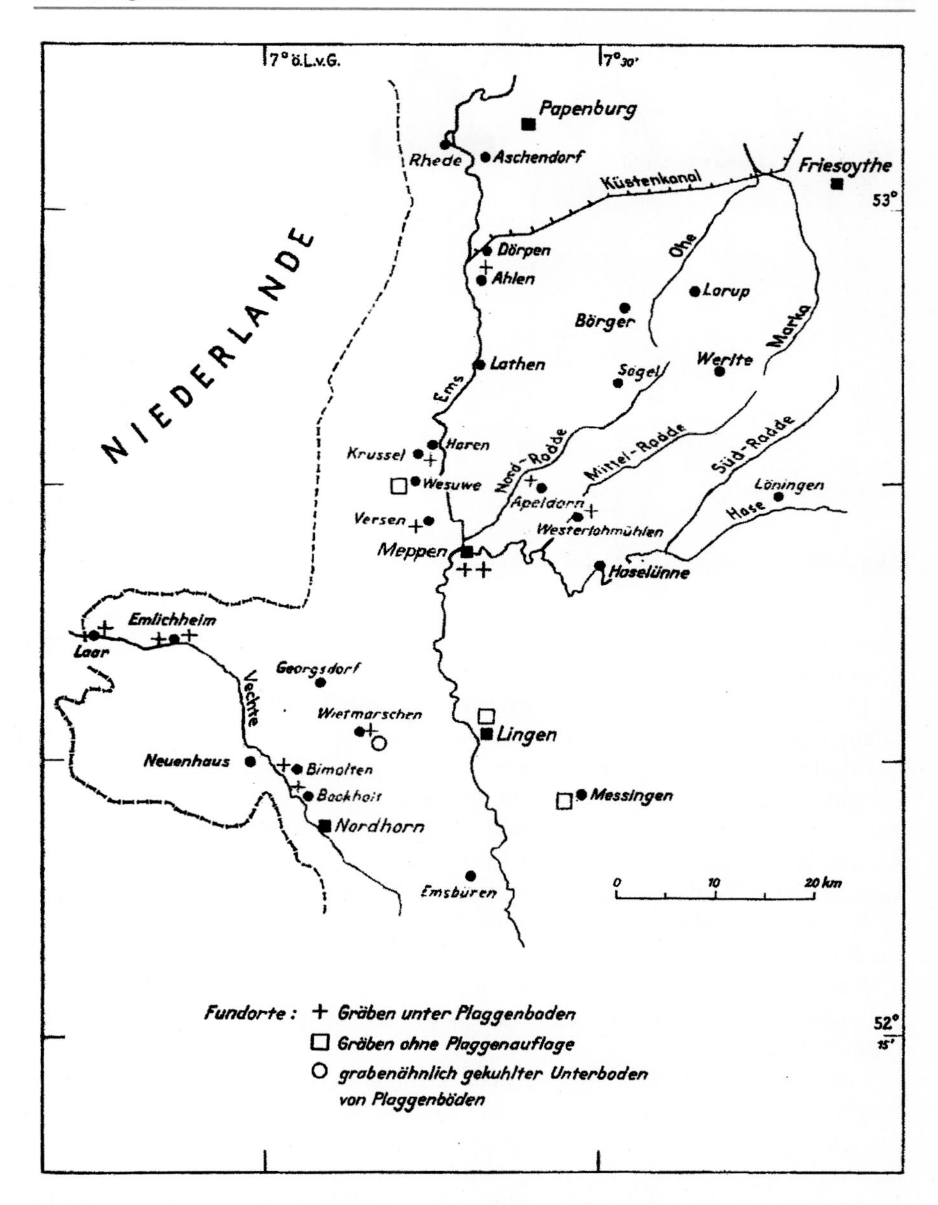

Abb. 5.35 Verbreitung bis 1961 bekannter Eschgräben im Emsland. (Heinemann, B. 1961)

Hinzu kommt, dass die Eschflächen oft auf höher gelegenen Sandrücken liegen, die eher zu Trockenheit als zur Vernässung neigen.

Auch das Brechen **von wasser- und wurzelundurchlässigen Ortsteinschichten von Podsolen** (siehe auch Abschn. 2.3), auf denen sie oft angelegt wur-

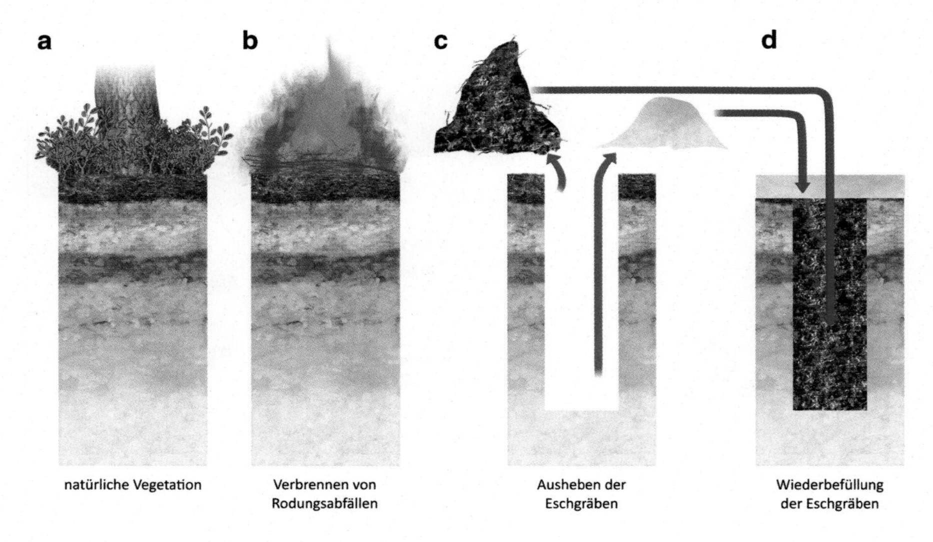

Abb. 5.36 Wahrscheinlicher Ablauf der Anlage von Eschgräben. (Mueller, K.)

den, wird diskutiert. Dem steht entgegen, dass Eschgräben häufig auch in Böden ohne undurchlässige Lagen gefunden wurden.

Ebenfalls benannt wird die **Förderung nährstoffreicheren Unterbodens** zu Düngungszwecken. Aber das ist sehr unwahrscheinlich, weil die im Untergrund der Esche anstehenden Sande oftmals nährstoffarm, kalkfrei und somit unfruchtbar sind. Ein Nutzen wäre also nicht gegeben. Eine Steigerung der Bodenfruchtbarkeit würde jedoch eintreten, wenn unter dem Sand kalkhaltiger Mergel oder Geschiebematerial entnommen worden wäre. Ein solcher Bodenaufbau ist in den Geestgebieten Nordwestdeutschlands jedoch oberflächennah sehr selten zu finden.

Andere Überlegungen, zum Beispiel die **Beseitigung von Unkrautsamen** oder die **Förderung von Einstreusand,** sind Spekulation.

Nach bisherigen Erkenntnissen, ergänzt um eigene bodenkundliche und pollenanalytische Untersuchungen, ist folgender Ablauf am wahrscheinlichsten (Abb. 5.36):

Die ersten Eschgräben wurden bereits vor etwa 1000 Jahren zu Beginn der Plaggenwirtschaft angelegt. Bei der Erschließung zukünftigen Ackerlandes (a) wurde zunächst die Baum-, Strauch- und Heidevegetation gerodet und verbrannt (b). Dann wurden die Gräben ausgehoben (c) und mit Asche, Brandresten, Rodungsabfällen und Rohhumus gefüllt (d). Soweit Podsole durchgraben wurden, gelangten auch Ortsteinbrocken hinein. Abschließend wurde der Aushubsand auf der Oberfläche breit verteilt.

Für diese Überlegung spricht, dass die Eschgräben des Öfteren Holzkohlereste enthalten, teilweise sehr stark humose Bänder zeigen (Abb. 5.37) und oberhalb der Grabenfüllungen oft mit hellen Sandstreifen abgedeckt sind (Abb. 5.38). Eschgräben dienten damit sowohl der Beseitigung von Rodungsabfällen als auch der

Abb. 5.37 Detail einer Eschgrabenfüllung mit stark humosen Bändern. (Mueller, K.)

Abb. 5.38 Eschgraben mit überlagerndem Sandband. (Mueller, K.)

Steigerung der Bodenfruchtbarkeit. Letzteres wurde vor allem durch die Humusanreicherung im Unterboden erreicht. Auch die Verrottungswärme der Grabenfüllungen wird sich positiv auf das Pflanzenwachstum ausgewirkt haben. Um es etwas plakativ auszudrücken: Die Eschgräben wirkten wie „Düngestäbchen" in Kombination mit einer „Fußbodenheizung".

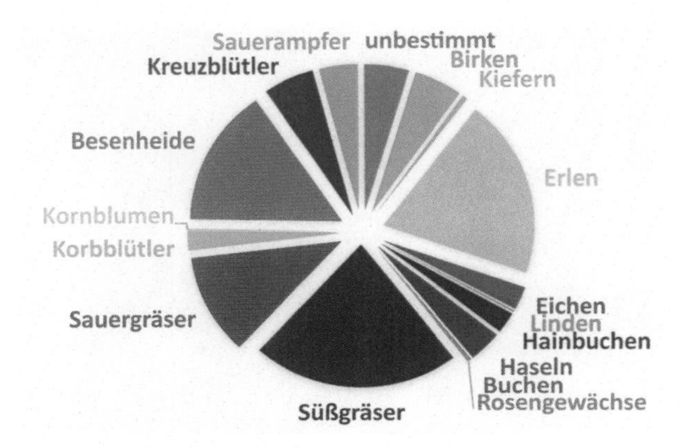

Abb. 5.39 Pollenzusammensetzung eines Eschhorizontes einer Grabung bei Nordhorn (Landkreis Grafschaft Bentheim). (Mueller, K.)

Im Laufe der Jahrhunderte wurden aufgrund des zunehmenden Nahrungsmittelbedarfes die bestehenden Eschflächen ständig erweitert und neue geschaffen. Dies gilt auch für Eschgräben. So ist es zu erklären, dass sie auch an den Rändern bestehender Eschäcker auftreten und ebenso unter jüngeren Kämpen zu finden sind. Nach keramischen Funden wurden sie im Ammerland (westlich Oldenburg) noch bis in das 19. Jahrhundert hinein angelegt.

Eigene, bisher nicht veröffentlichte Pollenanalysen (siehe Ergänzung Abschn. 3.1: Pollenanalyse) unterstützen diese Überlegungen. Untersucht wurden der braune Plaggenesch Nordhorn 2014, dessen bodenkundliche Beschreibung zuvor vorgestellt wurde. An dieser Stelle sollen die wesentlichsten Ergebnisse des Eschhorizontes und des darunterliegenden Eschgrabens miteinander verglichen werden (Abb. 5.39 und 5.40).

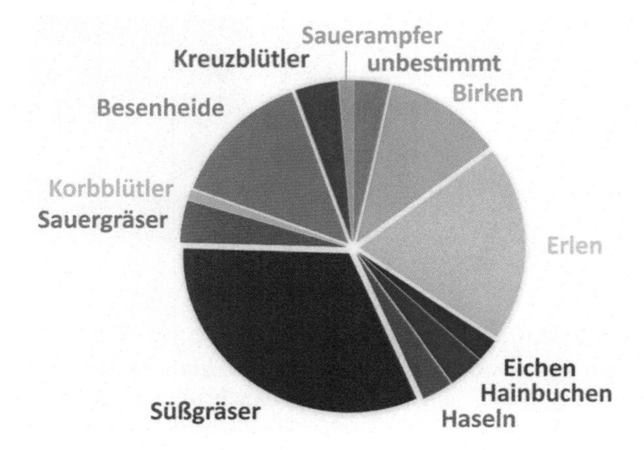

Abb. 5.40 Pollenzusammensetzung des Eschgrabens einer Grabung bei Nordhorn (Landkreis Grafschaft Bentheim). (Mueller, K.)

In der Eschüberdeckung kommt es im Vergleich zum Eschgraben zu einem deutlich verringerten Anteil der Süßgräser- sowie einer Zunahme der Sauergräser- und Sauerampferpollen. Das lässt den Schluss zu, dass hier die Plaggen für die Eschwirtschaft vor allem in Niederungsstandorten gestochen wurden. Neben Pollen von Korbblütern waren im Eschmaterial auch Pollen von Kornblumen nachweisbar, die als typische Begleitunkräuter des Roggenanbaus gelten. Die hohe Konzentration von Pollen der Besenheide in beiden Proben weist auf ein offenes Gelände mit Heide- und Weidenutzung hin. Es fanden sich keine Pollen, die Rückschlüsse auf eine spezielle Funktion der Eschgräben zulassen.

Bei der Interpretation der Ergebnisse ist zu beachten, dass manche Pflanzen viele Pollen spenden, andere nur wenige. Weiterhin werden Pollen besonders gut in feuchtem Milieu konserviert. Liegen sie phasenweise trocken und kommen mit Sauerstoff in Berührung, oxidieren sie und vergehen. Daher war die Konzentration an Pollen in den hier ausgewerteten Bodenproben nicht sehr hoch und viele nicht mehr identifizierbar.

6 Neue Landschaften

6.1 Eschdörfer

Ab dem Frühmittelalter setzten sich Räderpflüge mit eisernem Schar, feststehendem Streichbrett und Messersech durch (siehe auch Abb. 1.14), mit denen nur in eine Richtung gepflügt werden konnte. Die bis zum Beginn des Mittelalters quadratischen bis länglichen Flurformen wandelten sich dadurch in gestreckte Langstreifenflure (siehe auch Abschn. 1.5). Es bildeten sich lockere Gruppensiedlungen ohne einen geschlossenen Siedlungskern, aber auch ohne die Streuung weit auseinanderliegender Einzelhöfe. Dieser Typ einer Bauerschaftssiedlung mit langstreifigen Eschen wird im niedersächsisch-westfälischen Sprachraum als Drubbel bezeichnet. Ihr Ausbreitungsgebiet konzentriert sich auf die Nordwestdeutsche Tiefebene und die östlichen Niederlande (Abb. 6.1).

Drubbel sind gekennzeichnet durch unregelmäßig begrenzte blockartige Hofplätze mit nicht aneinanderstoßenden Gebäuden. In der Regel bestehen sie aus 3 bis 6, seltener aus bis zu 15 Höfen mit einer Ackerfläche von oft nicht mehr als 10 Morgen je Hofanlage.

In der Siedlungsforschung werden nach der Lage der Hofplätze und der Anordnung zu den Ackerflächen 6 idealtypische Drubbelformen ausgegrenzt (Abb. 6.2), die zum Teil aber nur geringfügige Unterschiede zeigen und sich auf 3 Grundtypen reduzieren lassen. Es sind dies der Haufendrubbel, der Ringdrubbel und der Reihendrubbel, die auch heute noch im Siedlungsbild vieler Gemeinden zu erkennen sind.

Haufendrubbel sind weit verbreitet und vermutlich auch die früheste Form der Bauerschaftssiedlung. Die Gehöfte liegen nahe beieinander, jeder Hofplatz umfasst neben den Gebäuden auch einen Baumkranz, Gartenland und häufig hofnahe Weiden (Abb. 6.3). Sind die Höfe um einen zentralen Versammlungsplatz, dem Thie, angeordnet, wird auch von einem Platzdrubbel gesprochen.

K. Mueller, *Bauern, Plaggen, Neue Böden*,
https://doi.org/10.1007/978-3-662-68915-8_6

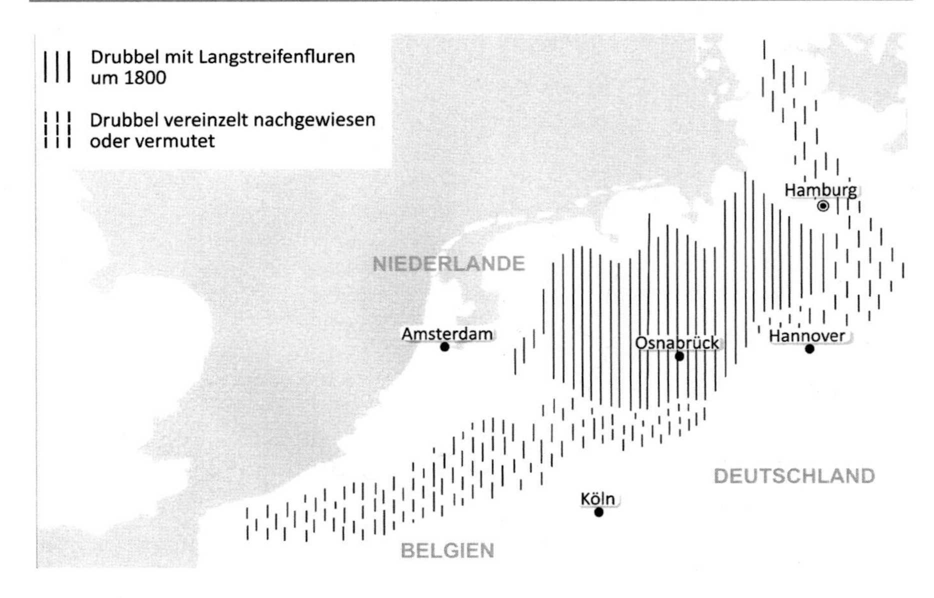

Abb. 6.1 Verbreitung der Drubbel um 1800. (Müller-Wille, W. 1944 (verändert))

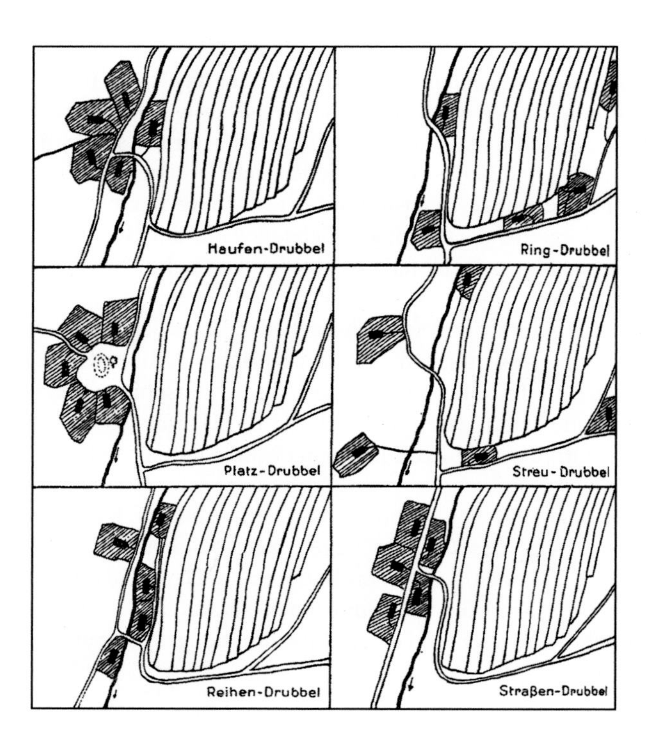

Abb. 6.2 Sechs Grundtypen der Drubbel. (Müller-Wille, W. 1944 (verändert))

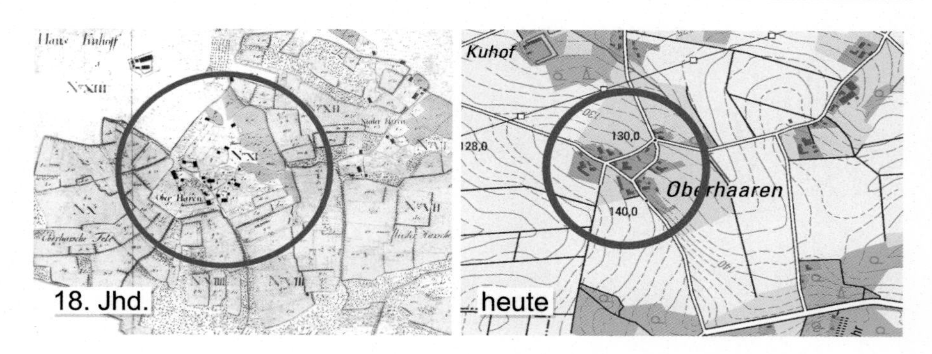

Abb. 6.3 Haufendrubbel Bauerschaft Oberhaaren (Gemeinde Ostercappeln, Landkreis Osnabrück), 18. Jahrhundert und heute. (Du Plat, W. 1784-1790, aus Wrede, G. 1964; Auszug aus den Geodaten des Landesamtes für Geoinformation u. Landesvermessung Nieders. – LGLN (verändert))

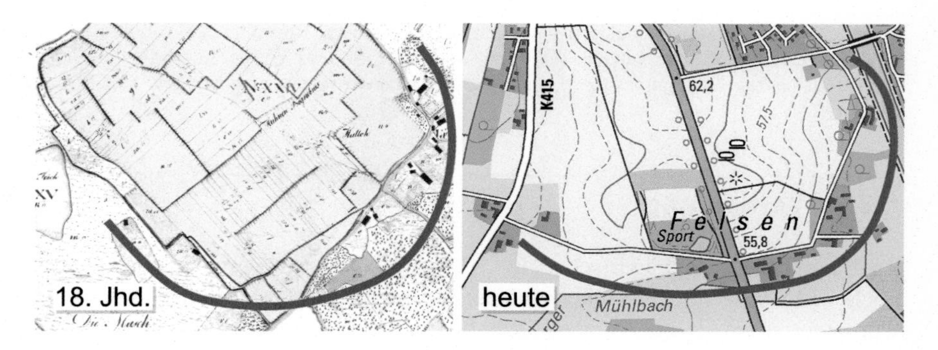

Abb. 6.4 Ringdrubbel Bauerschaft Schwagsdtorf-Felsen (Gemeinde Ostercappeln, Landkreis Osnabrück), 18. Jahrhundert und heute. (Du Plat, W. 1784–1790, aus Wrede, G. 1964; Auszug aus den Geodaten des Landesamtes für Geoinformation u. Landesvermessung Nieders. – LGLN (verändert))

Die **Ringdrubbel** besitzen keinen Ortskern. Die Höfe sind rings um die alten Eschflächen gruppiert (Abb. 6.4). Ist die deutliche Eschorientierung teilweise aufgegeben, liegen die Höfe also in mehr oder weniger weitem Abstand zur Ackerfläche, wird diese Anordnung auch als Streudrubbel bezeichnet.

Bei einem **Reihendrubbel** sind die Höfe entlang bestimmter Leitlinien angeordnet (Abb. 6.5), häufig sind das zum Beispiel Bachläufe. Folgt die Reihung dem Verlauf eines Weges, nennt man sie auch Straßendrubbel.

Zu Beginn der Plaggenwirtschaft war das Erscheinungsbild der Drubbel stets mit dem der Langstreifenesche verbunden. Mit der Einführung neuer Pflugtechniken sowie der Aufsiedlung von Köttern und Heuerlingen ab dem 15. Jahrhundert erweiterten sich die Ackerflächen um unregelmäßig angelegte, blockige Kämpe. Durch die Zunahme der Hofstellen fand vielerorts auch eine Weiterentwicklung der Siedlungen zu Dörfern statt, dennoch sind im niederdeutschen Raum die Grundrisse der reinbäuerlichen Drubbel oft noch erhalten geblieben (siehe Abb. 6.3, 6.4 und 6.5).

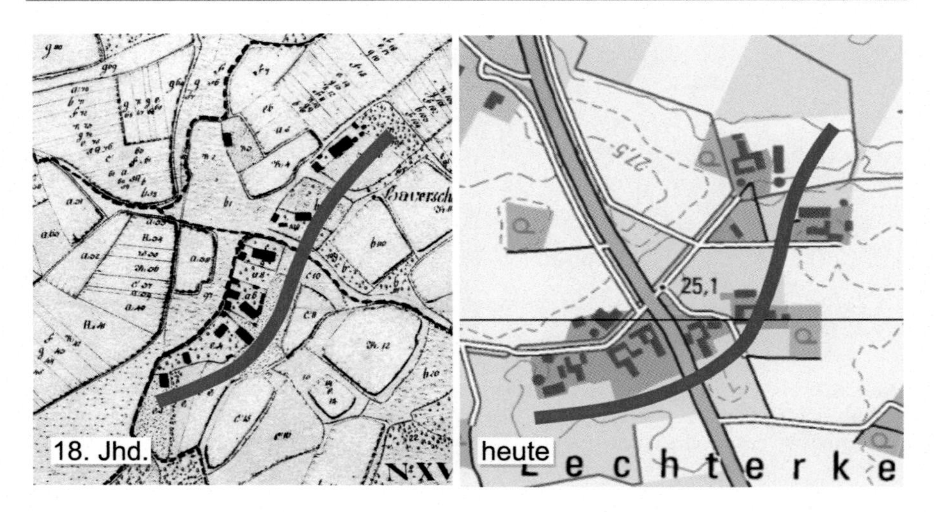

Abb. 6.5 Reihendrubbel Bauerschaft Lechterke (Gemeinde Bersenbrück, Landkreis Osnabrück), 18. Jahrhundert und heute. (Du Plat, W. 1784-1790, aus Wrede, G. 1964; Auszug aus den Geodaten des Landesamtes für Geoinformation u. Landesvermessung Nieders. – LGLN (verändert))

6.2 Verheidung

Zu Beginn der Plaggenwirtschaft im 10. Jahrhundert war der Bedarf an Plaggen noch nicht sehr hoch, Flächen standen ausreichend zur Verfügung. Gestochen wurde vor allem auf der Allmende bzw. in der Mark. Entnahmeflächen wurden allgemein als Plaggenmatt bezeichnet.

Zu dieser Zeit konnten Soden noch aus recht nährstoffreichen Wald- und Wiesengründen entnommen werden, zum anderen regenerierte sich der Bewuchs auf diesen Flächen auch relativ rasch. Die Zeit bis zur Wiederbenarbung und damit bis zur nächsten Plaggenentnahme betrug unter diesen Umständen etwa 5 Jahre.

Mit der Ansiedlung vieler Markkötter im 16. Jahrhundert sowie Heuerleuten im 17. Jahrhundert stieg die Zahl der Marknutzer deutlich an. Mit dem damit verbundenen, ständig zunehmenden Plaggenbedarf musste auch die benötigte Plaggenmatt laufend ausgeweitet werden. Immer mehr wurden auch nährstoffarme Sandböden abgeplaggt. Nach jeder Plaggenentnahme begrünten die Flächen zwar erneut, der Pflanzenbestand wurde aber von Hieb zu Hieb von immer minderer Qualität, wuchs langsamer auf und wurde zunehmend spärlicher. Heideflächen dehnten sich immer weiter aus (siehe Ergänzung: Heidelandschaften). In einem Bericht aus dem Münsterland von 1865 heißt es: *„Die Sonne prellt dann den kahlen Boden. So bekommt man mit den nächsten Plaggen weniger Pflanzentheile und weniger gute Erde, und je ärmer das Plaggenland wird umso schlechter werden die Plaggen“* (Abb. 6.6).

Die Regenerationszeiten der Plaggenmatt dehnten sich in der Folge immer weiter aus und betrugen – je nach Güte der Böden – 5, 10, 15 oder sogar 20 Jahre.

Abb. 6.6 Sandiger Plaggengrund in der Schepsdorfer Heide (Landkreis Emsland). (Mueller, K.)

Abb. 6.7 Sekundärvegetation nach Plaggenentnahme am Rande des Grasmoores bei Achmer (Landkreis Osnabrück). (Mueller, K.)

Wird vorausgesetzt, dass je ha Plaggenesch 1–2 ha Entnahmefläche notwendig waren, ergibt sich daraus ein Flächenverhältnis von 1:5 bis 1:10, es konnte aber auch auf bis zu 1:40 ansteigen. Diese Verhältniszahl vergrößerte sich zusätzlich, wenn, was häufig geschah, die Standorte während der Wiederbegrünung auch als Viehweide genutzt wurden.

In Waldgebieten und auf abgeplaggten Freiflächen breitete sich dadurch eine immer spärlicher werdende Sekundärvegetation aus (Abb. 6.7), die sich im Laufe der Zeit zu ausgedehnten Heidegebieten entwickelte (Abb. 6.8). Hauptbestandsbildner waren lichtbedürftige Heidekräuter, die nur geringe Ansprüche an den Boden stellten.

Abb. 6.8 Heidevegetation nach Plaggenentnahme im Museumsgelände Hösseringen (Landkreis Uelzen). (Mueller, K.)

Heidelandschaften

Ursprünglich waren Heideflächen nur an natürlichen waldfreien Standorten an Küsten (Dünen), in Mooren und im Gebirge zu finden. Die meisten der heute existierenden Heidelandschaften entstanden durch menschliche Bewirtschaftung der ursprünglichen Mischwälder. Durch Rodung und Feuer wurden die Wälder aufgelichtet und die Ausbreitung lichtliebender Pflanzengesellschaften gefördert.

Die Heide ist ein Vegetationstyp, der durch niedrige Sträucher und insbesondere durch Heidekrautgewächse geprägt ist. Vorherrschender Pflanzenbestand und Leitpflanze auf den oft kargen, sandreichen und nährstoffarmen Böden ist die Besenheide mit eingestreuten Wacholder- und Ginsterbeständen.

In Nordwestdeutschland bekannte Heideflächen sind vor allem die Lüneburger Heide in Niedersachsen sowie die Senne und die Westruper Heide in Nordrhein-Westfalen. Beweidung und wiederkehrendes Abbrennen verhinderten das Aufwachsen größerer Gehölze. Als besonders verheerend erwies sich die Plaggenentnahme, die schutzlose Bodenoberflächen hinterließ und die Winderosion extrem begünstigte. Die Folge war die Bildung von ausgedehnten Wehsandflächen und Wanderdünen. Niederschläge wuschen die letzten verbliebenen Nährstoffe aus. Das förderte den Ablauf der Podsolierung (siehe Abschn. 2.3) in den Böden und die damit verbundene Bildung des für Pflanzenwurzeln oft undurchdringlichen Ortsteins oder der Orterde.

Heute sind große Teile der ehemaligen Heidegebiete in Ackerland umgewandelt. Die verbliebenen Restflächen sind Lebensraum für viele, diesem besonderen Landschaftstyp angepasste Insekten, Spinnen, Vögel und

Pflanzen. Die Flächen weisen eine recht hohe Biodiversität auf, spielen eine wichtige Rolle für die Naherholung und sind größtenteils unter Naturschutz gestellt.

Verbliebene Baumbestände in den Allmenden und auch in den Herrschaftswäldern wurden dramatisch reduziert. Übrig blieben oft nur kleine, durch Beweidung und Schneitelung verkümmerte „Waldoasen“ und einige wenige, streng geschützte fürstliche Jagdreviere, zum Beispiel die Umgebung von Schloss Clemenswerth im Hümmling (Emsland, Abb. 6.9).

Nach einer Bestandsaufnahme im Kirchspiel Bramsche von 1709 waren die Marken von *„Holz entblößt und kahl“*, sodass man sich genötigt sah, die verbliebenen Holzbestände *„in freden“* (Frieden) zu setzen. In einem zeitgenössischen Bericht von 1865 heißt es, dass weite Teile des Münsterlandes *„öde und leer“* seien, *„Eichhörnchen aber früher von Steinfurt bis Bentheim“* (Luftlinie 21 km) *„von Baum zu Baum springen konnten ohne den Boden zu berühren“*. Rückblickend wurde das übermäßige Abplaggen auch als *„Pest der Plaggen- und Streunutzung“* bezeichnet.

Die Allmendeflächen dienten nicht nur der Plaggenentnahme, sondern auch als Viehweide. Durch die fortschreitende Verheidung der Landschaften nahm auch die Futterqualität ständig ab. Das führte zur Reduzierung der Schweine- und Rinderbestände zugunsten der Schafhaltung. Vor allem die Anzahl der Schweine nahm aufgrund der fehlenden Waldmast, insbesondere mit Eichel und Bucheckern, dramatisch ab. Im Jahre 1560 wurden im Kirchspiel Bramsche noch 2796 Schweine gezählt, 1806 waren es noch ganze 483.

Schafe lieferten Fleisch und Wolle, waren genügsam und fanden auch auf den kargen Heideflächen ausreichend Futter (Abb. 6.10). Zudem wurde die Ausbreitung der Heide auch dadurch begünstigt, dass Schafe die Vegetation bis zur Narbe abfressen. Heidepflanzen nehmen dadurch keinen Schaden, im Gegenteil, ihre Verjüngung wird dadurch begünstigt. Konkurrenten werden durch den Verbiss

Abb. 6.9 Schloss Clemenswerth bei Sögel (Landkreis Emsland). (V. Mueller)

Abb. 6.10 Schafbeweidung von Heideflächen bei Merzen-Plaggenschale (Landkreis Osnabrück). (Mueller, K.)

jedoch unterdrückt, die Heidevegetation kann sich infolgedessen rascher ausbreiten.

Die Schafhaltung erlangte im Übergang vom 17. zum 18. Jahrhundert immer mehr an Bedeutung und wurde in den Geestgebieten der Norddeutschen Tiefebene zu einer dominierenden Form der Tierhaltung. Beispielsweise wurden in der Bauerschaft Sögeln (Kirchspiel Bramsche) im Jahre 1560 nur 84 Schafe gezählt, 1710 waren es 10-mal mehr. In den Dammer Bergen stieg die Schafhaltung von 1833 bis 1852 um 217 %. Noch um 1870 betrug der Schafbestand in der Grafschaft Bentheim mehr als 50.000 Tiere, im Hümmling waren es sogar über 80.000 Tiere.

6.3 Wehsandgebiete und Dünen

Die zunehmende Entwaldung und Ausbreitung der Heideflächen schritt im Gebiet der Plaggenwirtschaft immer weiter voran und erreichte im 18. bis 19. Jahrhundert ihren Höhepunkt. Weite Gebiete waren vor allem durch die Plaggenentnahme und die Schafhaltung derart ausgeräumt, dass sie nur noch eine spärliche Vegetationsdecke trugen oder frei lagen (Abb. 6.11).

Über die nunmehr ungeschützten Flächen blies der Wind und so kam, was kommen musste: Der Sand setzte sich in Bewegung, wurde weit verblasen oder zusammengefegt. Dieser Vorgang wird als Winderosion bezeichnet (siehe Ergänzung: Winderosion).

Die kritische Windgeschwindigkeit des Abtrags von Sandböden liegt bei knapp 22 km/h. Das entspricht der Windstärke 4 bzw. einer mäßigen Briese. In Norddeutschland werden diese Geschwindigkeiten heute – mit regionalen Unterschieden – im Mittel der Jahre an 39 bis 57 Tagen erreicht oder übertroffen.

Abb. 6.11 Schafbeweidung auf kargem Sandboden im Emsland. (Emslandmuseum Lingen)

Besonders die Fraktion (Korngröße) des Mittel- und Feinsandes mit einem Korndurchmesser von 0,2 bis 0,063 mm unterliegt der Winderosion (Abb. 6.12). Diese Teilchen sind klein genug, um vom Wind leicht aufgenommen zu werden, und groß genug, um ausreichend Angriffsfläche zu bieten. Außerdem werden sie während des Transportes laufend abgerundet, was deren Weiterbewegung erleichtert.

Winderosion
Die treibende Kraft der Winderosion ist der Wind, der sich aus Luftdruckunterschieden in der Atmosphäre ergibt. Durch die Windbewegung werden Bodenpartikel gelöst und über mehr oder weniger große Entfernungen transportiert. Vor allem Windgeschwindigkeit und Partikelgröße sind bei diesen Vorgängen entscheidend. Trifft Wind mit einer Geschwindigkeit von mehr als 6 m/s (gemessen in 10 m Höhe) auf die Bodenoberfläche, setzen sich seine Bestandteile in Bewegung. Dies betrifft vor allem die Korngrößen des Grobsandes bis zum Mittelschluff mit einem Korngrößendurchmesser von 2 bis 0,02 mm.

Abb. 6.12 Vergleich der Korngrößengruppen Grobsand, Mittelsand und Feinsand. (Dahlhaus, C.; Kniese, Y.)

Der Ablauf der Winderosion ist gekennzeichnet durch drei Transportvorgänge: die Saltation, das Rollen bzw. Kriechen und die Suspension (Abb. 6.13).

Bei ausreichender Windstärke beginnen die Abläufe zunächst mit der **Saltation.** Sie kann einen Anteil von 50 bis 90 % der Winderosion erreichen und wird auch als deren „Motor" bezeichnet. Dabei werden vor allem die Bodenteilchen mit einem Durchmesser von 0,5 bis 0,05 mm in eine springende Bewegung versetzt. Die Teilchen werden in die Luft gerissen und schlagen nach einigen Dezimetern in einer flach gestreckten Kurvenbahn wieder auf dem Boden ein. Hier lösen sie größere Bodenbestandteile, die mit Durchmessern von 2 bis 0,5 mm schwerer sind und sich rollend vorwärtsbewegen. Dieser Bewegungsablauf wird als **Rollen oder Kriechen** bezeichnet. Er kann einen Umfang von 5 bis 25 % der Winderosion einnehmen.

Durch die Aufprallkraft der saltierenden Bodenkörner werden noch feinere Teilchen herausgeschlagen, die schwebend als **Suspension** sehr lange in der Luftsäule verbleiben. Der Durchmesser dieser „Staubpartikel" liegt bei 0,07–0,02 mm. Sie können bis in große Höhen aufsteigen und über Tausende von Kilometern transportiert werden.

Vor allem Sand- und Lössböden sind durch die Winderosion gefährdet. Sind sie zudem abgetrocknet, steigt ihre Anfälligkeit gegen das Verblasen deutlich an. Verhindern oder Minimieren lassen sich diese Bodenverluste durch eine ausreichende, möglichst dauerhafte Bodenbedeckung. Wird der Bewuchs entfernt (wie bei der Plaggenentnahme geschehen) oder bleiben Äcker nach der Bodenbearbeitung länger ohne einen Vegetations- oder Mulchschutz liegen, sind erhebliche Windabträge unvermeidlich.

Es entstanden Wehsandflächen und Dünenlandschaften, die sich in den durch Plaggenentnahme betroffenen Gebieten immer weiter ausbreiteten und schließlich zu landschaftsprägenden Elementen werden konnten.

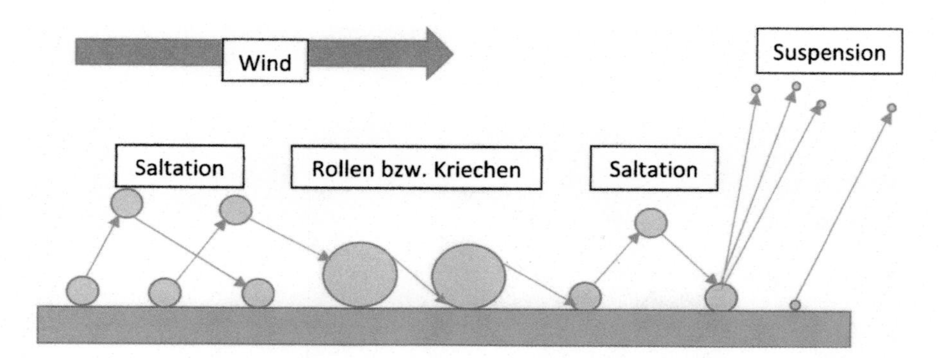

Abb. 6.13 Bewegungsablauf bei der Winderosion. (www.lms-beratung.de)

Wehsande legten sich als geschlossene Decken über die Landschaft. Sie breiteten sich vor allem auf flachen sandigen Flächen aus, die bereits während der letzten Eisüberdeckungsphasen vor mehr als 10.000 Jahren angelegt wurden. Die Wehsande sind häufig nur wenige Dezimeter stark, können aber auch wie in der Senne bei Bielefeld und Paderborn bis zu 1,4 m Überdeckung erreichen (Abb. 6.14). Sind sie nur geringmächtig oder wurden sie in der Folgezeit in den obersten Teil der überdeckten Böden eingearbeitet, spricht man auch von Weh- oder Flugsandschleiern.

Dünen sind durch den Wind zusammengetragene Sandanhäufungen, die sich über ihre nähere Umgebung erheben, eine Mindesthöhe von 1,5 m erreichen und eine deutlich längliche Gestalt aufweisen. Ebenso wie die Wehsandflächen bauen sie sich größtenteils aus Fein- und Mittelsand auf, oftmals zeigen sie aber eine etwas feinere Korngrößenzusammensetzung. Zurückzuführen ist dies auf eine Sortierung zum kleineren Korn während des Transportes durch den Wind.

Viele Dünen entstanden im Gebiet der Plaggenwirtschaft bereits zum Ende der letzten eiszeitlichen Phase – sie werden als Altdünen bezeichnet. Die in den letzten Jahrhunderten durch menschliche Aktivitäten gebildeten Dünen werden hingegen Jungdünen genannt (Abb. 6.15) und sind heute wesentlich verbreiteter.

Dünen bilden sich immer dann, wenn die Transportgeschwindigkeit des Windes regelmäßig abgebremst wird oder wenn an Hindernissen Verwirbelungen auftreten. Besonders Geländesprünge können Auslöser der Dünenbildung sein. Aber auch hinter Baum- und Gebüschgruppen oder sogar Grasbüscheln können Ausgangsstadien von Dünen entstehen (Abb. 6.16).

Oftmals bildeten sich Jungdünen dort, wo Altdünen bereits angelegt waren (Abb. 6.17). Sie wuchsen meist nicht in einem Schub. Vielmehr gab es immer wieder Stillstandsphasen, bevor sich erneut eine Sanddecke über die Jungdüne

Abb. 6.14 Das Gemälde „Die Senne“ von 1864, zeigt die ausgedehnten Wehsand- und Dünengebiete in der Sennelandschaft südwestlich von Paderborn. (Menke, L. 1864)

Abb. 6.15 Jungdünenbildung im Waldgebiet Schager Sand bei Wallenhorst-Hollage (Landkreis Osnabrück). (Mueller, K.)

Abb. 6.16 Entstehung einer Minidüne hinter Grasbüscheln. (Mueller, K.)

legte. Jungdünen sind oft 2–3 m hoch, können aber auch Höhen von bis zu 15 m erreichen. Verglichen mit den teils riesigen Dünen der Wüstengebiete der Erde (Abb. 6.18) ist das nicht viel, kann aber dennoch recht imposant wirken.

Auf den nährstoffarmen und kalkfreien Sanden der Verwehungsgebiete, Wehsanddecken und Dünen entwickelten sich nährstoffarme, kalkfreie Braunerden, vor allem aber der charakteristische Boden dieser Standorte: der Podsol (siehe auch Abschn. 2.3).

Abb. 6.17 Jungdüne über Altdüne. (Mueller, K.)

Abb. 6.18 Düne 45 in der Namibwüste, Sossusvlei (Namibia). (Mueller, K.)

Die Podsolierung ist ein sehr komplexer Ablauf, in dessen Ergebnis sich aus einstmals einfarbig gelblichen Sanden durch Oxid- und Humusverlagerungen sehr differenzierte, relativ unfruchtbare Böden bilden. Diese Abläufe vollziehen sich allerdings über Zeiträume von bis zu 10.000 Jahren. Junge Wehsandflächen, die infolge der Plaggenwirtschaft entstanden sind, zeigen daher zunächst nur schwach entwickelte Podsolmerkmale. Auf älteren Flugsanddecken, die zum Ende der letzten Eiszeit aufgeweht wurden, sind sie dagegen voll ausgeprägt (Abb. 6.19).

Abb. 6.19 Alte Flugsanddecke vom Ende der letzten Eiszeit mit ausgeprägtem Podsol. (Mueller, K.)

Abb. 6.20 Jungdüne über Altdüne mit Podsolen. (Mueller, K.)

Sind Altdünen von Jungdünen überdeckt, treten 2- bis (seltener) 3-stöckige Podsole auf. Die unterschiedlich ausgeprägten Bodenbildungen sind dann gut zu erkennen (Abb. 6.20).

Nicht selten zeigen Podsole der unterlagerten Altdünen Merkmale der Plaggenwirtschaft (Abb. 6.21): Ihnen fehlt dann der sogenannte Ah-Horizont, also die oberste humose Lage des Bodens. Diese wurde durch das Schaufeln und Stechen von Plaggen entnommen, erst danach wehten die Jungdünen auf.

Abb. 6.21 Podsol über Podsol mit fehlender ehemaliger Oberfläche (Ah-Horizont) des unterlagernden Podsols durch Plaggenentnahme. (Mueller, K.)

6.4 Ausmaß der Verwüstungen

Die im gesamten Gebiet der Plaggenwirtschaft entstandenen riesigen Wehsandflächen und Dünenlandschaften (Abb. 6.22) erreichten im 18. bis 19. Jahrhundert ihre größte Ausdehnung.

In Niedersachsen bedeckten Dünen und Flugsandgebiete schließlich mehr als 12 % der Gesamtfläche (Abb. 6.23).

Abb. 6.22 Wehsand- und Dünenlandschaft in der Dülmener Heide (Kreis Coesfeld). (© LWL Medienzentrum für Westfalen)

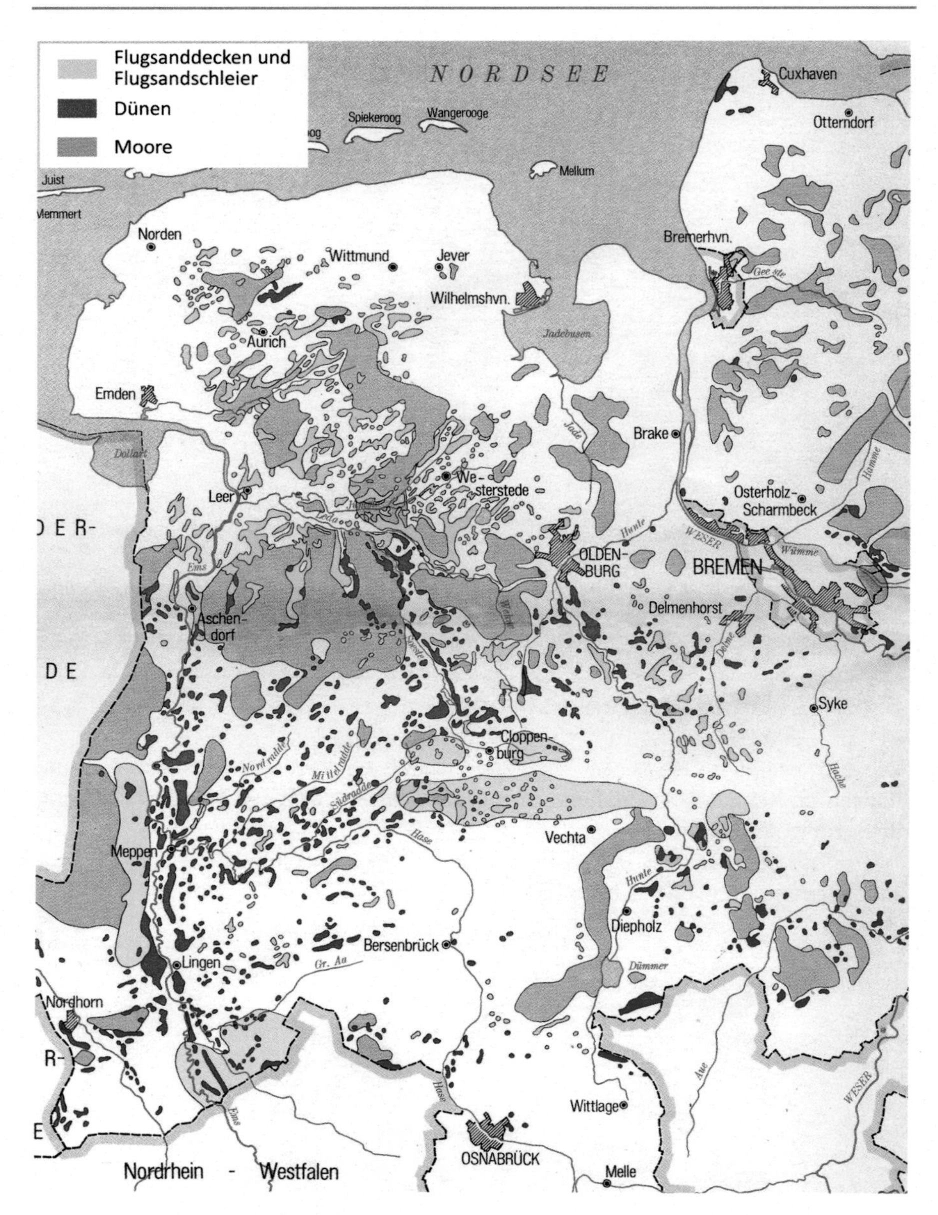

Abb. 6.23 Verbreitung der Binnendünen und Flugsanddecken in Westniedersachsen. (Pyritz, E. 1972)

In Nordrhein-Westfalen sind Sandheiden und Dünen im Wesentlichen im Münsterland bei Rhede und Rheine, im Sennegebiet bei Paderborn und Bielefeld sowie bei Wesel am Niederrhein zu finden.

Leitlinien der Dünenbildung in Niedersachsen waren vor allem die Flusstäler von Ems und Aller, aber auch entlang der Hunte, der Soeste und der Wümme. Wehsandflächen breiteten sich vor allem auf den vorherrschend ebenen Flächen im westlichen Emsland, in Nordfriesland, im Gebiet um Cloppenburg und Wildeshausen sowie östlich von Lüchow aus.

Gegen die Wehsande hatte man in weiten Teilen Nordwestdeutschlands keine Chance. Der Sand überdeckte fruchtbare Ackerböden ebenso wie Wiesen und die Allmende. In den bis 1977 bestehenden Kreisen Meppen und Aschendorf (heute Teile des Landkreises Emsland) betrug im Zeitraum 1785 bis 1872 das Ausmaß der Überwehungen 5000 bis fast 8000 ha, bei einzelnen Gemarkungen begruben sie sogar über 50 % der Gesamtfläche unter sich. Selbst Häuser und ganze Ortschaften waren bedroht. In Schepsdorf bei Lingen wuchsen beispielsweise bis zu 10 m hohe Dünen in das Dorf hinein. Die Kirche lag seinerzeit auf einer Anhöhe, heute muss man zur Tür hinabsteigen, um die Kirche zu betreten (Abb. 6.24).

Im Dorf Helte bei Meppen mussten 1871 drei von neun Höfen wegen Übersandung aufgegeben werden. Zeitweise war selbst die Schifffahrt auf der Ems durch immense Sandeinwehungen eingeschränkt.

Anstrengungen der Obrigkeit zur Bekämpfung der Wehsande und Dünen hatten zunächst wenig Erfolg. Anweisungen – so zum Beispiel ein Edikt des Fürstentums Münster von 1790 – benannten zwar Wege zur Bekämpfung der Missstände, überließen die Ausführung aber den bäuerlichen Gemeinschaften. Die Betroffenen hatten jedoch wenig Interesse an Veränderungen, sie befürchteten vielmehr den Verlust von Plaggengründen oder Schafweiden. Angeordnete Maßnahmen wie die

Abb. 6.24 Kirche von Schepsdorf (Landkreis Emsland). (Mueller, K.)

Abb. 6.25 Sandpiste im Nordhümmling (Landkreis Emsland). (Reichling, H.; © LWL Medienzentrum für Westfalen)

Belegung von Dünen mit Plaggen, die Aussaat von Strandhafer, Sandseggen oder Quecken, das Bepflanzen mit Wacholder oder Kiefern, aber auch das Bewässern von Wehsanden wurden regelmäßig boykottiert.

Immer wieder sind die damit verbundenen Probleme in Berichten thematisiert worden. Aus einem Höltingsprotokoll (siehe Abschn. 1.6) vom 04.11.1785 der Gemeinde Bramsche geht hervor, dass in der Gemarkung Pente *„angefangene Bepflanzungen durch Mutwillen verdorben werden und es unmöglich sei, unter diesen Umständen mit Pflanzungen etwas auszurichten"*. Im Weiteren wird sogar *„um Zuteilung von 5 Reichtalern an den nicht zu nennenden Denunzianten"* gebeten. Weiterhin werden Markgenossen zu ihren Bemühungen um die „Dämpfung" der Sandverwehungen befragt. Sie beteuern, immer tätig gewesen zu sein, hätten auch einen *„Tannenkamp im Sande"* (gemeint sind Kiefernanpflanzungen) angelegt, *„man könne aber nicht alles auf einmal machen, wolle aber fortfahren"*.

Nach einem Bericht von 1845 eines Amtshauptmannes aus dem Osnabrücker Raum wurden der Landbevölkerung zugeteilte Kiefernsamen vor der Aussaat sogar über dem Feuer gedörrt, um ihnen die Keimfähigkeit zu nehmen.

Erst im Verlaufe des 19. Jahrhunderts gelang es durch herrschaftliche Edikte und insbesondere die Arbeit von Forstleuten, die immensen Umweltschäden langsam einzudämmen. Es dauerte noch viele Jahrzehnte, bis die meisten Wehsande und Dünen festgelegt und begrünt waren. Selbst in den 20er- und 30er-Jahren des 20. Jahrhunderts waren mancherorts die Folgen der landschaftlichen Verwüstungen noch sichtbar (Abb. 6.25 und 6.26).

Abb. 6.26 Landweg mit Fuhrwerk südlich der Dammer Berge (Landkreis Vechta). (Heimatverein Schmittenhöhe-Kalkriese)

6.5 Zeitzeugen

Berichte aus dem 18. und 19. Jahrhundert über die Nordwestdeutsche Tiefebene sprechen von einer trostlosen wüsten Landschaft, in der wandernde Sande und Dünen das Bild dominierten (Abb. 6.27). Für spätere Berichterstatter ist es schwierig, die Plaggenwirtschaft und die damit verbundenen Landschaftsveränderungen adäquat zu schildern. An dieser Stelle sollen daher einige ausgewählte Zeitzeugen zu Wort kommen.

Abb. 6.27 Nahezu vegetationsfreie Dünen- und Wehsandfläche bei Neu-Versen (Landkreis Emsland). (© LWL Medienzentrum für Westfalen)

Johann Gottfried Hoche, evangelischer Prediger und Reiseschriftsteller aus Halberstadt, reiste 1798 von Osnabrück über Niedermünster in das Saterland und nach Groningen. Er berichtet:

„Der ganze Strich Landes von Quakenbrück aus über Vechta, Kloppenburg, Frisoyta bis an die Soeste, von da über die Ems und wieder die Hase hinauf, gehört nicht nur zu den schlechtesten in Westphalen, sondern in ganz Deutschland. Man glaubt in den Steppen von Sibirien zu seyn, wenn man die Haiden durchwatet … Alles ist öde und still, nicht ein Vogel singt sein Morgenlied und ergötzt das Ohr des Wanderers. Nicht ein Baum, nicht ein Busch bietet ihm Schatten dar … Bald wandelt man auf einem schwankenden Boden, bald hat man Mühe, den Fuß aus dem Sande zu erheben, dann gehet man durch ein halb verhungertes Getraide, auf einem Acker, der den Haiden geraubt wurde, und nähert sich einem Dörfchen, wo dies Bild noch grellere Farben findet. Die Schöpfung scheint hier noch unvollendet zu seyn."

Justus Möser, ein Staatsmann, Jurist und Literat aus Osnabrück, bedient sich in einem Aufsatz von 1773 in der Zeitschrift „Westphälische Byträge zum Nutzen und Vergnügen" nahezu satirischer Elemente, um die damaligen katastrophalen Verhältnisse zu verdeutlichen:

„Das ist nicht länger auszuhalten. Die ganze Mark ist beinahe abgenarbet; und wenn wir dem Plaggenmehen nicht steuren: so mögen wir unser Vieh nur an die Zäune binden. Wir müssen hier eine andere Ordnung haben, es muß eine Eintheilung gemacht werden, wie viele ein jeder mehen soll, oder unsre Kötter und Heuerleute schaben uns die Mark dergestalt ab, daß auch eine Endte nicht mehr darauf weiden kann."

Friedrich Müller, Königlicher Hannoverscher Revierförster, schrieb 1837 in einem Beitrag der „Allgemeinen Forst- und Jagtzeitung":

„Vor ihm (dem Reisenden) *liegen, auf weit gedehnter Ebene, Flächen zu tausenden von Morgen, wo die Vegetation aufgehört zu haben scheint. Kein Grashalm begrünt den weißgelben Boden, selbst das Heideblümchen schmückt nicht einmal diesen dürren Grund, hunderte von haus- und thurmhohen Sandhügeln in der ödesten Sterilität umstarren ihn; wenige Halme Sandhafer nur wachsen an den Seiten dieser sich aneinander reihenden Hügel; klarer Sand ohne die geringste Narbe bedeckt weit und breit den Boden; kleiner Kies und auf der Oberfläche zerstreut umherliegende Feuersteine zeigen die Stellen an, wo die große Unfruchtbarkeit herrscht, tagelanger Regen vermag den Sand kaum ein paar Zoll anzufeuchten und anhaltender Sonnenschein trocknet ihn so sehr aus und verwandelt ihn dermaßen in Staub, daß der nächste Wind ganze Wolken von diesem Wehsand aufjagt, die Hügel losreißt und nach anderen Stellen hintreibt und oft nahe liegende Aecker und Flächen für immer unfruchtbar macht. Sand, treibender Sand ringsumher."*

Josef Böckenhoff-Grewing zitiert in seiner 1929 an der Universität Jena erschienenen Dissertation folgendes Spinngedicht aus dem Hümmling:
„De Wind de weiht,
De Hahn de kreiht,
De Sand fängt an to weihn
Und weiht de Sand
Di up dat Land,
Wi wullt du Weyten meihn
Nordwestenwind,
Dat Heidekind,
De hült im magern Bargen
De Wind de weiht,
De Hahn de kreiht,
Bald ligg dat Dörp in Sargen."

Johann Nepomuk von Schwerz, preußischer Landwirtschaftsinspizient mit Sitz in Münster schildert 1836 seine Eindrücke aus Westfalen:
„Siehst Du irgendwo, geliebter landwirtschaftlicher Leser, eine große ebene Fläche, auf der sich die Abteilungen einer ehemaligen Feldbestellung noch abzeichnen, siehst Du diesen kostbaren Boden nackt wie Deine Hand vor Dir, oder mit einigem Unkraut oder höchstens mit einigen einzelnen Grasstämmchen bewachsen, erblickst Du darauf einige traurige Kühe kraftlos hin- und her schwanken, so denkst Du gewiß, daß die ehemaligen Anbauer dieser Gegend von einer Seuche weggerafft worden, oder das diese Ebene dem greulichen Mars zum Schlacht- und Würgfelde gedient habe. Das denkst Du, allein Du irrst; was Du vor Dir hast, ist eine westfälische Vöde. Nach 4–6 Jahren kommen die Einwohner wieder zum Vorschein, pflügen, säen und ernten einige Jahre und dann liegt das Land wieder öde."

Heinrich Christian Burckhardt war Forstdirektor und Leiter der Forstverwaltung des Königreiches Hannover. Er beschreibt 1875 in seinen forstamtlichen Mitteilungen den Zustand des Waldes im Emsland:
„Im allgemeinen stehen wir vor einer Landschaft, welche ein selten trauriges Bild von Entwaldung auf den armen Flachlandböden darstellt. Wo einst große Waldungen ihr stolzes Haupt beugten und selbst die wetterfeste Eiche, das Eisen der Hölzer, grünte, wo der Wald Dorf und Flur schützte, Luft und Boden erfrischte und dem Weidevieh saftige Kräuter bot, da sehen wir jetzt vielfach eine libysche Wüste."

Hermann Löns, Journalist und Heimatdichter, glorifiziert 1901 dagegen den Bauern, der in der Lüneburger Heide die Plaggen schlägt (Abb. 6.28):
„Ich wünsche, daß Hannover zu seinen vielen Denkmälern sich noch eines bauen möge: den Heidbauern, den Mann im Beiderwandrocke, mit dem rassigen Gesicht, der sich auf den Twickenstiel stützt, als Denkmal der pflichtgetreuen stillen Arbeit, auf das Deutschland wohl begründet sein muß."

Abb. 6.28 „Plaggenghauer" in der Lüneburger Heide. (Brinckmann-Schröder, H.)

6.6 Bewegter Boden

Es liegt auf der Hand, dass im Laufe der ca. 1000 Jahre andauernden Plaggenwirtschaft enorme Mengen an Boden bewegt wurden, ohne dass bislang konkrete Zahlen genannt werden konnten. Um hier zu einer Klärung beizutragen, sollen an dieser Stelle eigene Untersuchungen für das Gebiet der Gemeinde Wallenhorst im Landkreis Osnabrück vorgestellt werden.

Wallenhorst liegt im Übergang der Norddeutschen Tiefebene zu den Ausläufern der nördlichen Mittelgebirgslandschaft mit dem Wiehengebirge und dem Teutoburger Wald (Abb. 6.29).

Hier gehen die Landschaftseinheiten der Geest, der Schichtstufe, der Hügelgebiete sowie der Niederungen ineinander über, in denen sich jeweils ganz eigene Bodengesellschaften entwickelt haben. Neben einer Vielzahl natürlich gewachsener Böden zählen auch die Plaggenesche in ihren unterschiedlichen Ausprägungen dazu.

Die Fläche der Gemeinde Wallenhorst umfasst 4718 ha. Der Anteil der Plaggenesche und der Böden mit Plaggenauflage beträgt 1072 ha und damit 22,7 % des Gemeindegebietes (Abb. 6.30).

Davon entfallen 797 ha auf Böden mit einer Plaggeneschüberdeckung, deren Plaggenauflage nach bodenkundlicher Definition 0,39 m nicht überschreiten darf. Mittleren und tiefen Plaggeneschen sind 275 ha mit einer Überdeckung bis zu 1 m oder mehr zuzuordnen. Auf dem Gebiet der Gemeinde dominieren braune Plaggenesche, graue oder graubraune Varietäten treten nur vereinzelt auf.

Die relevanten Daten zur Massenbilanz können Tab. 6.1 entnommen werden.

Die Auswertungen beruhen auf Untersuchungen an 73 Schürfen der Bodenschätzung sowie auf ergänzenden eigenen Kartierarbeiten. Bei den Berechnungen wurde bei Böden mit Plaggenauflage eine durchschnittliche Überdeckung von 0,35 m, bei mittleren Plaggeneschen 0,70 m und bei tiefen Plaggeneschen 1,0 m

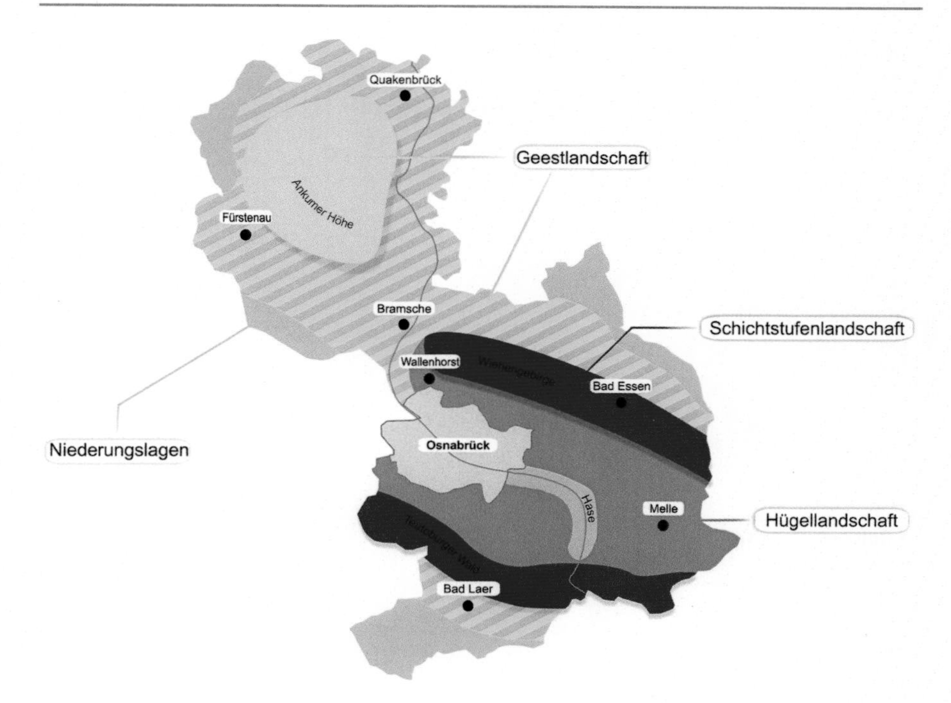

Abb. 6.29 Landschaftseinheiten im Raum Osnabrück. (Dahlhaus, C.; Kniese, Y.; Mueller, K. 2018)

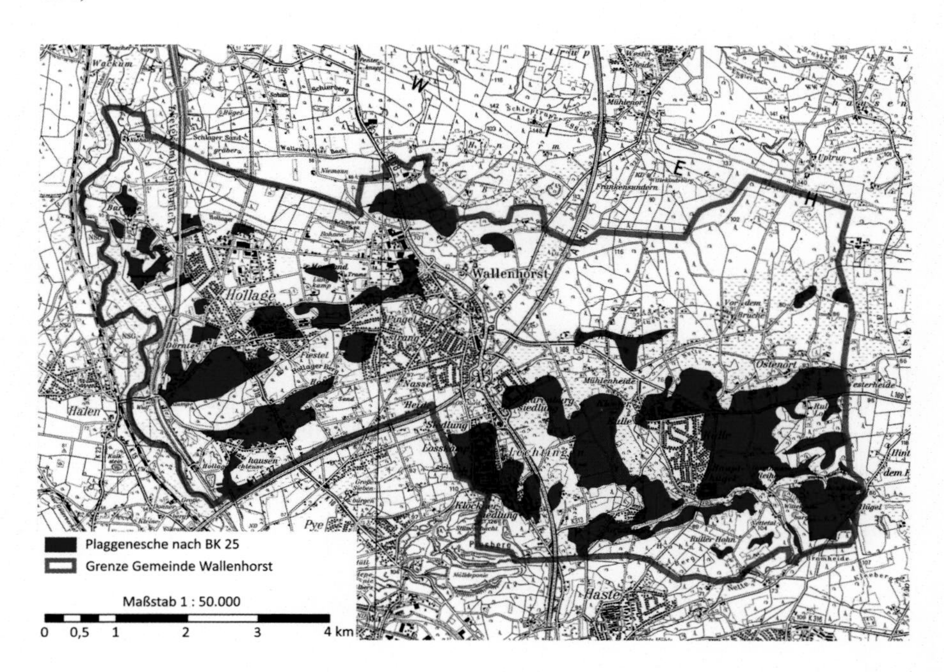

Abb. 6.30 Verbreitung der Plaggenesche auf dem Gebiet der Gemeinde Wallenhorst (Landkreis Osnabrück). (Bodenkarte TK25 (verändert))

Tab. 6.1 Massenbilanz der Plaggenauftragsböden der Gemeinde Wallenhorst (Landkreis Osnabrück)

Bodentypen	Flächenanzahl	Flächengröße (ha)	Plaggenauflage (m)	Lagerungsdichte (t/m³)	Plaggenmaterial (t)
Mittlere Braunerde mit Plaggenauflage	13	165	0,35	1,3	750.750
Mittlerer Pseudogley mit Plaggenauflage	21	471	0,35	1,3	2.143.050
Tiefe Braunerde mit Plaggenauflage	9	161	0,35	1,3	732.550
Mittlerer Plaggenesch, unterlagert von Podsol	14	104	0,70	1,3	946.400
Tiefer Plaggenesch	3	171	1,00	1,3	2.223.000
Summe	60	1072			6.795.750

zugrunde gelegt. In die Berechnungen floss weiterhin eine Lagerungsdichte bzw. ein Bodengewicht von heute 1,3 t/m³ ein.

Unter Berücksichtigung dieser Parameter wurden in der Gemeinde Wallenhorst im Rahmen der Plaggenwirtschaft nahezu 6,8 Mio. Tonnen Boden bewegt – eine geradezu unglaubliche Zahl!

Hinzu kommt, dass das Plaggenmaterial zum Zeitpunkt des Stechens aus Wurzelmasse mit anhaftendem Boden bestand und somit sicherlich ein Gewicht von 1,0 t/m³ oder weniger nicht überschritt. Daraus ergibt sich, dass auf der Gemeindefläche von 4718 ha über einen Zeitraum von etwa 1000 Jahren 9–10 Mio. Kubikmeter Plaggen gestochen worden sein müssen. Allein diese Zahlen lassen die enormen Landschaftsveränderungen erkennen, die mit der Plaggenwirtschaft verbunden waren!

7 Neue Ordnung

7.1 Markteilung

Zu Beginn des 18. Jahrhunderts entfielen in weiten Gebieten Nordwestdeutschlands auf die gemeinschaftlich genutzte Mark oft noch mehr als die Hälfte der Gesamtflächen. Durch steigende Nutzung, Holz- und Plaggenentnahme, Schafbeweidung und Flächenverkleinerungen waren sie jedoch derart verkommen, dass sie aufhörten, eine Stütze der bäuerlichen Wirtschaft zu sein. Die Ernährung der wachsenden Bevölkerung konnte nicht mehr sichergestellt werden. Auswertungen von Höltingsprotokollen (siehe auch Abschn. 3.6) jener Zeit zeigen zudem, dass Streitigkeiten unter den Markgenossen immer häufiger wurden und die ehemals durch alle Markgenossen getragene Markordnung verloren ging. Rufe nach einer deutlichen Landnutzungsänderung wurden immer lauter. Besonders Vertreter der Aufklärung und Agrarreformer forderten in diesem Zusammenhang eine Privatisierung durch Markteilung und damit einhergehend eine deutliche Intensivierung der landwirtschaftlichen Produktion.

Im Fürstbistum Osnabrück setzte sich vor allem der bekannte Historiker, Publizist und Verwaltungsfachmann Justus Möser durch Vorlagen, Gutachten und Vermittlungen für dieses Vorhaben ein. In Preußen wirkte an hervorragender Stelle Albrecht Thaer, der als „Vater“ einer wissenschaftlich fundierten, auf wirtschaftlichen Grundsätzen ausgerichteten Landwirtschaft bekannt ist.

Die Durchführung der Markteilung war ein langwieriger Prozess, der sich in Nordwestdeutschland im Zeitraum von etwa 1750 bis 1850 vollzog. Voraussetzung war zunächst eine genaue, kosten- und zeitintensive Vermessung der Gemeinheitsflächen. Im Fürstentum Osnabrück wurde diese von 1784 bis 1790 durch den Oberst Du Plat nach der Technik der Triangulation durchgeführt (Abb. 7.1).

Noch heute überzeugen die auf der Grundlage der Arbeiten von Du Plat entstandenen Karten durch ihre Detailtreue und Genauigkeit (Abb. 7.2).

K. Mueller, *Bauern, Plaggen, Neue Böden*,
https://doi.org/10.1007/978-3-662-68915-8_7

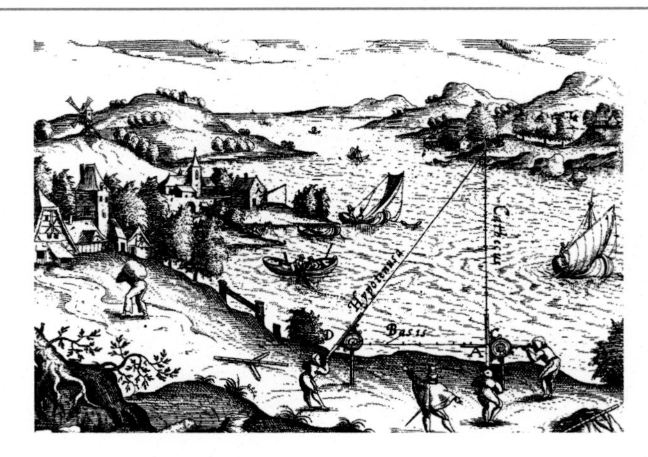

Abb. 7.1 Methode der Triangulation. (Zollmann, J. W. 1744)

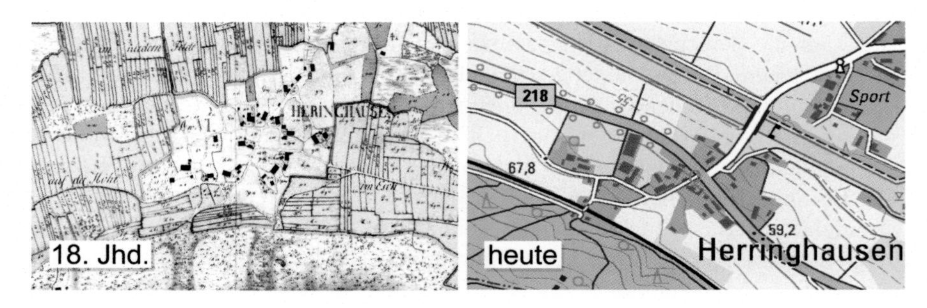

Abb. 7.2 Bauerschaft Herringhausen (Gemeinde Bohmte, Landkreis Osnabrück), 18. Jahrhundert und heute. (Du Plat, W. 1784-1790, aus Wrede G. 1964; Auszug aus den Geodaten des Landesamtes für Geoinformation u. Landesvermessung Nieders. – LGLN (verändert))

Der Verteilungsmodus der Flächen an die Landnutzer war kompliziert. Er richtete sich nach der Lage der Flurstücke, nach deren Bodenqualität, nach der Erreichbarkeit und vor allem nach den Erbanteilen der Bauern. Im Osnabrücker Land bestand beispielsweise die Regel, dass ein Halberbe drei viertel oder fünf sechstel des Anteils der Vollerben erhielt. Einem Erbkötter stand die Hälfte, einem Markkötter ein Drittel zu. Auch der Staat beanspruchte einen Teil der Flächen, die größtenteils aufgeforstet wurden, um die ruinierten Wälder wieder zu entwickeln.

Verlierer waren insbesondere die Heuerleute, die die Mark bisher mitnutzen konnten, denen aber keine rechtlichen Ansprüche zustanden. Unter diesen Bedingungen ist es nur zu verständlich, dass die Markteilung Quelle vieler Streitigkeiten und Unklarheiten war (siehe Ergänzung: Reaktion auf Beschwerde des Colons (Bauer) Schütte aus Schleptrup).

Reaktion auf Beschwerde des Colon (Bauer) Schütte aus Schleptrup (heute Ortsteil der Stadt Bramsche, Landkreis Osnabrück) bei der Verteilungskommission mit Sitz in Iburg über eine aus seiner Sicht ungerechte Verteilung der Markflächen (Unterlagen freundlichst überlassen von Familie Duncker, Bramsche-Schleptrup).

Praes. d. 19 März 1848

An
die verehrliche Theilungs Commission der
Schlepptrupper Mark

Nunmehriger gehorsamster Antrag
auf Entscheidung
von Seiten
des Colonen Ernst Schütte zu Schlepptrup voll-
erbigenGenossen der Schlepptrupper Mark Querulanten
wegen
Vertheilung des Schlepp-
trupper Feldes, insonderheit,
des Angers Rethhorn
genannt.

Es soll auf einer mit festem
anzusetzenden Conferenz auch diese
Beschwerde unter Zuziehung eines
beeideten Geometers an Ort und
Stelle untersucht und falls keine
friedliche Beseitigung zu erreichen
steht, darüber auf Kosten des
verlierenden Theiles entschieden
werden.

Iburg den 23 März 1848
Von Commissionswegen
Staffhorst

Zur
Nachricht für
die Deputirten

Nach der formalen Ankündigung erfolgte eine ausführliche Darlegung des Anliegens. Darin heißt es unter anderem:

Die rubricirte Beschwerdesache ist fast ein
volles Jahr vor der verehrlichen Commission
anhängig. Die Hoffnung einer gütlichen
Beseitigung derselben hat in so fern
wenigstens sich zerschlagen, als diese
privatim sich nicht erreichen läßt.

… und weiter:

Erbesberechtigung muß in jeder Art
respectirt werden. Die nach nathürlichen
Rechtsbegriffen unzulässige Compensation
zwischen Angerboden und Heide ist
durch positive Bestimmungen zum
Ueberfluß ausgeschlossen.
Indem ich hieran festhalten zu dürfen
glaube, bestreite ich nach wie vor, nach
Erbesgerechtigkeit meine Betheiligung
am Angerboden erhalten zu haben
und bitte demnach gehorsamst
daß die verehrliche Commission
geneigen wolle
nunmehr baldigst meiner Beschwerde gemäß zu erkennen.

Worüber pp

Im Auftrage des Beschwerdeführeres
Klussmann Dr. jur.

Große Teile der Bauerschaft wie auch des Adels lehnten die Privatisierung der gemeinsamen Mark zunächst ab. Erst nachdem ihnen Zugeständnisse wie Steuererleichterungen zugesichert wurden, stimmten sie der Teilung zu. Der Vollzug der Markteilung wurde dadurch vielerorts deutlich verzögert. Im Oberemsbereich gab es 1811 Ermittlungen „über die gegenwärtig noch ungeteilten Marken im Arrondissement Osnabrück“. In der Rüsforter Mark im Artland wurde die Teilung erst 1824 möglich, nachdem das Fürstentum Osnabrück in das Königreich Hannover eingegliedert worden war.

In den westfälischen preußischen Besitzungen begann schon Mitte bis Ende des 18. Jahrhunderts die Markteilung. Größere Gebiete wurden aber erst nach Erlass der preußischen Gemeinteilungsordnung vom 07.06.1821 privatisiert und zusammengelegt. Zur Durchführung der diesbezüglichen Aufgaben in der Provinz Westfalen wurde 1820 eine Generalkommission mit Sitz in Münster eingerichtet. In Abb. 7.3 sind die Flächen in Grün dargestellt, mit denen die Generalkommission nach 1821 befasst war. Der Großteil der Teilungen erfolgte hier von 1830 bis 1860.

Mit der Markteilung einherging vielerorts auch die sogenannte Verkopplung. Aus heutiger Sicht würde man von Flurneugestaltung sprechen. Sie hatte das Ziel, landwirtschaftlich zu nutzende Flächen in möglichst wenige Einheiten zusammenzulegen, störende Landschaftselemente wie Hecken oder Bäume zu beräumen, Wasserläufe zu begradigen und wo notwendig auch ein neues Wegenetz zu schaffen. Auch diese Aufgaben lagen in Westfalen in den Händen der Generalkommission. Abb. 7.3 zeigt die Flächen in Rot, die bis 1910 verkoppelt waren.

Oft wurde den Verantwortlichen für die Verkopplung vorgeworfen, dass sie das Landschaftsbild beeinträchtigen, zerstören oder charakteristische Merkmale abräumen würden. In einem westfälischen Liedertext aus dieser Zeit heißt es unter anderem:

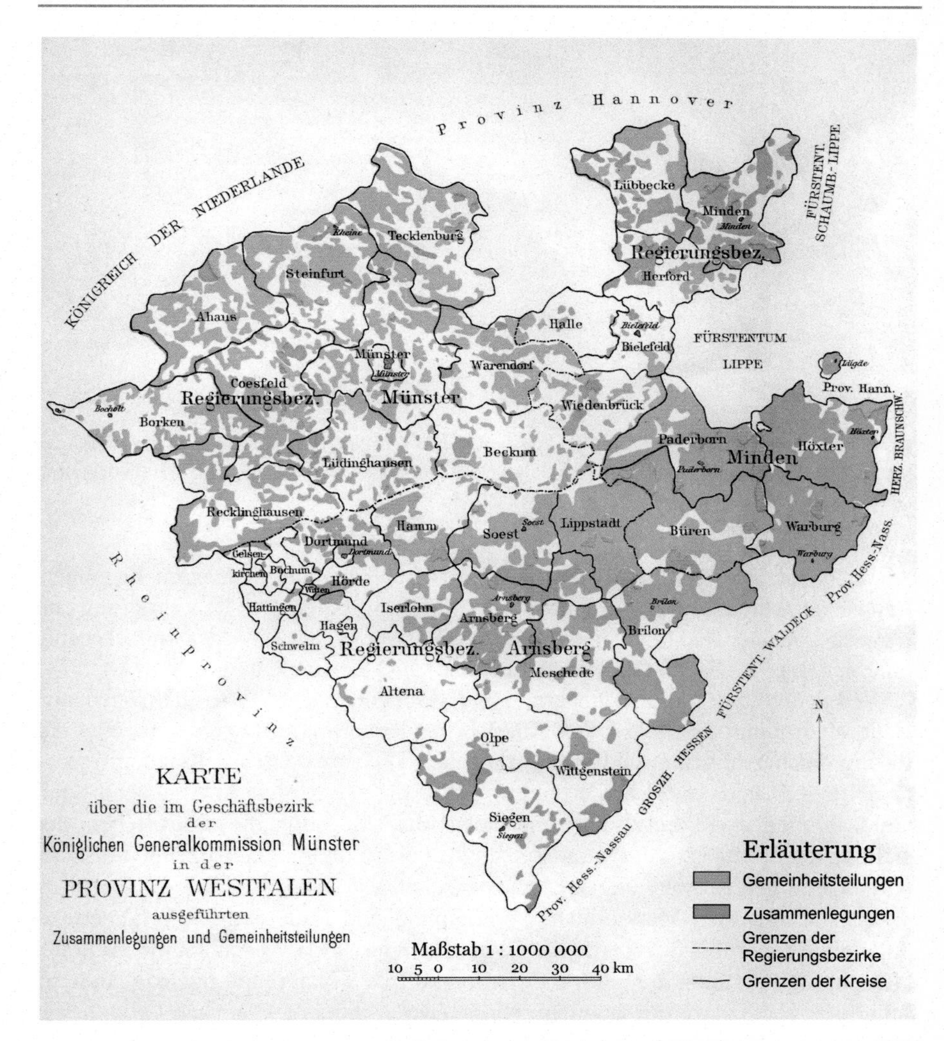

Abb. 7.3 Karte der Markteilung und Verkopplung in Westfalen. (Pfeffer v. Salomon, M. 1912 (verändert))

„Es geht ein Mann durchs bunte Land,
Die Meßkette hält er in der Hand
Er blickt zum Bach im Tale hin
Der Bogen da hat keinen Sinn
Der Weg macht seinen Augen Pein
Der muss fortan schnurgrade sein!
Die Pappel scheint ihm ohne Zweck
Die muß hier selbstverständlich weg"

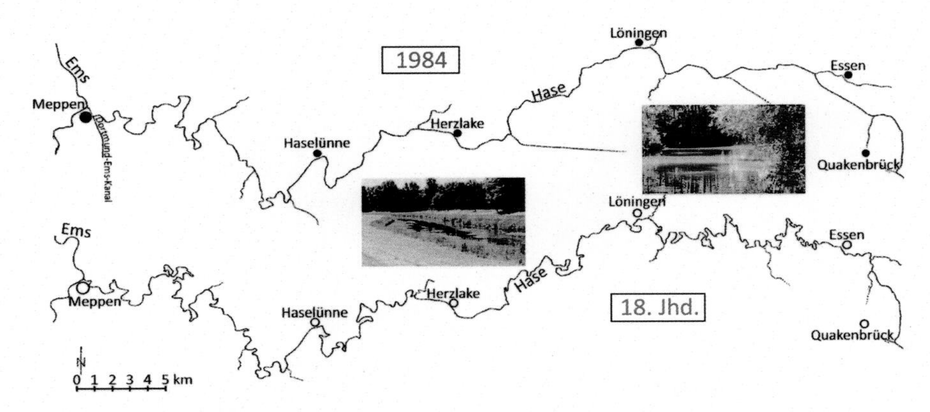

Abb. 7.4 Veränderungen im Lauf der Hase zwischen Quakenbrück (Landkreis Osnabrück) und Meppen (Landkreis Emsland) vom 18. Jahrhundert bis 1984. (Osthus, W. 2010 (verändert u. ergänzt))

Auch in heutiger Zeit ist man mancherorts noch bemüht, seinerzeit begonnene Landschaftsveränderungen wieder naturnäher zu gestalten. Die Renaturierung ehemals ausgebauter und begradigter Fließgewässer (z. B. der Emscher im Ruhrgebiet oder der Hase im Raum Osnabrück/Emsland) sind Beispiele dafür (Abb. 7.4).

Verbunden mit der Privatisierung der Allmendeflächen war die sogenannte Bauernbefreiung, die im 18. und 19. Jahrhundert erfolgte. Darunter ist eine Ablösung der persönlichen und grundbezogenen Dienstbarkeiten der Bauern gegenüber ihren Grund- und Leibherren zu verstehen. Sie erfolgte überwiegend durch Geldzahlungen, die einerseits eine hohe Belastung für die Betroffenen darstellten, anderseits aber die Voraussetzung für einen nunmehr erfolgenden rasanten wirtschaftlichen Aufschwung der Landwirtschaft war.

Im Anschluss an Markteilung, Verkopplung und Bauernbefreiung dauerte es noch viele Jahre, bis die ehemaligen, vor allem durch Plaggenentnahme ruinierten Gemeinschaftsgründe in mühevoller Arbeit kultiviert waren und intensiv landwirtschaftlich genutzt werden konnten. Nutznießer waren vor allem die Grundherren und Bauern. Heuerleute und Kötter gingen weitestgehend leer aus. Für sie verschlechterten sich die Lebensbedingungen nachhaltig. Hollandgängerei und Arbeit am heimischen Webstuhl konnten die zunehmende Verelendung der „unterbäuerlichen Schichten" nicht abfangen. Dies und schwere Hungersnöte durch die ab 1845 auftretende Kraut- und Knollenfäule der Kartoffeln lösten eine erste große Auswanderungswelle in die „Neue Welt" aus. Wohl über 90.000 Menschen verließen von 1830 bis 1890 das Osnabrücker Land, um vor allem in Nordamerika ihr Glück zu suchen (siehe Ergänzung Abschn. 9.1: Auswanderung in die Neue Welt).

7.2 Nutzungswandel

Die Markteilung führte zu einer völligen Änderung der Landschaften und der ländlichen Landnutzung. Da, wo bisher spärliche Heideflächen und durch Plaggenentnahme tiefer gelegte feuchte Niederungen zu finden waren, wurden in den folgenden Jahrzehnten vielfach Acker- und Weidestandorte geschaffen (Abb. 7.5 und 7.6).

Abb. 7.5 Heutiges Ackerland auf einer ehemaligen Wehsandfläche bei Bramsche-Pente (Landkreis Osnabrück). (Mueller, K.)

Abb. 7.6 Weide und Wiesenfläche in der Nette-Niederung bei Wallenhorst (Landkreis Osnabrück). (Mueller, K.)

Abb. 7.7 Kiefernforst auf einer ehemaligen Wehsand- und Dünenfläche bei Hambühren (Landkreis Celle). (Mueller, K.)

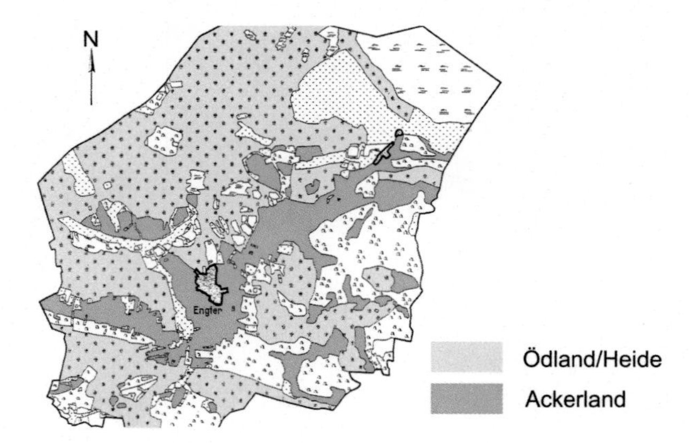

Abb. 7.8 Bodennutzung im Kirchspiel Engter (Landkreis Osnabrück) 1787. (Warnecke, E. F. 1958 (verändert))

Wo einst trostlose Wehsandflächen und Sanddünen das Bild bestimmten, fanden in großem Umfang Aufforstungen statt, wobei vor allem die schnellwüchsigen Kiefern dominierten, die auch heute noch vielerorts zu finden sind (Abb. 7.7).

In welch rasantem Maße diese Entwicklung vonstattenging, zeigt ein Blick auf die Veränderung der Bodennutzung in den betroffenen Gebieten. Im Kirchspiel Engter bei Bramsche entfiel 1787 mit fast 60 % noch ein Großteil der Flächen auf sogenanntes Ödland, das der gemeinen Mark zuzuordnen ist. Das Ackerland nahm mit etwa 16 % nur einen geringen Anteil ein (Abb. 7.8).

Besonders in den nachfolgenden 89 Jahren bis 1876 verschoben sich diese Nutzungsanteile durch die Markteilung sehr augenfällig (Abb. 7.9).

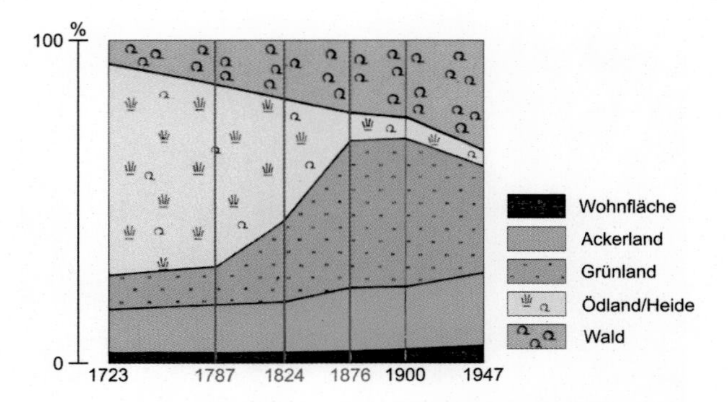

Abb. 7.9 Entwicklung der Nutzungsanteile in der Gemarkung Schleptrup, Kirchspiel Engter (Landkreis Osnabrück) 1787 bis 1876. (Warnecke, E. F. 1958 (verändert))

Während die Wohnflächen um nur etwa 1 % zunahmen, der Anteil des Ackerlandes um 5 % anstieg und die Waldflächen mit 9 % einen moderaten Anstieg zeigten, vergrößerte sich das Grünland mit 36 % deutlich. Vor allem aber sank zwischen 1787 und 1876 der Anteil der Heide- und Ödlandgebiete von ca. 57 % auf nur noch knapp 9 %.

Auch im Kreis Steinfurt verringerten sich in der sehr kurzen Zeitspanne von etwa 1830 bis 1865 die Heideflächen um ca. 50 %, währende der Waldanteil um etwa 43 % anstieg.

Neue Höfe konnten angelegt werden, weil wieder Land für Neuansiedlungen zur Verfügung stand. Bauern konnten neu erworbenes Land verkaufen und sich dadurch entschulden. Das Abplaggen der Flächen war nur noch auf privatem Eigentum möglich und nahm deutlich ab. Nach der Markteilung setzten sich die Stallfütterung und die geregelte Weidewirtschaft mehr und mehr durch. Die Milchleistung der Kühe und das Schlachtgewicht der Tiere stiegen an, die Schweinehaltung verzeichnete hohe Zuwachsraten. Die Schafhaltung ging dagegen spürbar zurück, weil die Gemeinheiten als Grundlage dieser Form der Viehhaltung nicht mehr zur Verfügung standen. Diese Entwicklung wurde zusätzlich befördert durch einen rapiden Verfall der Wollpreise ab Mitte des 19. Jahrhunderts. Zwischen 1873 und 1928 sank dadurch zum Beispiel die Zahl der Heidschnucken in der Lüneburger Heide um 93 %.

Zu Beginn des 20. Jahrhunderts waren die mit der Markteilung in Verbindung stehenden Veränderungen weitgehend vollzogen. Aber noch heute sind in der Nordwestdeutschen Tiefebene vor allem in Naturschutzgebieten oder auf Truppenübungsplätzen Zeugnisse der Landnutzung vergangener Zeiten zu finden.

Hier zwei Beispiele:

Im Ortsteil **Plaggenschale** der Gemeinde Merzen im Landkreis Osnabrück befindet sich ein 3000 Jahre altes Gräberfeld, das im Mittelalter gerodet wurde und der Plaggenentnahme sowie als Schafweide diente. Auf den nährstoffarmen

Abb. 7.10 Wacholderhain Merzen-Plaggenschale (Landkreis Osnabrück). (Mueller, K.)

Abb. 7.11 Gemälde der Wersener Heide (Kreis Steinfurt) 1870 (freundlichst zur Verfügung gestellt von R. Lammers, Wersen). (H. Herbst, H. 1870)

Sandböden entwickelte sich eine anspruchslose Wacholderheide, die bis heute als archäologisches Denkmal und uralte Kulturlandschaft erhalten blieb und gepflegt wird (Abb. 7.10).

Teile der ehemaligen **Wersener Heide** auf dem Gebiet der Gemeinde Lotte (Kreis Steinfurt), die bis 2008 als Truppenübungsplatz genutzt wurden, sind heute überwachsen. Der Vergleich eines Gemäldes von ca. 1870 zu den aktuellen Verhältnissen zeigt, in welchem Umfang sich hier das Aussehen der Landschaft verändert hat (vergleiche Abb. 7.11 zu 7.12).

Abb. 7.12 Gleicher Ort in der Wersener Heide (Kreis Steinfurt) im Jahre 2021. (Mueller, K.)

Abb. 7.13 Heidelandschaft in der Wersener Heide (Kreis Steinfurt). (Mueller, K.)

An anderer Stelle ist aber noch die ehemalige Heidelandschaft erkennbar (Abb. 7.13). Selbst Sandausblasungen (sog. Deflationswannen), wie sie für Wehsandflächen typisch waren, sind immer noch zu finden (Abb. 7.14).

In einer anderen ehemaligen Ausblaswanne der Wersener Heide hat sich heute Wasser gesammelt und ein wertvolles Flachwasserbiotop gebildet (Abb. 7.15). Dieser Weiher trägt die Bezeichnung „Deipe Briäke“, was so viel wie „Tiefes Brachland“ bedeutet.

Nach dem Ende der Plaggenwirtschaft wurden viele der weitverbreiteten Dünen eingeebnet, um die Flächen anschließend landwirtschaftlich nutzen zu können. Wo Forste angelegt wurden, war dies nicht notwendig, insofern sind in

Abb. 7.14 Deflationswanne in der Wersener Heide (Kreis Steinfurt). (Mueller, K.)

Abb. 7.15 „Deipe Briäke" in der Wersener Heide (Kreis Steinfurt). (Mueller, K.)

vielen Waldgebieten in Niedersachsen und Nordrhein-Westfalen heute noch ehemalige Dünen erkennbar. Besonders markante Beispiele finden sich in den Wäldern um Lingen (Emsland) und im nördlichen Osnabrücker Land oder auch in den Forsten westlich von Celle und im Sennegebiet zwischen Paderborn und Bielefeld (Abb. 7.16 und 7.17).

Abb. 7.16 Ehemaliges Sanddünengebiet in den Königstannen bei Wallenhorst-Hollage (Landkreis Osnabrück). (Mueller, K.)

Abb. 7.17 Ehemaliges Sanddünengebiet im Wietzenbrucher Forst (Landkreis Celle). (Mueller, K.)

Zur Erhaltung und Pflege alter Heideflächen werden aber auch heute noch hin und wieder in einzelnen Naturschutzgebieten kleinere Areale geschält, um den Charakter der damaligen Landschaften für Besucher und Wanderer zu erhalten. Das Abplaggen erfolgt dann aber kaum noch per Hand, sondern maschinell (Abb. 7.18).

Abb. 7.18 Maschinell abgeplaggte Fläche am Grasmoor Bramsche-Achmer (Landkreis Osnabrück). (Mueller, K.)

7.3 Ende der Plaggenwirtschaft

Sicherlich erkannten bereits vor etwa 6000 Jahren die ersten Ackerbauern in Nordwestdeutschland sehr rasch den Wert von organischen Abfällen und mineralischen Substraten für die Aufrechterhaltung und Steigerung der Ertragsfähigkeit der Böden. Auch die Anfänge der Plaggendüngung mögen in dieser Zeit liegen. Erste gesicherte Hinweise darauf lassen sich bis in die Bronzezeit zurückverfolgen (siehe auch Kap. 2). Im 10. bis 12. Jahrhundert setzte sich die Plaggenwirtschaft in der Nordwestdeutschen Tiefebene dann nahezu flächendeckend durch und dominierte hier bis zum Beginn des 20. Jahrhunderts die Landwirtschaft.

Mit Beginn der Markteilung begann eine intensive Suche nach neuen, effektiveren Methoden der Landnutzung. Die damit verbundenen Fortschritte waren insbesondere mit zwei Namen verbunden: Albrecht Thaer (Abb. 7.19) und Justus von Liebig (Abb. 7.20).

Albrecht Thaer stellte in seinem von 1809 bis 1812 in drei Bänden erschienenen Hauptwerk „Grundsätze der rationellen Landwirtschaft“ die Humustheorie vor, nach der alle bodenfruchtbarkeitsbestimmenden Eigenschaften der Böden entscheidend von ihrem Gehalt an Humus bestimmt werden. Nach Thaer war dies vor allem durch eine gezielte organische Düngung und den Einbau von humusmehrenden Fruchtarten (Leguminosen, Wicken, Lupinen, Klee) in die Fruchtfolgen zu erreichen. Zugleich propagierte er die Einführung der Sommerstallhaltung, um auf diesem Wege das Aufkommen an Stalldung zu erhöhen.

Justus von Liebig legte in seinem 1840 veröffentlichten Buch „Agrikulturchemie“ die Grundlagen der modernen Mineraldüngung und den Beginn der Agrochemie. Er erkannte, dass Pflanzen wichtige anorganische Nährstoffe in Form von Salzen aufnehmen, und erarbeitete ihre Bedeutung für Qualität und Ertrag

Abb. 7.19 Albrecht Thaer. (Neumann, A.)

Abb. 7.20 Justus von Liebig. (www.uni-giessen.de)

der Pflanzen. Bekannt wurde auch das 1855 von Justus von Liebig formulierte „Minimumgesetz“, demzufolge derjenige Pflanzennährstoff, der im Verhältnis zum Bedarf in geringster Menge zur Verfügung steht, entscheidend für die Höhe des Ertrages ist (Abb. 7.21).

In der Folgezeit wurden recht rasch Kali-, Phosphor- und Kalkdüngemittel entwickelt, deren Einsatz zu deutlichen Ertragssteigerungen beim Anbau der Feldfrüchte führte. Ein Pflanzennährstoff stand in mineralischer Form bis zum Beginn des 20. Jahrhunderts allerdings nicht zur Verfügung: der Stickstoff. Durch die Arbeiten von Justus von Liebig war zwar bekannt, dass die Aufnahme von Stickstoffverbindungen eine Grundlage für das Wachstum von Nutzpflanzen ist. Dem

Abb. 7.21 Darstellung der Wirkung des Minimumgesetzes für das Pflanzenwachstum. (Deichmann, E. 1938)

Ackerboden konnten sie aber nur über Mist, Kompost oder durch bestimmte Fruchtfolgen zugeführt werden. Erst durch das 1911 patentierte Haber-Bosch-Verfahren war es möglich, der Landwirtschaft ausreichend synthetische Stickstoffdüngemittel zur Verfügung zu stellen (siehe Einfügung: Haber-Bosch-Verfahren).

Haber-Bosch-Verfahren

Zu Beginn des 20. Jahrhunderts entwickelten die beiden Chemiker Fritz Haber und Carl Bosch das nach ihnen benannte Haber-Bosch-Verfahren. Damit wurde es möglich, Luftstickstoff durch Reaktion mit Wasserstoff großtechnisch und kostengünstig in Ammoniak umzuwandeln (Abb. 7.22).

Das Haber-Bosch-Verfahren wurde durch die BASF im Jahr 1911 zum Patent angemeldet. Die großindustrielle Anwendbarkeit begann 1914 auf Druck des deutschen Generalstabs, um möglichst effizient Munition und Sprengstoff für die Kriegsführung herzustellen.

Noch 1913 betrug die Ammoniakproduktion in Deutschland nur wenige Tonnen. Kurz vor Ende des Ersten Weltkrieges wurden bereits etwa 100.000 t produziert, die vor allem in die Rüstungsindustrie flossen. Ab 1918 standen diese Mengen, die bis 1922 auf ca. 200.000 t anstiegen, dem Agrarsektor als Stickstoffdüngemittel zur Verfügung. Dadurch konnte die landwirtschaftliche Produktion deutlich gesteigert werden, was aus heutiger Sicht den weitaus wichtigsten Aspekt der Erfindung des Haber-Bosch-Verfahrens darstellt.

Bis heute hat das Haber-Bosch-Verfahren den größten Anteil an der Stickstoffproduktion in Deutschland und weltweit. Hierzulande wurden 2020 etwa 2,3 Mio. Tonnen Ammoniak jährlich hergestellt, die Weltproduktion betrug im gleichen Jahr 147 Mio. Tonnen. Durch dieses Verfahren wurde das enorme Wachstum der Weltbevölkerung im 20. Jahrhundert erst möglich.

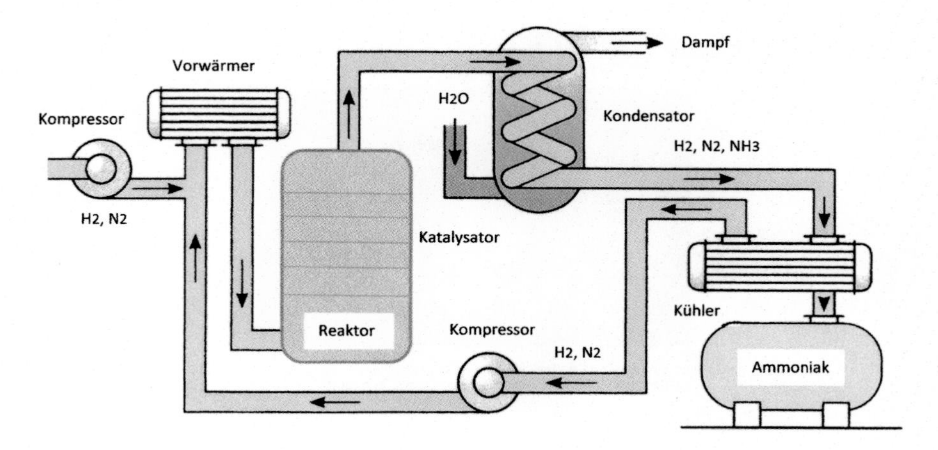

Abb. 7.22 Verlauf der Ammoniaksynthese. (www.studyfix.de)

Abb. 7.23 Ausstreuen der Handelsdünger per Hand. (Deichmann, E. 1938)

Mit der allgemeinen Verfügbarkeit mineralischer Düngemittel nach Ende des Ersten Weltkrieges fand die Plaggenwirtschaft innerhalb weniger Jahre ihr Ende. Der enorme Aufwand an Zeit, Ressourcen und harter körperlicher Arbeit war nun nicht mehr notwendig.

Die neuen Handelsdünger waren hoch konzentriert, rasch wirksam, gut zu dosieren und streufähig (Abb. 7.23).

Untersuchungen an landwirtschaftlichen Forschungseinrichtungen aus der damaligen Zeit konnten vielfach die ertragssteigernde Wirkung der mineralischen Düngemittel belegen (Abb. 7.24 und 7.25).

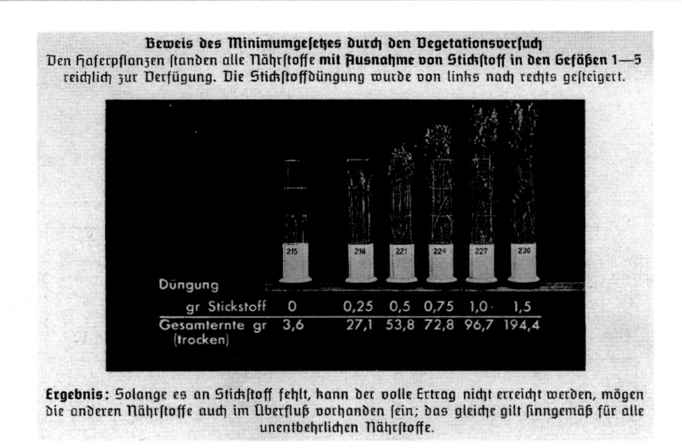

Abb. 7.24 Stickstoffversuch Hafer. (Deichmann, E. 1938)

Abb. 7.25 Pflanzennährstoffversuch (NPK) Getreide. (Deichmann, E. 1938)

Mit teils karikaturähnlichen Bildern und Werbetexten der Industrie sollten auch die letzten Skeptiker von den Vorteilen der neuen Düngemittel überzeugt werden (Abb. 7.26).

Dennoch wurden in einigen Gebieten noch längere Zeit einzelne Abläufe der Plaggenwirtschaft beibehalten. Im Wiehengebirge wurde beispielsweise bis in die Dreißigerjahre das Laubharken in den Wäldern praktiziert. Eine kurze Renaissance erlebte die Plaggenwirtschaft noch einmal nach Ende des Zweiten Weltkrieges von 1945 bis 1947.

Verbunden mit der Einführung der mineralischen Düngemittel waren wesentliche Fortschritte auch auf anderen Gebieten der Landwirtschaft. Der „ewige“, mit der Plaggenwirtschaft in enger Verbindung stehende Roggenanbau wurde abgelöst durch eine den Böden angepasste und nach wissenschaftlichen Erkenntnissen

Abb. 7.26 Karikatur, die den Nutzen der neuen Stickstoffdüngemittel eindrücklich zeigen soll. (Historische Bildpostkarten – Universität Osnabrück – Sammlung Prof. Dr. S. Giesbrecht)

aufgebaute Fruchtfolgegestaltung. Leistungsfähigere Maschinen zur Bodenbearbeitung, Aussaat, Pflege und Ernte wurden entwickelt. Erste Traktoren kamen auf den Markt und erleichterten Transport- und Feldarbeiten enorm.

Die Markteilung hatte auch für die Tierproduktion wesentliche Veränderungen zur Folge. Durch den Wegfall der gemeinschaftlichen Weiden konnten die ärmeren Landbewohner nur noch Kleinvieh halten. Die Haltung von Großvieh konzentrierte sich vor allem in den Händen wohlhabender Bauern. Verbesserungen in der Tierzucht wurden in der Folgezeit durch Veredlung und Einkreuzen landesfremder Rassen in die einheimischen Tierbestände erreicht. Die durchschnittliche Zahl der Nutztiere pro Halter sowie die Fleisch- und Milchproduktion stiegen bis Anfang des 20. Jahrhunderts beträchtlich an.

Plaggenesche heute

8

8.1 Fruchtbarkeit

Die Fruchtbarkeit von Böden in Deutschland wird bis heute nach der 1934 eingeführten Bodenschätzung bemessen (siehe Ergänzung: Bodenschätzung). Anlass war seinerzeit die Absicht, eine einheitliche Grundlage zur Besteuerung landwirtschaftlich genutzter Böden nach deren Ertragsfähigkeit zu schaffen. Dazu wurde ein Schätzrahmen erarbeitet, der die Böden nach Bodeneigenschaften, Entstehung, Klima und Geländeformen in ein bis heute gültiges System von 7 bis 100 Bodenpunkten einordnet. Mit steigender Punkt- oder Bodenwertzahl nimmt auch die Eignung des Standortes für die landwirtschaftliche Produktion zu.

Allgemein erreichen Plaggenesche Werte von 25 bis 45 Bodenpunkten. Sie liegen damit etwa doppelt so hoch wie die ihrer überdeckten oder benachbarten Böden ohne Plaggenauflage. Abb. 8.1 zeigt dies am Beispiel einer Braunerde aus Sand im Vergleich zu einem braunen Plaggenesch über sandigem Untergrund.

Plaggenesche aus Heidesanden erreichen durchgängig niedrigere Werte als solche aus lehmigen Wiesenplaggen. Sind Plaggenesche aus Löss aufgebaut, was relativ selten vorkommt, können sie auch wesentlich besser bewertet werden. Die höchste Wertzahl wurde 1938 mit 77 Bodenpunkten für einen tiefgründigen braunen Plaggenesch aus Lösslehm bei Havixbeck westlich der Stadt Münster vergeben.

Bodenschätzung
Seit dem Frühmittelalter wird der bäuerliche Besitz von Grund und Boden besteuert. Zu Anfang geschah dies über den „Zehnt", der zunächst von der Kirche, später auch von der weltlichen Obrigkeit erhoben wurde. Darunter ist im Wesentlichen der zehnte Teil der Erträge zu verstehen, die auf dem Grundbesitz erwirtschaftet wurden.

K. Mueller, *Bauern, Plaggen, Neue Böden*,
https://doi.org/10.1007/978-3-662-68915-8_8

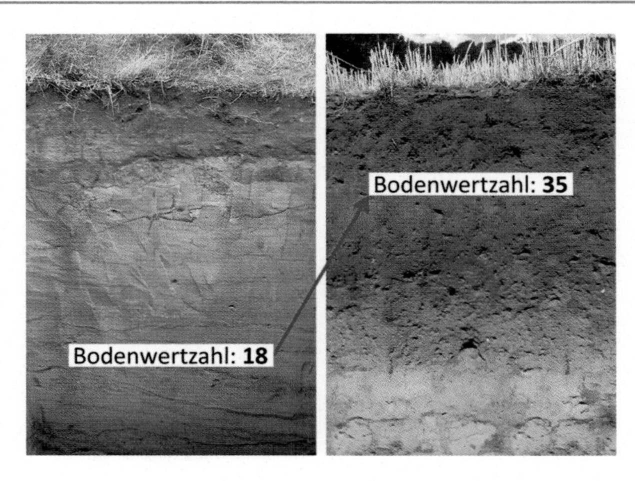

Abb. 8.1 Bodenwertzahl einer Sandbraunerde und eines benachbarten braunen Plaggeneschs. (Mueller, K.)

Zu Beginn des 20. Jahrhunderts ging die Steuerhoheit von den deutschen Ländern auf das Deutsche Reich über. Für die damals ca. 5 Mio. Landwirtschaftsbetriebe fehlten jedoch einheitliche Bewertungskriterien. Daher begann bereits Mitte der 1920er-Jahre eine Planungsphase, auf dessen Grundlage am 16. Oktober 1934 das „Gesetz über die Schätzung des Kulturbodens“ (Bodenschätzungsgesetz) erlassen wurde. Damit war es erstmals möglich, mit einfachen Mitteln die Ertragsfähigkeit landwirtschaftlich und auch gärtnerisch genutzter Böden zahlenmäßig zu erfassen und damit eine vergleichbare Besteuerung sicherzustellen. Dies geschah getrennt für Ackerböden (Ackerschätzrahmen) und Grünlandböden (Grünlandschätzrahmen, Abb. 8.2). Dazu wurden die Flächen im Raster von 20 bis 50 m mit Bohrstöcken bis in 1 m Bodentiefe abgebohrt oder aufgegraben und nach einem einheitlichen Schema beschrieben. Bis zum Abschluss der Erstschätzung in den 50er-Jahren wurden so in Deutschland etwa 17 Mio. ha Agrarflächen kartiert. Zudem wurden mehrere Tausend Musterstücke nach einheitlichen Kriterien aufgenommen und zum Vergleich bei den Schätzungen herangezogen.

Für den Ackerschätzrahmen wurden die Bodenart, die geologische Entstehung und die sogenannte Zustandsstufe (d. h. der Entwicklungszustand vom Rohboden bis zur höchsten Leistungsfähigkeit) ermittelt. Mithilfe dieser drei Beurteilungsgrößen konnte die **Bodenzahl** festgelegt werden, die das Ertragspotenzial in einem Wertebereich von 7 (ertragsschwächster Boden) bis 100 (ertragsstärkster Boden) ausdrückt. Als Bezug diente eine mit 100 Bodenpunkten auskartierte Schwarzerde bei Eickendorf in der Magdeburger Börde.

Ackerschätzungsrahmen

Bodenart	Entstehung	Zustandsstufe 1	2	3	4	5	6	7
S	D		41—34	33—27	26—21	20—16	15—12	11— 7
	Al		44—37	36—30	29—24	23—19	18—14	13— 9
	V		41—34	33—27	26—21	20—16	15—12	11— 7
Sl (S/lS)	D		51—43	42—35	34—28	27—22	21—17	16—11
	Al		53—46	45—38	37—31	30—24	23—19	18—13
	V		49—43	42—36	35—29	28—23	22—18	17—12
lS	D	68—60	59—51	50—44	43—37	36—30	29—23	22—16
	Lö	71—63	62—54	53—46	45—39	38—32	31—25	24—18
	Al	71—63	62—54	53—46	45—39	38—32	31—25	24—18
	V		57—51	50—44	43—37	36—30	29—24	23—17
	Vg			47—41	40—34	33—27	26—20	19—12
SL (lS/sL)	D	75—68	67—60	59—52	51—45	44—38	37—31	30—23
	Lö	81—73	72—64	63—55	54—47	46—40	39—33	32—25
	Al	80—72	71—63	62—55	54—47	46—40	39—33	32—25
	V	75—68	67—60	59—52	51—44	43—37	36—30	29—22
	Vg			55—48	47—40	39—32	31—24	23—16
sL	D	84—76	75—68	67—60	59—53	52—46	45—39	38—30
	Lö	92—83	82—74	73—65	64—56	55—48	47—41	40—32
	Al	90—81	80—72	71—64	63—56	55—48	47—41	40—32
	V	85—77	76—68	67—59	58—51	50—44	43—36	35—27
	Vg			64—55	54—45	44—36	35—27	26—18
L	D	90—82	81—74	73—66	65—58	57—50	49—43	42—34
	Lö	100—92	91—83	82—74	73—65	64—56	55—46	45—36
	Al	100—90	89—80	79—71	70—62	61—54	53—45	44—35
	V	91—83	82—74	73—65	64—56	55—47	46—39	38—30
	Vg			70—61	60—51	50—41	40—30	29—19
LT	D	87—79	78—70	69—62	61—54	53—46	45—38	37—28
	Al	91—83	82—74	73—65	64—57	56—49	48—40	39—29
	V	87—79	78—70	69—61	60—52	51—43	42—34	33—24
	Vg			67—58	57—48	47—38	37—28	27—17
T	D		71—64	63—56	55—48	47—40	39—30	29—18
	Al		74—66	65—58	57—50	49—41	40—31	30—18
	V		71—63	62—54	53—45	44—36	35—26	25—14
	Vg			59—51	50—42	41—33	32—24	23—14
Mo	—		54—46	45—37	36—29	28—22	21—16	15—10

— Ergänzt nach Ziff. 1a BodSchätzAnwEB —

Grünlandschätzungsrahmen

Boden-Art	Boden-Stufe	Klima	Wasserverhältnisse 1	2	3	4	5
S	I (45—40)	a	60—51	50—43	42—35	34—28	27—20
		b	52—44	43—36	35—29	28—23	22—16
		c	45—38	37—30	29—24	23—19	18—13
	II (30—25)	a	50—43	42—36	35—29	28—23	22—16
		b	43—37	36—30	29—24	23—19	18—13
		c	37—32	31—26	25—21	20—16	15—10
	III (20—15)	a	41—34	33—28	27—23	22—18	17—12
		b	36—30	29—24	23—19	18—15	14—10
		c	31—26	25—21	20—16	15—12	11— 7
lS	I (60—55)	a	73—64	63—54	53—45	44—37	36—28
		b	65—56	55—47	46—39	38—31	30—23
		c	57—49	48—41	40—34	33—27	26—19
	II (45—40)	a	62—54	53—45	44—37	36—30	29—22
		b	55—47	46—39	38—32	31—26	25—19
		c	48—41	40—34	33—28	27—23	22—16
	III (30—25)	a	52—45	44—37	36—30	29—24	23—17
		b	46—39	38—32	31—26	25—21	20—14
		c	40—34	33—28	27—23	22—18	17—11
L	I (75—70)	a	88—77	76—66	65—55	54—44	43—33
		b	80—70	69—59	58—49	48—40	39—30
		c	70—61	60—52	51—43	42—35	34—26
	II (60—55)	a	75—65	64—55	54—46	45—38	37—28
		b	68—59	58—50	49—41	40—33	32—24
		c	60—52	51—44	43—36	35—29	28—20
	III (45—40)	a	64—55	54—46	45—38	37—30	29—22
		b	58—50	49—42	41—34	33—27	26—18
		c	51—44	43—37	36—30	29—23	22—14
T	I (70—65)	a	88—77	76—66	65—55	54—44	43—33
		b	80—70	69—59	58—48	47—39	38—28
		c	70—61	60—52	51—43	42—34	33—23
	II (55—50)	a	74—64	63—54	53—45	44—36	35—26
		b	66—57	56—48	47—39	38—30	29—21
		c	57—49	48—41	40—33	32—25	24—17
	III (40—35)	a	61—52	51—43	42—35	34—28	27—20
		b	54—46	45—38	37—31	30—24	23—16
		c	46—39	38—32	31—25	24—19	18—12
Mo	I (45—40)	a	60—51	50—42	41—34	33—27	26—19
		b	57—49	48—40	39—32	31—25	24—17
		c	54—46	45—38	37—30	29—23	22—15
	II (30—25)	a	53—45	44—37	36—30	29—23	22—16
		b	50—43	42—35	34—28	27—21	20—14
		c	47—40	39—33	32—26	25—19	18—12
	III (20—15)	a	45—38	37—31	30—25	24—19	18—13
		b	41—35	34—28	27—22	21—16	15—10
		c	37—31	30—25	24—19	18—13	12— 7

Klima: a — 8,0° C Jahreswärme und darüber; b — 7,9—7,0° C Jahreswärme; c — 6,9—5,7° C Jahreswärme

Abb. 8.2 Ackerschätzrahmen und Grünlandschätzrahmen. (Deutsche Bodenkundliche Ges. (Hrsg.) 2015))

Den Bewertungen wurden die sogenannten Normalverhältnisse zugrunde gelegt. Das sind 8 °C Jahresdurchschnittstemperatur, 600 mm Jahresniederschlag, ebenes bis schwach geneigtes Gelände, optimaler Grundwasserstand (ca. 1 m) und gute betriebswirtschaftliche Verhältnisse mittelbäuerlicher Betriebe. Bei Abweichungen konnten Zu- oder Abschläge von den Bodenzahlen vorgenommen werden. Daraus ergab sich die flächenbezogene **Ackerzahl.**

In den Grünlandschätzrahmen flossen fünf Bodenarten, drei Bodenentwicklungsbereiche und drei Klimastufen ein. Berücksichtigt wurden weiterhin fünf Wasserstufen, die von 1 (frische Lagen mit bestem Süßgräserbestand) über 3 (feuchte Bereiche mit noch geringem Anteil an Sauergräsern oder trockene Standorte mit verhältnismäßig gutem Hartgräserbesatz) bis 5 (nasse und sumpfige oder sehr trockene Flächen mit hohem Hartgräseranteil) reichen. Aus dem Grünlandschätzrahmen wurde die **Grünlandgrundzahl** ermittelt. Abschläge können für Neigung, Flächenverlust durch Gräben und Wege u. a. gegeben werden. Daraus leitet sich die **Grünlandzahl** ab, die ohne ertragsmindernde Faktoren der Grünlandgrundzahl entspricht.

Durch die Plaggendüngung entstanden tiefgründig humose, gut durchlüftete Böden mit hohen Nährstoffgehalten und beachtlichem Wasserspeichervermögen (siehe auch Abschn. 5.1). Die Filterleistung für Wasser sowie die Fähigkeit zur Festlegung und Umwandlung von Schadstoffen sind deutlich gesteigert. Die Böden sind im gesamten Bereich der Eschauflage leicht durchwurzelbar und zeichnen sich durch eine hohe biologische Aktivität aus. Vergleichende Auswertungen von sandigen Podsolen und benachbarten Plaggeneschen in Ostwestfalen zwischen Bielefeld und Halle zeigen, dass sich bei den aufgeplaggten Böden eine Vielzahl wesentlicher Bodeneigenschaften deutlich verbessert haben oder in einigen Fällen zumindest gleich geblieben sind. Verschlechterungen wurden nicht festgestellt.

Die Ergebnisse der Bodenschätzung waren auch Grundlage für Bodenkarten, die heutigen aktuellen Planungs- und Entscheidungsprozessen zugrunde liegen. Ihnen lassen sich unterschiedliche Ausprägungen der Plaggenesche entnehmen (Abb. 8.3).

Auch in früheren Zeiten wurde bei Abgaben an die Obrigkeit die Ertragsfähigkeit der Böden berücksichtigt und sogar kartenmäßig dargestellt. Die Bewertungskategorien waren allerdings nur sehr grob und zudem nicht einheitlich. In einer Karte der Umgebung des Holter Berges bei Bissendorf im Osnabrücker Land von 1764 (Abb. 8.4, vergleiche mit Abb. 8.3) beschränkten sie sich zum Beispiel auf „gut", „mittelmäßig" und „schlecht" sowie auf die Nutzungen. Aber auch hier wurden Plaggenesche („gute Böden"), „Plaggenmatt" und die „offene Marck" auskartiert.

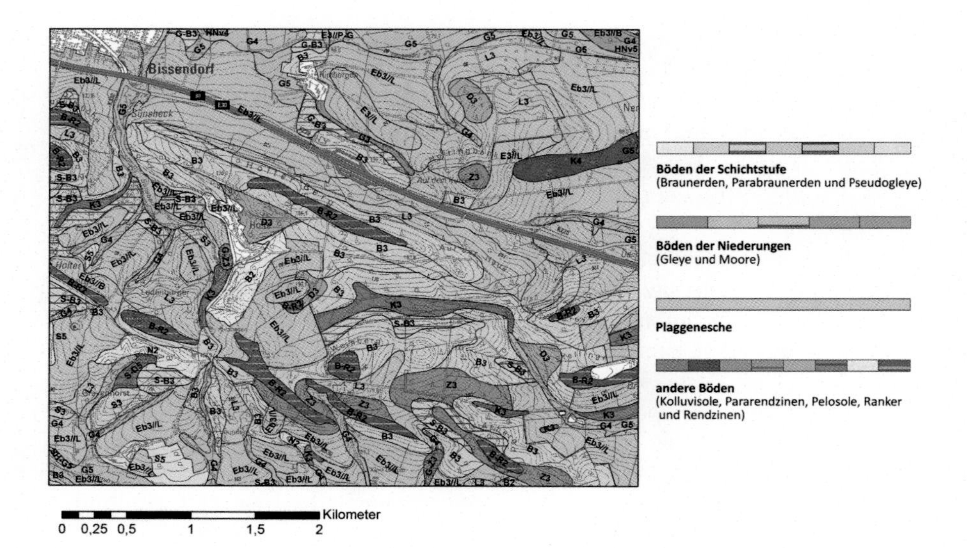

Abb. 8.3 Heutige Bodenkarte 1:25.000 mit unterschiedlichen Ausprägungen von Plaggeneschen im Raum Holter Berg bei Bissendorf (Landkreis Osnabrück). (Bodenkarte TK25 (verändert))

Abb. 8.4 Bodenkarte Holter Berg bei Bissendorf (Landkreis Osnabrück) von 1764 (freundlichst zur Verfügung gestellt von Herrn Bodo Zehm). (Zehm, B.)

Heute ist die Nutzung der Plaggenesche als Ackerland typisch. Nach wie vor sind sie deutlich fruchtbarer als die umgebenden, nicht geplaggten Böden. Angebaut werden vor allem Getreide, Hackfrüchte, Mais und Futterpflanzen. In Siedlungsnähe sind auch Sonderkulturen (Obst, Gemüse, Baumschulen) verbreitet.

8.2 Klimawandel

Der Klimawandel ist sicherlich weltweit eine der größten Herausforderungen unserer Zeit. Auf der Pariser Klimakonferenz 2015 wurde beschlossen, den globalen Temperaturanstieg bis 2050 auf möglichst 1,5 °C zu begrenzen. Die derzeitige Klimaentwicklung zeigt jedoch, dass dieses Ziel nicht zu halten ist. Vielmehr ist nach heutigem Stand ein Temperaturanstieg um etwa 3 °C bis zum Jahr 2100 wahrscheinlich (Abb. 8.5).

Im Folgenden sollen einige damit verbundene Auswirkungen auf Böden und insbesondere auf Plaggenesche näher beleuchtet werden.

Kohlenstoffspeicherung

Im Dezember 2019 beschlossen die Mitgliedsstaaten der Europäischen Union, bis 2050 Klimaneutralität zu erreichen. Sie vereinbarten hierzu, die Emission treibhausrelevanter Gase bis 2030 um mindestens 55 % gegenüber dem Stand von 1990 zu senken. Besonderes die Reduzierung der Kohlendioxidfreisetzungen (CO_2) und die Festlegung von Kohlenstoff (C) werden bei diesen Bemühungen im Vordergrund stehen.

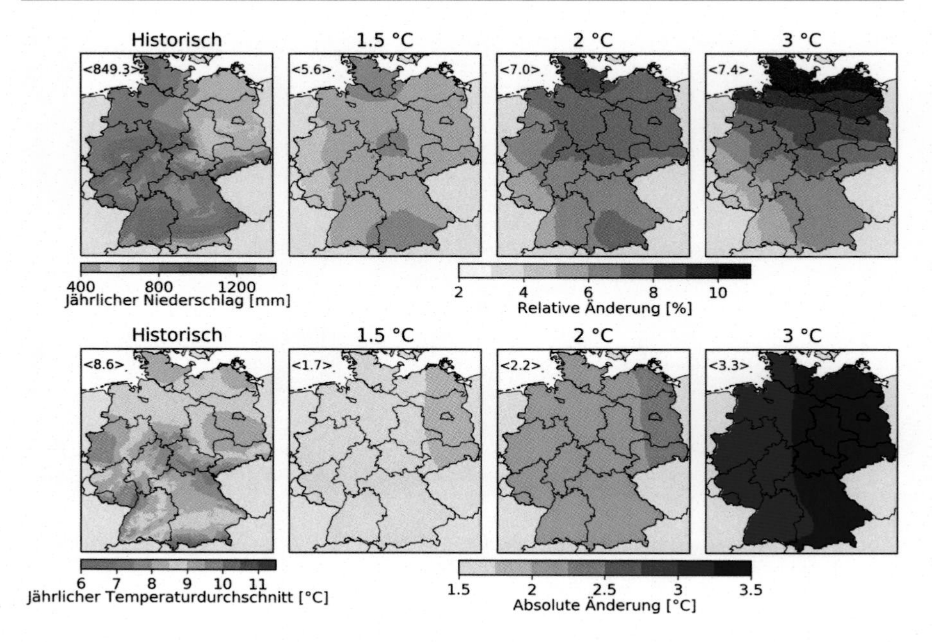

Abb. 8.5 Prognostizierte mittlere Temperatur- und Niederschlagsveränderungen für Deutschland bis 2100 bei einem Temperaturanstieg von 1,5, 2,0 und 3,0 °C. (Thober, A.; Marx, A.; Boening F. 2018)

Böden spielen durch ihr Kohlenstoffspeichervermögen eine Schlüsselrolle bei der Erreichung dieser ambitionierten Ziele. Der Kohlenstoff wird vor allem in Form von Humus festgelegt. Das Verhältnis von Kohlenstoff zu Humus beträgt allgemein 1 zu 1,72 Mengenanteilen, kann bei hohen Gehalten an wenig zersetzter organischer Substanz („Torfböden") aber bis 1 zu 2 erreichen.

Die Böden der Erde speichern ungefähr fünfmal so viel Kohlenstoff wie die oberirdische Biomasse und fast das Dreifache der Atmosphäre. Sie sind damit nach den Ozeanen weltweit die größten Treibhausgasspeicher (Abb. 8.6).

Zugleich sind Böden auch eine der wichtigsten natürlichen Quellen für die Freisetzung von Kohlenstoff in die Atmosphäre. Aktuelle Messungen und Prognosen besagen, dass es bei steigenden Bodentemperaturen zu höheren mikrobiellen Umsätzen im Erdreich kommt. Dadurch wird verstärkt Humus abgebaut und mehr Kohlenstoff in Form von Kohlendioxid in die Atmosphäre abgegeben. Im Vergleich von Festlegung und Freisetzung überwiegt das Kohlenstoff-Speichervermögen der Böden aber weitaus.

Vor allem humusreichere Böden gewinnen im Zuge des Treibhauseffektes durch ihre hohen Kohlenstoffgehalte an Bedeutung. Neben den Mooren, deren Gehalte an organischer Substanz zwischen 40 und 95 % liegen, trifft dies in der Nordwestdeutschen Tiefebene auch für die Plaggenesche mit ihren durchschnittlichen Humusgehalten von 2 bis 4 % zu. Während der Kohlenstoffgehalt eines typischen sandigen und nährstoffarmen Podsols (siehe Abschn. 2.3) etwa

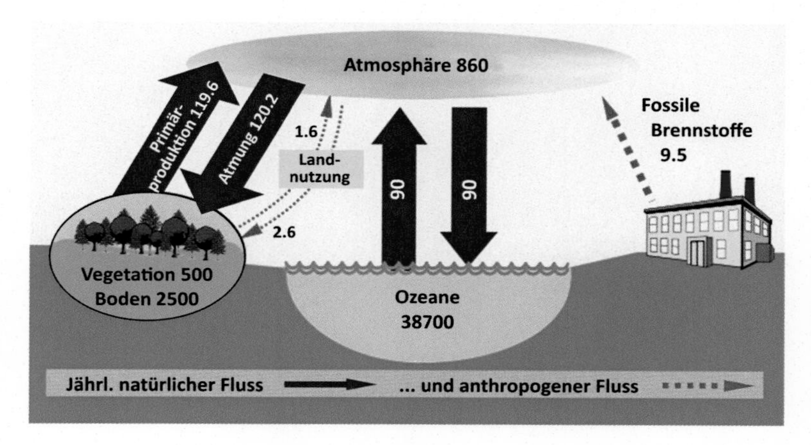

Abb. 8.6 Globaler Kohlenstoffkreislauf (Gigatonnen) und jährliche Kohlenstoffflüsse (Gigatonnen/a) im Mittel der Jahre 2009 bis 2018. (www.seos-projakt.eu (ergänzt))

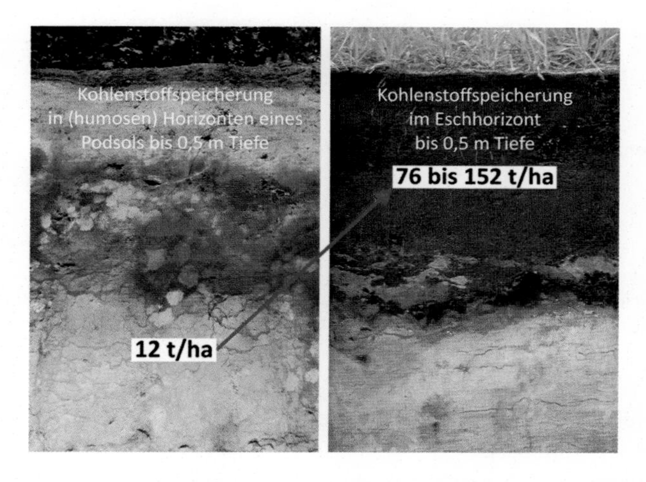

Abb. 8.7 Kohlenstoffspeicherung eines Podsols (links) und eines benachbarten grauen Plaggeneschs (rechts). (Mueller, K.)

12 t Kohlenstoff pro ha beträgt, speichert ein benachbarter Plaggenesch bei 2 % Humus bis in 0,5 m Bodentiefe etwa 76 t Kohlenstoff pro ha und bei 4 % Humus sogar 152 t (Abb. 8.7). Bei sehr tiefgründigen Plaggeneschen können die Mengen gespeicherten Kohlenstoffs durchaus mehr als 300 t pro ha betragen.

Das mag zunächst einmal überraschen, denn die Humusgehalte der Plaggenesche in der Nordwestdeutschen Tiefebene sind nicht wesentlich höher als die anderer fruchtbarer Böden (Abb. 8.8). Jedoch beschränken sie sich nicht, wie bei anderen Ackerstandorten, auf die oberen 30–35 cm Bodentiefe, sondern sind im ge-

Abb. 8.8 Gehalte der Oberböden an organischer Substanz in der Nordwestdeutschen Tiefebene (Masse %). (Bundesanstalt f. Geowissenschaften und Rohstoffe BGR 2016)

samten Bereich der Eschüberdeckung zu finden, die bis zu 150 cm betragen kann (vergleiche Abschn. 5.1).

Im Interesse des Klimaschutzes wird es bei den Plaggeneschen, wie auch bei anderen agrarisch genutzten Böden, darauf ankommen, zukünftig die Humusgehalte nicht nur zu erhalten, sondern auch zu steigern. Erreicht werden kann dies vor allem durch eine Reduzierung der Bodenbearbeitung, organische Düngung in jeglicher Form, ausgeweitetem Zwischenfruchtanbau und eine vielfältige, humusmehrende Fruchtfolge. Das würde einen wesentlichen Beitrag zur Minderung des Treibhauseffektes leisten.

So beträgt beispielsweise die gesamte Ackerfläche von Nordrhein-Westfalen 1.049.600 ha (Stand 2017). Der mittlere Humusgehalt liegt bei knapp 2,6 % in der Ackerkrume. Bei einer Steigerung des Humusgehaltes um nur 0,1 % würde dies einer Zunahme des Kohlenstoffgehaltes im Oberboden (bis 0,3 m Bodentiefe) um etwa 2.400.000 t bewirken. Eine wahrlich beachtliche Festlegungsrate!

Dürreschäden, Hochwasserschutz, Kühlleistung

Durch den Klimawandel wird sich in Zukunft unter anderem die Niederschlagsverteilung in Deutschland spürbar verändern. Bei insgesamt nur wenig erhöhten jährlichen Regenmengen werden die Winter regenreicher, die Sommer aber trockener ausfallen. Zugleich wird durch den Temperaturanstieg um 3 °C der Energieumsatz in der Atmosphäre global um 21–24 % ansteigen. Das führt trotz verringerter Niederschläge in der Vegetationsperiode zu vermehrten Extremwetterereignissen wie Starkregenfällen und Dürrezeiten.

Böden nehmen bei der Regulation des Wasserhaushaltes eine zentrale Stellung ein. Sie können Regenwasser rasch aufnehmen, große Mengen davon speichern, die Grundwasserneubildung sicherstellen und die Pflanzen auch in Trockenperioden mit Feuchtigkeit versorgen.

Böden bestehen nicht nur aus Feststoffen, sondern zu 45–50 % aus Hohlräumen. Dieses sogenannte Porenvolumen ist bei wechselnden Mengenanteilen mit Luft oder Wasser gefüllt. Weitgehend unabhängig vom Sand-, Lehm- oder Tongehalt kann das Porenvolumen eines Bodens bei voller Sättigung etwa 450 l Wasser pro m^3 Boden aufnehmen. Der Anteil dessen, was Pflanzen davon maximal nutzen können (das sogenannte pflanzenverfügbare Wasser), ist allerdings höchst unterschiedlich. Bei Sand- oder Tonböden beträgt dieser Wasseranteil nur ca. 70 l/m^2 Bodenoberfläche, aus Lehmböden können dagegen bis zu 200 l/m^2 aufgenommen werden, und für Lössböden (zum Beispiel bei den sehr fruchtbaren Schwarzerden) kann der Anteil des pflanzenverfügbaren Wassers bis zu 300 l/m^2 betragen. Kommt es zu längeren Trockenperioden, wie sie 2018 und 2022 eintraten (Abb. 8.9) und wie sie zukünftig vermehrt zu erwarten sind, steuert diese Speicherkapazität noch entscheidender Anbaustruktur und Erträge landwirtschaftlicher Pflanzenbestände als bisher.

Das unterstreicht die Bedeutung von Plaggeneschen, die aufgrund ihrer hohen Humusgehalte bis in größere Bodentiefen eine maximale Speicherkapazität an pflanzenverfügbarem Wasser von durchaus über 220 l pro m^2 Bodenoberfläche erreichen können. Abb. 8.10 lässt dies anhand eines Vergleichs der Vorräte pflanzenverfügbaren Wassers eines sandreichen Podsols mit einem benachbarten grauen Plaggenesch deutlich erkennen.

Auf Podsolen werden die Pflanzen bei Trockenheit nur wenige Tage mit Wasser versorgt, auf Plaggeneschen ist mit Trocknungserscheinungen dagegen erst nach etwa zwei Wochen zu rechnen. Selbst bei längerer Trockenheit reichen deren Wasservorräte damit oftmals aus, Ertragsausfälle zu vermeiden oder in Grenzen zu halten.

Außerdem speichern Plaggenesche bei Starkniederschlägen in der Regel wesentlich mehr Wasser als umgebende Böden. Zugleich geben sie es langsamer an die Vorflut und das Grundwasser ab. Abflussspitzen werden dadurch geglättet und verringert. Plaggenesche können damit auch einen durchaus bedeutsamen Beitrag zur Vermeidung von Hochwasserereignissen leisten. Weiterhin wirkt die Eschauflage als Filter und Puffer für eingetragene Schadstoffe. Sie bildet damit einen Schutzbereich über dem Grundwasser, was insbesondere für Wasserschutzgebiete von hoher Bedeutung ist.

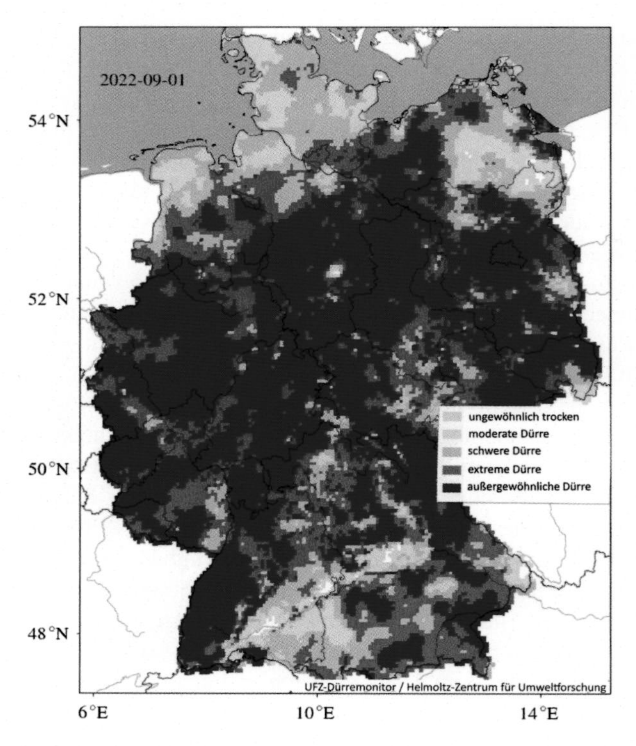

Abb. 8.9 Gesamtwassergehalte der Böden in Deutschland bis 1,8 m Bodentiefe (Stand: 01.09.2022). (Helmholtz-Zentrum für Umweltforschung (UFZ) 2022)

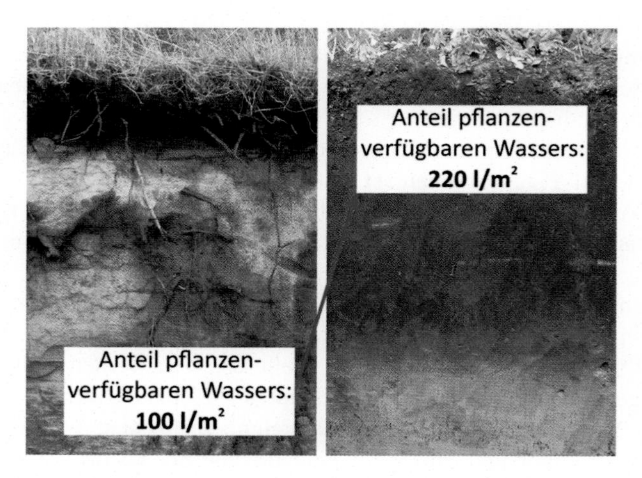

Abb. 8.10 Haltevermögen an pflanzenverfügbarem Wasser eines Podsols (links) und eines benachbarten grauen Plaggeneschs (rechts). (Mueller, K.)

Eine weitere Leistung mit steigender Bedeutung im Zuge des Klimawandels ist die Kühlleistung von Böden. Sie beruht darauf, dass bei der Verdunstung von einem Liter Wasser der unmittelbaren Umgebung eine Energiemenge von 230 kJ (550 kcal) entzogen wird (Abb. 8.11).

Bei Trockenheit wird die verdunstende Feuchtigkeit vorrangig dem pflanzenverfügbaren Wasservorrat entnommen. Je höher dessen Anteil am Gesamtwassergehalt im Boden ist, umso effektiver ist die Kühlleistung pro Zeiteinheit. Dies trifft insbesondere für Plaggenesche zu, die heute oftmals in Randlagen oder auch inmitten der Bebauung von Siedlungen zu finden sind. Ein anschauliches Beispiel dafür ist die Stadt Osnabrück (Abb. 8.12).

Das Gebiet Osnabrücks umfasst 11.980 ha. Auf Plaggenesche (einschließlich der Böden mit geringmächtiger Plaggenauflage) entfällt dabei mit 2201 ha ein beachtlicher Anteil von 18,3 % (Stand: 2013). Die Plaggenesche konzentrieren sich besonders im Randbereich der Stadt, reichen teilweise aber auch fingerartig bis nahe an das Stadtzentrum heran. Ein ähnliches Bild ergibt sich auch für den westlichen, relativ ländlich geprägten Teil der Stadt Münster. Hier beträgt der Anteil der Plaggenesche an der Gesamtfläche 17,9 % (Stand: 2007). Plaggenesche können daher aufgrund ihres hohen Anteils an pflanzenverfügbarem Wasser spürbar

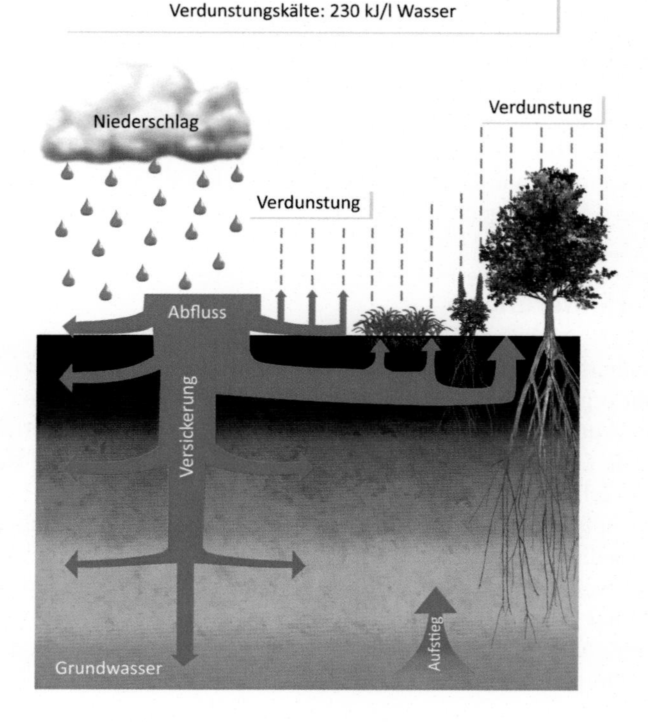

Abb. 8.11 Schema der Kühlleistung von Böden. (Mueller, K.)

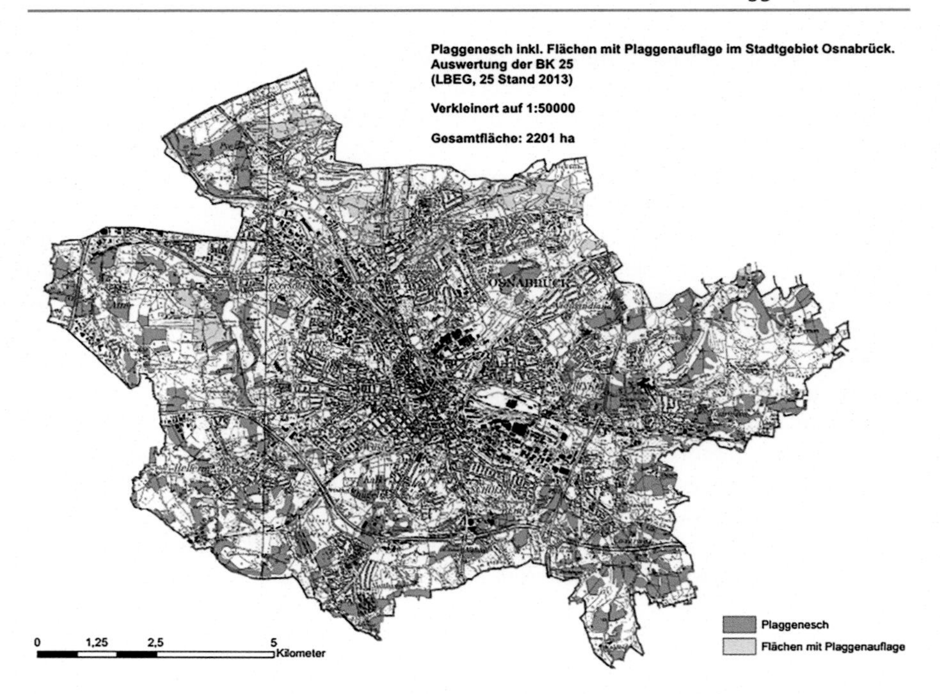

Abb. 8.12 Verbreitung der Plaggenesche (einschließlich der Böden mit Plaggenauflage) im Osnabrücker Stadtgebiet (Stand: 2013). (Stadt Osnabrück, FB Grün und Umwelt)

zur Vermeidung von Hitzestaus beitragen. Bei geschlossener Bebauung in größeren Städten kann die auf diese Weise gewonnene Kühlleistung der Gesamtheit der Böden bis zu 5 °C betragen.

8.3 Veränderungen

Die Plaggenwirtschaft wird seit etwa 100 Jahren nicht mehr praktiziert. Die jährliche Zufuhr organischer Düngemittel auf die Eschflächen hat seither deutlich abgenommen. Auch die Aufwendungen mineralischer Hauptnährstoffe haben sich verändert. Die Gaben von Phosphor nahmen ab, die von Stickstoff, Kali und Kalk sind dagegen erheblich gestiegen.

Auf den aufgeplaggten Böden laufen seit dem Ende der Plaggenwirtschaft die standortbedingten und durch den Klimawandel beschleunigten Ab- und Umbauprozesse weiter. Bei steigenden Temperaturen und ausreichender Wasserversorgung zählen dazu insbesondere der Humusabbau und die Auswaschung von Inhaltsstoffen. Auch die Nutzung der Plaggenesche nimmt Einfluss auf deren weitere Entwicklung.

Ganz überwiegend werden Plaggenesche bis heute weiter ackerbaulich bewirtschaftet (Abb. 8.13). Vor allem bei unzureichender Humuszufuhr und wendender Bodenbearbeitung (Pflügen) kommt es durch die dann häufige Belüftung zu einem voranschreitenden Humusabbau. Unter diesen Bedingungen nähern sich die Humusgehalte im Oberboden der Plaggenesche einer Größenordnung von 1 bis 2 % an. Das entspricht den durchschnittlichen standorttypischen Werten sandiger landwirtschaftlich genutzter Böden in Nordwestdeutschland.

Unterstützt wird diese Entwicklung durch einen Anstieg der pH-Werte, die im 19. Jahrhundert noch bei pH 4–5 lagen, heute infolge Aufkalkung aber etwa pH 6 betragen. Das verbessert die Lebensbedingungen vieler Mikroorganismen. Die Folgen sind höhere Mineralisationsraten, verstärkter Humusabbau und eine steigende Nährstoffauswaschung. Wird keine nachhaltige Humuswirtschaft betrieben, kann sich dieser Humusrückgang innerhalb weniger Jahre bis Jahrzehnte vollziehen. Auch der Humusgehalt im Unterboden folgt diesem Trend, allerdings in einem deutlich längeren Zeitraum von hundert Jahren und mehr.

Werden Plaggenesche hingegen, was selten geschieht, in Grünland umgewandelt (Abb. 8.14), verändern sich die Humusgehalte kaum oder steigen an. Dieser mögliche Anstieg geschieht relativ langsam und kann sich über etliche Jahrzehnte hinziehen. Im Ergebnis können die Werte im Oberboden dann 4–5 % betragen und erreichen damit standorttypische Gehalte leichter, sandiger nordwestdeutscher Grünlandböden.

Noch seltener werden Plaggenesche auch aufgeforstet. Dann nimmt der Humusgehalt im Oberboden zu, liegt allerdings nicht wesentlich höher als bei Grünlandnutzung. Bemerkenswert ist, dass es im Laufe vieler Jahrzehnte auch zu einer Humusanreicherung im Unterboden der nun forstlich genutzten Böden kommen kann (Abb. 8.15).

Abb. 8.13 Plaggeneschfläche unter Ackernutzung bei Plaggenschale (Landkreis Osnabrück). (Mueller, K.)

Abb. 8.14 Plaggeneschfläche unter Wiesennutzung bei Wallenhorst-Rulle (Landkreis Osnabrück). (Mueller, K.)

Abb. 8.15 Plaggeneschfläche unter Laubwaldnutzung bei Bramsche-Engter (Landkreis Osnabrück). (Mueller, K.)

Zurückzuführen ist das vor allem auf den Zuwachs an Feinwurzeln (Durchmesser unter 2 mm), der etwa der jährlichen oberirdischen Holzzunahme entspricht. Ein großer Teil der Feinwurzeln vergeht relativ rasch wieder und steigert dann den Humusgehalt im Boden. Hinzu kommt, dass in Forsten trotz (meist unzureichender) Kalkung die pH-Werte oft drastisch abfallen und durchaus Bereiche von pH 4 bis unter pH 3 erreichen können. Unter diesen Umständen

Abb. 8.16 Plaggenesch unter Waldnutzung mit beginnender schwacher Podsolierung bei Bramsche-Engter (Landkreis Osnabrück). (Mueller, K.)

setzt in sandigen Plaggeneschen unter Waldnutzung eine Podsolierung (siehe Abschn. 2.3) ein, die allerdings nur langsam voranschreitet (Abb. 8.16).

Generell werden sich Plaggenesche unter heutiger Acker-, Wiesen- oder Forstnutzung aufgrund der nicht mehr stattfindenden Plaggendüngung und teils höherer pH-Werte allmählich in Braunerden oder Podsole umwandeln. Diese Entwicklung kann auf landwirtschaftlich genutzten Standorten bei ausreichender Humuszufuhr durchaus mehrere Jahrhunderte in Anspruch nehmen, sich in Forsten dagegen in kürzeren Zeiträumen vollziehen.

8.4 Flächenverbrauch

Ein weiteres Problem stellt der sogenannte Flächenverbrauch dar. Dieser Begriff ist jedoch missverständlich, denn im engeren Sinne kann Fläche nicht verbraucht, wohl aber die Nutzung geändert werden. Einerseits sind damit Verluste an agrarischen Flächen und an natürlichen Lebensräumen verbunden, andererseits werden Siedlungs- und Verkehrsflächen gewonnen. Um die Jahrtausendwende betrug diese Umnutzung in Deutschland noch knapp 130 ha pro Tag, von denen zuvor etwa 66 % landwirtschaftlich bearbeitet wurden.

Betrug der Anteil an Siedlungs- und Verkehrsflächen im Jahre 2000 noch 10,3 %, stieg er Ende 2019 bereits auf 14,4 % an. Es war ein erklärtes Ziel der Umweltpolitik in Deutschland, diese Inanspruchnahme deutlich zu senken. Immerhin konnte der Flächenverbrauch bis 2019 auf 52 ha pro Tag reduziert werden (Abb. 8.17).

Angestrebt wird bis zum Jahre 2050 ein sogenannter „Netto-Null-Verbrauch“. Das heißt nicht, dass keine Umwidmungen mehr stattfinden, vielmehr sollen die

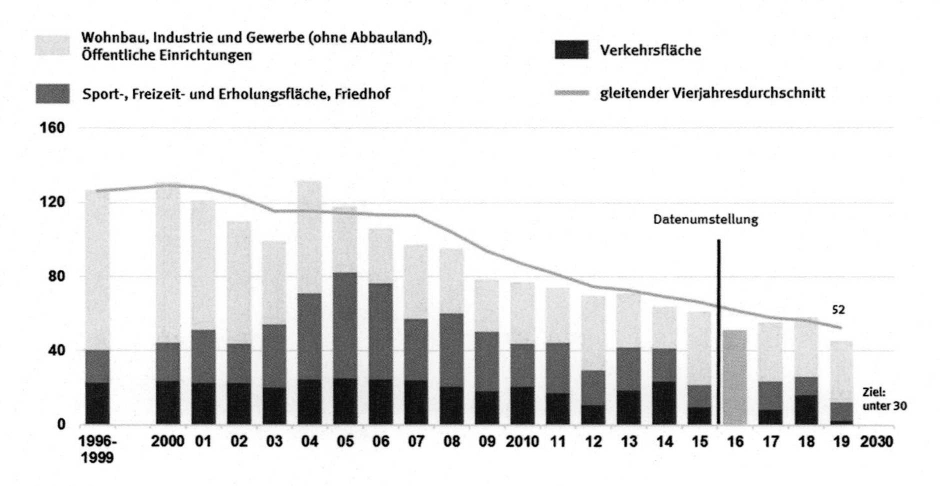

Abb. 8.17 Veränderung der Siedlungs- und Verkehrsflächen in Deutschland (ha/Tag) 2000–2030. (Statistisches Bundesamt Deutschland 2022 (verändert))

Verluste durch Schaffung gleichwertiger Neuflächen kompensiert werden. Das allerdings ist kaum zu leisten. Unsere heutigen Böden in Mitteleuropa haben sich nach dem Ende der letzten Eiszeit über zehntausend Jahre hin entwickelt. Sind sie ungestört, stehen sie in einem weitgehenden Gleichgewicht mit den in enormer Vielfalt auf sie einwirkenden Entwicklungs- und Einflussfaktoren. Zugleich sind sie Lebensraum einer jeweils standorttypischen Pflanzen- und Tierwelt. Diese einzigartigen Gemeinschaften können nicht so ohne Weiteres transferiert oder neu geschaffen werden.

In ganz besonderer Weise trifft dies für die Plaggenesche zu. Sie wurden in der Vergangenheit vor allem am Rande der Siedlungen angelegt und ziehen sich heute teilweise bis weit in die Bebauung hinein. Durch die Ausweisung neuer Baugebiete, die Erschließung von Industrie- und Gewerbeflächen und durch den Straßenbau werden Plaggenesche dadurch heute in weit höherem Maße als andere Böden überbaut, abgebaggert und zerstört (Abb. 8.18, 8.19 und 8.20). Untersuchungsergebnisse aus dem Jahre 2023 zum Flächenverbrauch auf Logistikstandorten in Stadt und Landkreis Osnabrück sowie im Kreis Steinfurt zeigen, dass hier vor allem Plaggenesche überbaut wurden (Abb. 8.21).

Oft genug wird bei Baumaßnahmen wertvolles Bodenmaterial auch abtransportiert, verkauft und anderswo eingebaut. Stattdessen werden die Entnahmebereiche mit minderwertigen Substraten aufgefüllt. Für die Bauausführenden sind damit durch den Verkauf des lukrativen Plaggeneschbodens durchaus auch wirtschaftliche Vorteile verbunden.

Abb. 8.18 Abgrabung und Umlagerung von Böden durch den Autobahnbau. (Blume, H.-P.)

Abb. 8.19 Verluste von Plaggeneschböden durch den Wohnungsbau. (Mueller, K.)

Ein nicht ganz unwesentlicher Verlustfaktor für Plaggenesche kann auch auf „Bodenexporte“ entfallen. Baumschulen befinden sich oft in Randlagen von Siedlungen und stehen in Nordwestdeutschland dadurch nicht selten auf Plaggeneschstandorten. Gehölze werden hier häufig als Wurzelballenmaterial mit anhaftendem Erdreich verkauft (Abb. 8.22).

Abb. 8.20 Verluste von Plaggeneschböden durch den Bau von Gewerbeflächen. (Mueller, K.)

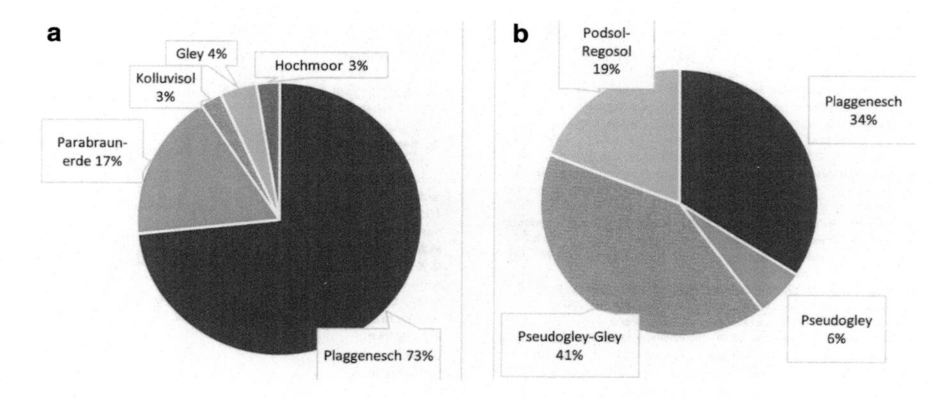

Abb. 8.21 Flächenverbrauch durch Logistikstandorte in Stadt und Landkreis Osnabrück (**a**) sowie im Kreis Steinfurt (**b**). (Schurat, V.; Brauckmann, H.-J.; Raabe, M.; Loeffke, P.; Keweloh, K.; Broll, G. 2023)

Schätzungen gehen davon aus, dass in Baumschulen, die auf die Produktion von Hochstämmen spezialisiert sind, auf diese Weise bis zu 70 m^3 Boden pro Hektar und Jahr abtransportiert werden. Durch diese Verluste können Plaggenesche degradieren, gestört und umgelagert werden oder auch ganz verschwinden.

Abb. 8.22 Pflanzen mit Wurzelballen in einer Baumschule. (Mueller, K.)

8.5 Bodenschutzgesetz

Der Bodenschutz ist in Deutschland im Rahmen des Bundesbodenschutzgesetzes (BBodSchG) geregelt, das 1998 in Kraft trat. Im § 1 heißt es: „Zweck des Gesetzes ist es, nachhaltig die Funktionen des Bodens zu sichern oder wiederherzustellen. Hierzu sind schädliche Bodenveränderungen abzuwehren … und Vorsorge gegen nachteilige Einwirkungen auf den Boden zu treffen." Diesem Anspruch wird das Gesetz jedoch kaum gerecht. Im Schwerpunkt regelt dieses Gesetz den Umgang mit Altlasten, gewährleistet aber keinen ausreichenden Schutz von Böden. Es bleibt zu hoffen, dass die 2023 in Kraft getretene Novellierung des Bundesbodenschutzgesetzes hier zu spürbaren Verbesserungen führt.

Bisher gilt bei Bebauungsmaßnahmen eine Vielzahl regelnder, ordnender und auch einschränkender Bestimmungen. Sie sollen sicherstellen, dass die zum Teil gegenläufigen privaten und gesellschaftlichen Interessen adäquat berücksichtigt werden. Ein Bewertungskriterium bei entsprechenden Abwägungsprozessen ist dabei zum Beispiel die Schutzwürdigkeit von Böden.

In Niedersachsen und Nordrhein-Westfalen gelten Plaggenesche aufgrund ihrer kulturgeschichtlichen Bedeutung zwar als „besonders schützenswert", bei Planungs- und Zulassungsverfahren findet dies aber regelmäßig, wie bei anderen Böden auch, eine völlig unzureichende Berücksichtigung (Abb. 8.23).

Zum einen liegt das daran, dass wirtschaftliche, bauliche, gesellschaftliche oder auch private Interessen regelmäßig höher bewertet werden. Zum anderen lässt bei manchen Entscheidungsträgern auch der bodenkundliche Sachverstand durchaus zu wünschen übrig. So ist es zu erklären, dass Plaggenesche, obwohl sie eine weltweit einzigartige Form der Landnutzung dokumentieren, im Vergleich zu anderen Böden immer noch in überproportionalem Maße in Anspruch genommen und überbaut werden. In der Vergangenheit gab es hin und wieder den Vorschlag,

Abb. 8.23 Anzeige Eschbebauung. (Bürgerecho Wallenhorst 2015)

besonders typischen Plaggeneschen den Schutzstatus von Kulturdenkmalen zu verleihen und sie damit langfristig zu erhalten. Bisher konnten sich diese Überlegungen aber nicht durchsetzen.

Zusammenfassend bleibt festzustellen, dass Böden leider bis heute Stiefkinder des gesetzlich geregelten Bodenschutzes sind. Anders als andere Umweltkompartimente, wie Wasser oder Luft, erfahren Böden bei Weitem nicht die Wertung und den Schutz, den sie eigentlich als unverzichtbare Grundlagen des Lebens auf der Erde erfahren sollten (siehe auch Kap. 11).

8.6 Schutz archäologischer Befunde

Die Archäologie befasst sich mit der Erfassung, Erforschung und dem Erhalt von materiellen Zeugnissen der Menschen aus vergangenen Zeiten, oft mit regionalem Bezug. In der Regel beginnen archäologische Untersuchungen durch gezieltes Absuchen oder zufällige Funde an der Bodenoberfläche, die dann zu teils umfangreichen Ausgrabungen führen. Die Feldbegehungen erfolgen im besten Falle durch ausgebildete Archäologen oder Sondengänger (Abb. 8.24) mit hohem Fachverstand. Auch interessierte und oft fachlich sehr versierte Laien, die mit Genehmigung archäologischer Einrichtungen unterwegs sind, können hier wertvolle Beiträge leisten.

Große Probleme bereiten dagegen unautorisierte und unerfahrene Sammler. Besonders gefürchtet sind skrupellose Raubgräber, die Fundstellen plündern, die Funde zu Geld machen und damit der archäologischen Auswertung entziehen (Abb. 8.25).

Archäologen stehen bei Oberflächenfunden vor einem generellen Problem: dem der räumlichen Zuordnung. Vor allem auf landwirtschaftlich genutzten Flächen können Funde durch die Bodenbearbeitung aus ihrer ursprünglichen Lage

Abb. 8.24 Sondengänger präsentiert einen Fund. (Nösler, D.)

Abb. 8.25 Ankündigung einer Ausstellung zum Thema „Raubgräber – Grabräuber" vom 11.05.2013 bis 08.09.2013 im Landesmuseum Natur und Mensch in Oldenburg. (Landesmuseum Natur und Mensch Oldenburg 2013)

gerissen, weiter verschleppt oder zerstört werden. In diesen Fällen stimmen Fundort und Auffindebereich nicht überein. Gezielte Grabungen werden dadurch erheblich erschwert. Wurden Zeugnisse der Vergangenheit dagegen durch die im Laufe der Zeit zunehmende Plaggenüberdeckung geschützt, zeichnen sie sich durch eine bessere Erhaltung aus und lassen sich genauer zuordnen. Auch unautorisierte Sondengänger stellen kein Problem mehr dar, weil die Signale der Metalldetektoren die überlagernden Eschbereiche nicht zu durchdringen vermögen. Die Eschauflagen sind somit ein idealer Schutz vor unqualifiziertem Absammeln archäologisch bedeutsamer Artefakte oder vor Raubgrabungen. Plaggenesche neh-

Abb. 8.26 Ausgrabungen von Siedlungsresten unter einem Plaggenesch bei Badbergen (Landkreis Osnabrück). (Mueller, K.)

men damit hinsichtlich des Erhaltungszustandes und der Zuordnung von Funden eine Ausnahmestellung unter den Böden ein. Allerdings halten die mächtigen Auftragsschichten Zeugnisse der Vergangenheit auch vor den Archäologen verborgen (Abb. 8.26). Die bis heute bewährte archäologische Prospektionsmethode der Feldbegehung (siehe Ergänzung: Prospektionsmethoden in der Archäologie) versagt hier.

Viele der unter Plaggeneschen beschriebenen, oft hervorragend erhaltenen Befunde verdanken ihre Entdeckung daher nicht aufwendigen Suchgrabungen, sondern oft Zufallsentdeckungen, zum Beispiel infolge archäologischer Begleitmaßnahmen bei Bauarbeiten. Im Folgenden soll eine kleine Auswahl einiger dieser teils spektakulären Ausgrabungsergebnisse näher vorgestellt werden.

Prospektionsmethoden in der Archäologie
Unter Prospektion (in die Ferne schauen, Ausschau halten) wird in der Archäologie die zerstörungsfreie Erkundung und Erfassung von archäologischen Stätten verstanden.

Feldbegehung
Die Feldbegehung ist das klassische Verfahren in der Archäologie. Sie ist die älteste und simpelste Methode zur Prospektion. Dabei werden meist ohne zusätzliche Hilfsmittel Felder begangen und die Oberflächen nach archäologischen Funden oder Merkmalen abgesucht.

Fernerkundung
Die Fernerkundung beruht auf der Auswertung von Satellitenaufnahmen, Luftbildern oder Laserscans. Sie ist eines der wichtigsten Instrumente zur Identifizierung und Bewahrung archäologischer Fundplätze.

Archäologisch-topografische Kartierung
Mittels archäologisch-topografischer Kartierung wird eine detaillierte Geländekarte erstellt. Sie ermöglicht unter anderem eine Zusammenschau archäologischer Funde mit der Topografie der weiteren Umgebung.

Luftbildarchäologie
Die Luftbildarchäologie wertet Luftbildfotografien aus. Insbesondere auffällige Veränderungen von Vegetationsmerkmalen, Bodenformen und Bodenfarben können Hinweise auf archäologische Besonderheiten liefern.

Bodenwiderstandsmessung
Die Bodenwiderstandsmessung untersucht die Veränderung der elektrischen Leitfähigkeit des Erdbodens, die durch im Boden verborgene Einschlüsse hervorgerufen werden. Vor allem bauliche Strukturen lassen sich auf diesem Wege gut erkennen.

Geomagnetische Messung
Die Methode der Geomagnetik beruht auf der hochgenauen Messung des Erdmagnetfeldes. Archäologische Objekte führen oftmals zu geringen Abweichungen der Magnetfeldstärke und können dadurch identifiziert werden.

Bodenradarmessung
Die Bodenradarmessung ist ein Verfahren, bei dem kurze elektromagnetische Impulse in den Untergrund gesendet werden. Durch Reflexion oder Streuung an Schichtgrenzen werden Objekte und Bodenveränderungen sichtbar.

Feuersteinwerkzeuge und -waffen
Im Jahre 2009 wurde in Westerkappeln-Brennesch (Kreis Steinfurt) ein Siedlungsplatz von Jägern aus der Frühphase der mittleren Steinzeit entdeckt, die hier vor ca. 11.500 Jahren Werkzeuge und Jagdwaffen herstellten. Der Fundort war durch eine 60–90 cm starke Plaggeneschauflage geschützt. Im Zuge der Erschließungsmaßnahmen wurden auf einer Fläche von nur 43 m^2 ca. 4000 Feuersteinartefakte aller Bearbeitungsstadien freigelegt. Vor allem wurden Mikroabschläge zur Herstellung von Pfeilspitzen, aber auch Klingen, Kratzer, Stichel und Bohrer gefunden (Abb. 8.27).

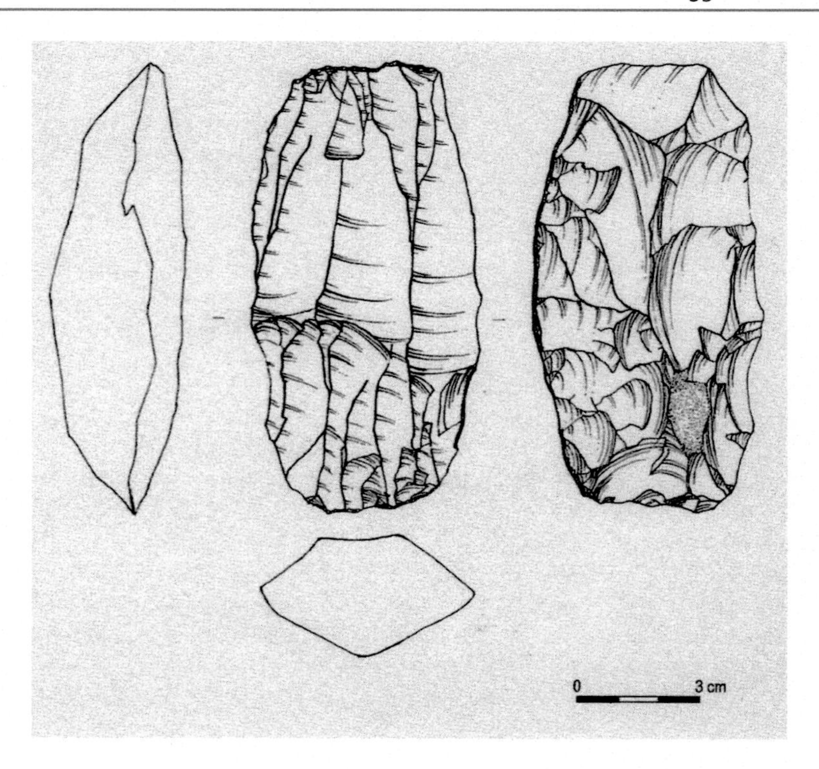

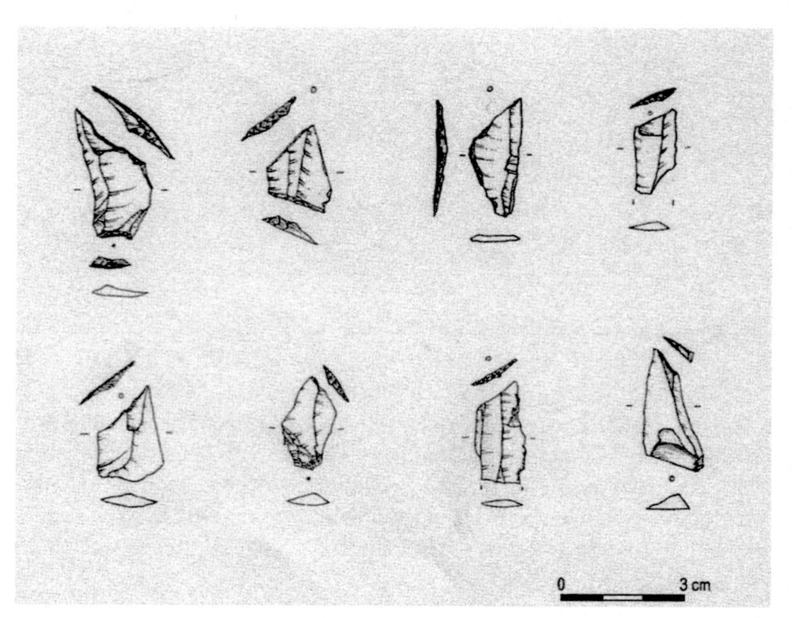

Abb. 8.27 Kernsteine zur Klingenherstellung und aus Abschlägen hergestellte Pfeilspitzen am Fundplatz Westerkappel-Brennesch (Kreis Steinfurt). (Stapel, B. 2009)

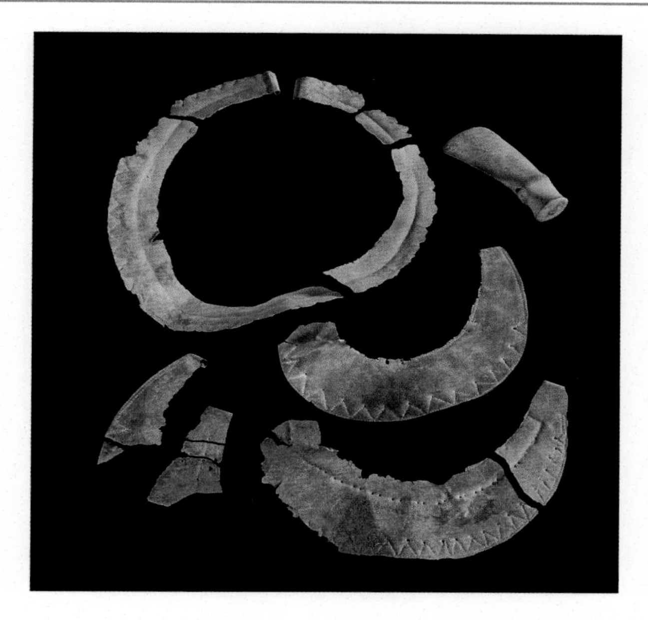

Abb. 8.28 Der Kupferschatz von Osnabrück-Lüstringen. (Haßmann, H.; Zehm B. 2016)

Kupferschatz

Beim Bau eines Regenrückhaltebeckens in Osnabrück, Ortsteil Lüstringen, wurden 2016 mehrere Kupfergegenstände unter einem Plaggenesch entdeckt. Um die Funde zu sichern und gezielt nach weiteren Fragmenten suchen zu können, wurde der Fundbereich im Block geborgen und anschließend computertomografisch untersucht. Bei den Kupferteilen handelt es sich um eine Hammeraxt und drei verzierte Schmuckbleche, darunter zwei mondsichelförmige Stücke (sogenannte Lunulae), die vermutlich als Brustschmuck getragen wurden (Abb. 8.28).

Die zeitliche Einordnung der bisher in Deutschland in nur wenigen Exemplaren gefundenen Lunulae konnte zwischen 5500 bis 5000 vor heute vorgenommen werden. Sie sind damit Zeugnis der ältesten Metallprodukte in Norddeutschland und stehen an der Schwelle zur Kupfer- und Bronzezeit in Mitteleuropa. Abschließend sei noch erwähnt, dass die Sicherstellung des Fundes durch einen geschulten ehrenamtlichen Bodendenkmalpfleger erfolgte, der die Baumaßnahmen mit seinem Metalldetektor sehr sachkundig und mit großer Aufmerksamkeit begleitete.

Urnenfriedhof

In den Jahren 2002 bis 2005 wurde in Bersenbrück (Landkreis Osnabrück) im Zuge von Baumaßnahmen ein Gräberfeld mit dicht beieinanderliegenden verschiedenen Bestattungsformen untersucht. Zutage kamen ein Brandskelettgrab mit zwei Individuen sowie neun Urnenbestattungen, von denen eine in einem älteren Grabhügel angelegt wurde. Die Urnensetzungen (Abb. 8.29) und der Grabhügel

Abb. 8.29 Urnenfund unter mächtigem Plaggenesch in Bersenbrück (Landkreis Osnabrück). (Soetebeer, F. 2018)

waren durch eine ca. 1 m mächtige Plaggeneschüberdeckung geschützt und sehr gut erhalten. Dadurch wurden sie nicht durch Schatzgräber oder archäologisch interessierte Laien gestört oder vernichtet.

Die den Bestattungen beigegebenen Keramiken lassen sich aufgrund ihrer Form der späten Bronzezeit und der frühen Eisenzeit zuordnen. 14 C-Datierungen (siehe Ergänzung Abschn. 3.1: Radiokarbonmethode) ergaben, dass das Gräberfeld von 1000 bis 200 v. Chr. über 800 Jahre hin genutzt wurde.

Mehrere der Verbrennungsplätze waren großzügig von Lang- und Quadratgräben umgeben. Diese Einhegungen sind typisch für die sogenannte Ems-Kultur, die vom nördlichen Westfalen über das südwestliche Niedersachsen bis in die nordöstlichen Niederlande verbreitet war.

Varusschlacht

Ein hervorragendes Beispiel für archäologische Ausgrabungsstätten, die durch die Plaggeneschüberdeckung geschützt wurden, ist das Varusschlachtgelände in Kalkriese im Landkreis Osnabrück. Nach mehr als 30 Jahren Forschungsarbeit ist sehr sicher, dass hier, an einer Engstelle zwischen Kalkrieser Berg und dem Venner Moor (Abb. 8.30), im Jahre 9 drei Legionen des römischen Statthalters Varus von germanischen Verbänden unter Führung von Arminius dem Cherusker vernichtend geschlagen wurden.

Zeugnisse der Schlacht – römische Münzen, menschliche und tierische Knochen, verschiedenste Metallgegenstände, Keramik, Waffen und vieles andere mehr – wurden auf der ursprünglichen Oberfläche zurückgelassen und später, soweit sie nicht durch die Germanen geplündert wurden, mit Plaggenmaterial überdeckt. Besonders bekannt wurde die Gesichtsmaske eines römischen Reiters, die heute als Markenzeichen und Symbol des Museums und Parks Kalkriese gilt (Abb. 8.31, Bild 1).

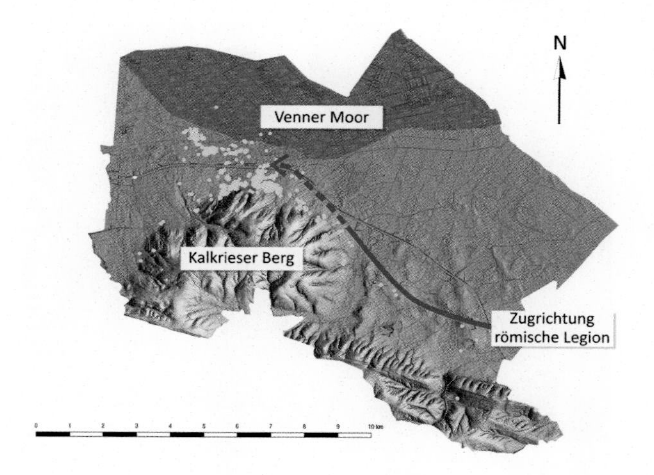

Abb. 8.30 Kalkriese-Niewedder Senke zwischen dem Kalkrieser Berg im Süden und dem Großen Moor im Norden (Landkreis Osnabrück). Die gelben Punkte markieren römische Funde auf dem Schlachtgelände. (© Varusschlacht im Osnabrücker Land)

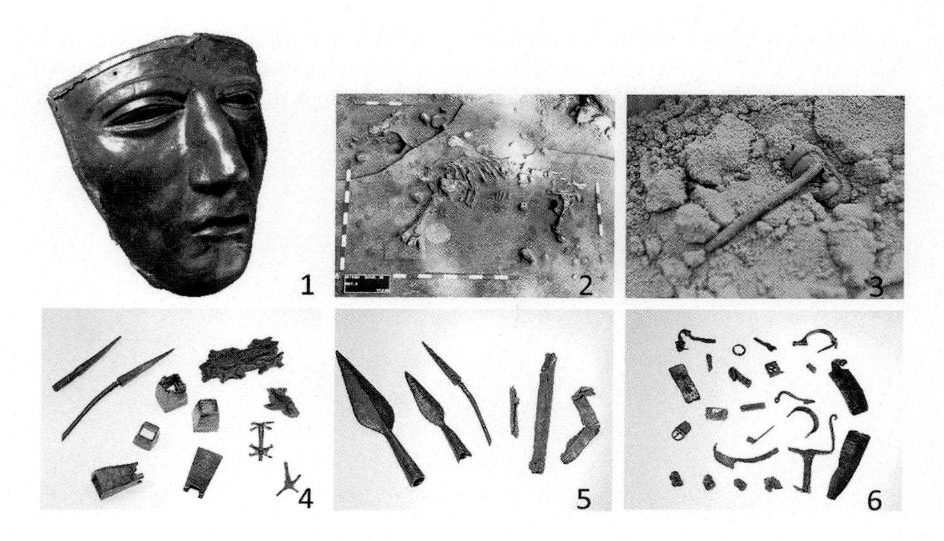

Abb. 8.31 Diverse Funde aus dem Jahre 9 n. Chr. an der Basis eines Plaggeneschs bei Ausgrabungen zur Varusschlacht in Kalkriese (Landkreis Osnabrück). (© Varusschlacht im Osnabrücker Land; Grovemann C.; Ernsting T., Pentermann H.)

Aufgegraben wurde auch eine Befestigungsanlage, die während der Kampfhandlungen zerstört worden sein muss. Unsicher ist bisher, ob sie durch die Germanen errichtet wurde oder ob es sich um den Umgebungswall eines römischen Feldlagers handelt (Abb. 8.32).

Abb. 8.32 Rekonstruierte Wallanlage auf dem Gelände der Varusschlacht in Kalkriese (Landkreis Osnabrück). (© Varusschlacht im Osnabrücker Land; Wilker T.)

Insgesamt zeigen die zahlreichen und hervorragend erhaltenen Befunde, dass erst durch den Plaggenauftrag und die damit verbundene konservierende Wirkung eine Fülle einzigartiger Informationen erhalten blieben und gesammelt werden konnten.

9 Soziokulturelles Erbe

Die Plaggenwirtschaft als dominierende Form der ackerbaulichen Bodennutzung in der Nordwestdeutschen Tiefebene (siehe auch Abschn. 3.1) begann etwa Mitte des 10. Jahrhunderts und endete erst nach dem Ende des Ersten Weltkriegs (siehe auch Abschn. 7.3). Sie wurde damit über einen Zeitraum von mehr als 1000 Jahren praktiziert und hat durch ihre enormen Anforderungen den Arbeitsalltag der bäuerlichen Bevölkerung bestimmt. Es kann somit kein Zweifel daran bestehen, dass die Plaggenwirtschaft auch die soziokulturelle Entwicklung der Menschen maßgeblich geprägt hat (Abb. 9.1).

Darüber ist jedoch nur wenig und zudem bruchstückhaft bekannt. Kenntnisse über die Plaggenwirtschaft sind heute weitgehend aus dem Bewusstsein der Menschen verschwunden und nicht zusammenfassend dokumentiert. Es ist erstaunlich, dass sich die soziokulturelle Wissenschaft dieses Forschungsgebietes bisher nicht angenommen hat. Dabei können gesellschaftliche Entwicklungen nicht losgelöst von der Landwirtschaft und ihren Produktionsbedingungen betrachtet werden. Das würde vielfältigen Lebensformen und Lebenswelten, die durch die Bewirtschaftung von Land entstanden sind, nicht gerecht werden (Abb. 9.2).

Hinweise auf die soziokulturellen Auswirkungen der Plaggenwirtschaft sind bei genauerem Hinsehen bis heute unverkennbar. An dieser Stelle sollen einige besonders markante Beispiele vorgestellt werden, die das Selbstverständnis, Denken, Handeln und Fühlen der Menschen in Nordwestdeutschland bis in unsere Zeit hinein beeinflusst haben.

K. Mueller, *Bauern, Plaggen, Neue Böden*,
https://doi.org/10.1007/978-3-662-68915-8_9

Abb. 9.1 Der Bauernstand, Holzschnitt von 1568. (Amman, J. 1568)

Der Bauwer.

Ich aber bin von art ein Bauwr/
Mein Arbeit wirt mir schwer vnd sauwr/
Ich muß Ackern/Seen vnd Egn/
Schneyden/Mehen / Heuwen dargegn/
Holtzen/vnd einführn Hew vnd Treyd/
Gült vñ Steuwr macht mir viel hertzleid
Trinck Wasser vnd iß grobes Brot/
Wie denn der Herr Adam gebot.

M ij Der

9.1 Sprache und Familiennamen

Die Plaggenwirtschaft bestimmte in enormem Maße den Arbeitsalltag der Menschen auf dem Lande. In der deutschen Sprache gibt es einen Begriff, der die damit verbundene schwere, kräftezehrende Arbeit sehr genau beschreibt: die Plackerei (Abb. 9.3).

Im allgemeinen Sprachgebrauch wird darunter „Knochenarbeit", „schuften", „Qual", „sich schinden" oder „abrackern" verstanden. Das Wort ist eng mit dem Verb „plagen" verbunden und zurückzuführen auf das althochdeutsche Wort „plaga", das ab dem 15. Jahrhundert allgemein als „quälen" oder „abmühen" gebräuchlich war. Der Begriff fand auch Eingang in die englische Sprache, in der die Umschreibung „I have to plague me" im Sinne von „sich plagen" oder „sich quälen müssen" gebraucht wird. Die Begriffe „sich plagen", „Plackerei" und „Plaggen" leiten sich somit vom gleichen Wortstamm ab und stehen in sehr engem Zusammenhang.

Soziokulturelle Entwicklungen spiegeln sich häufig auch in Familiennamen wider. In der Bevölkerung Deutschlands waren bis in das 12. Jahrhundert hinein nur eingliedrige Personennamen üblich. Danach veränderte sich das Namenssystem, es wurden immer häufiger zwei Namenselemente – Rufname und

Abb. 9.2 Landwirtschaft – das Rückgrat der Entwicklung vieler Nationen, Zeichnung angefertigt ca. 1306. (Crescensi P. ca. 1306, Museè Condè, Chantilly)

Das Erdentreiben, wie's auch sei, ist immer doch nur Plackerei.

(Johann Wolfgang von Goethe)

Abb. 9.3 Goethe: „Das Erdentreiben wie‘s auch sei, ist immer doch nur Plackerei“ (Faust II) und Ausschnitt aus dem Gemälde „Johann Wolfgang von Goethe im 70. Lebensjahr“ von 1828. (Stiegler, K.-J.)

Familienname – verwendet. Diese frühen Familiennamen waren jedoch noch nicht vererbbar und unterlagen Wandlungen. Besonders im nordwestdeutschen Raum ergaben sich die Nachnamen der Bauern oftmals aus der Bezeichnung ihrer Höfe. Üblich war es, dass bei Heirat der oder die Einheiratende den betreffenden Hofnamen annahm. Vereinzelt ist diese Tradition auch heute noch zu finden.

Hofnamen entstanden nach ihrer Lage, beispielsweise Westendarp und Osthus, oder auch nach Örtlichkeiten wie Eichhorst, Brink oder auch Barlage. Auch die Tätigkeit der Bauern und Besonderheiten des durch sie bewirtschafteten Landes führten zur Namensgebung. So erklären sich aus heutiger Sicht Namen wie „Esch", „Escher", „Plagge" oder auch „Placke".

Zu berücksichtigen ist hier, dass die Flurbezeichnung „Esch" oftmals mit dem Bodentyp „Plaggenesch" gleichgesetzt wird. Beide Begriffe sind jedoch nicht identisch (siehe hierzu auch Abschn. 1.5). Familiennamen wie „Esch" oder „Escher", die in Deutschland relativ weit verbreitet sind (Abb. 9.4), stehen daher nicht unbedingt in direktem Zusammenhang mit der Plaggenwirtschaft. Die Namensgebung kann auch auf einen Eschenwald oder Eschenstandort hinweisen.

Anders verhält es sich mit dem Familiennamen „Plagge". Er kommt in Deutschland ca. 520-mal vor (Stand 2002), hat seinen Verbreitungsschwerpunkt

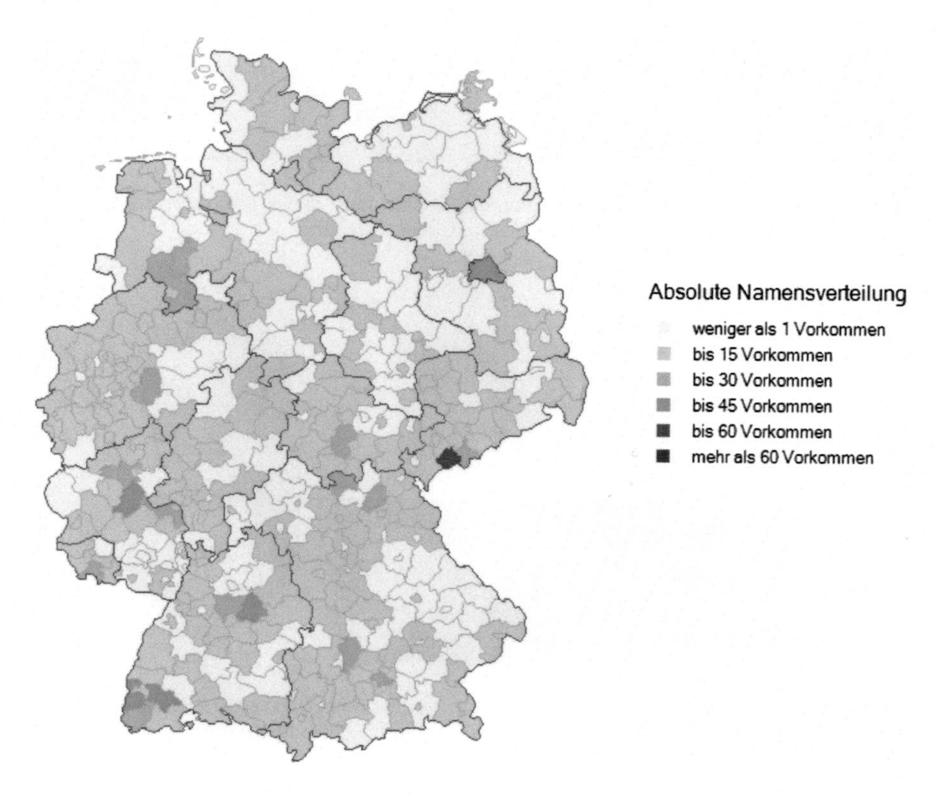

Abb. 9.4 Verbreitungskarte des Familiennamen Escher in Deutschland. (Stoepel, C. (http://geogen.stoepel.net))

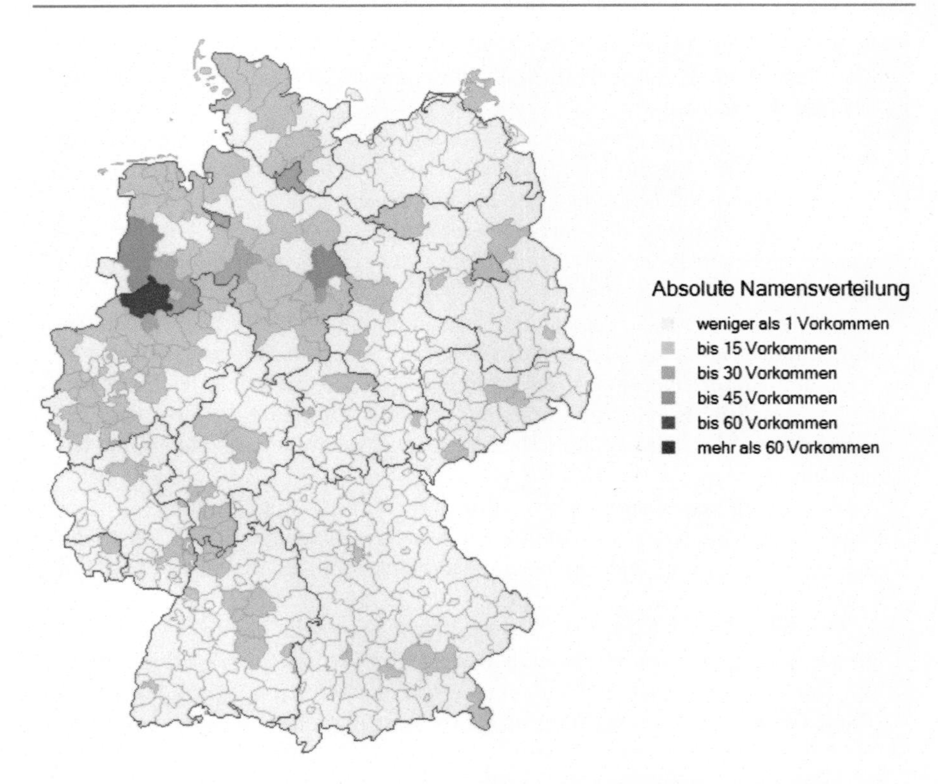

Abb. 9.5 Verbreitungskarte des Familiennamen Plagge in Deutschland. (Stoepel, C. (http://geogen.stoepel.net))

aber ganz klar im Emsland und im westlichen Münsterland (Abb. 9.5). Er ist damit eindeutig auf die Plaggenwirtschaft zurückzuführen.

Interessant ist, dass der Familienname „Plagge" auch mehr als 440-mal in den USA mit Schwerpunkt in Iowa (Stand 2002) zu finden ist. Da in den Vereinigten Staaten die Plaggenwirtschaft nie betrieben wurde, ist diese häufige Nennung zweifellos auf die Auswanderung beachtlicher Teile der Bevölkerung aus Nordwestdeutschland im 19. Jahrhundert zurückzuführen (siehe Ergänzung: Auswanderung in die Neue Welt).

Auch der Familienname „Placke" leitet sich mit großer Sicherheit von der Plaggenwirtschaft ab. Er ist 172-mal in Deutschland mit hoher Konzentration im Münsterland und in Niedersachsen vertreten.

Auswanderung in die Neue Welt

Das 19. Jahrhundert war geprägt durch massenhafte Auswanderungen aus Deutschland in die Neue Welt. Bevorzugte Ziele waren Kanada und vor allem die Vereinigten Staaten von Amerika. Allein das Gebiet des

Norddeutschen Bundes verließen zwischen 1820 und 1912 mehr als 5,5 Mio. Menschen.

Die Auswanderungswelle nach Nordamerika erfasste das Osnabrücker Land um 1830. Bis zum Ende der 1880er-Jahre verlor diese Region etwa 90.000 bis 100.000 Menschen, die bei nur etwa 1 % der deutschen Gesamtbevölkerung fast 9 % der Auswanderer stellte. In Westfalen lag die Auswanderungsquote von 1800 bis 1914 mit etwa 300.000 Menschen ähnlich hoch.

Statistiken der mit Fragen der Auswanderung beschäftigten Ämter des Innenministeriums des Landes Hannover zeigen, dass überwiegend Heuerlinge und Kötter, aber auch nicht erbberechtigte Bauernkinder das Land verließen. Als Gründe sind vor allem die durch die Markteilung zunehmend katastrophalen Wirtschafts- und Lebensverhältnisse unterbäuerlicher Schichten zu nennen.

Zu Anfang waren die Ausreisewilligen gezwungen, ihre Passage selbst zu organisieren. Sehr bald aber boten Auswanderungsagenten ihre Dienste an, die die Vorbereitung und Organisation der Überfahrt übernahmen (Abb. 9.6 und 9.7).

Die finanziellen Mittel der Auswanderer waren in der Regel sehr begrenzt. Zu zahlen waren für eine Passage im Zwischendeck eines Segelschiffes etwa 30 Taler und auf einem schnelleren Dampfschiff bis zu 60 Taler. Oft war die Beschaffung der notwendigen Geldmittel nur durch den Verkauf des letzten Hab und Guts der Reisewilligen möglich. Der Antritt der

Schiffsgelegenheit

für

Auswanderer nach Amerika.

Vom 1. März anfangend werden am 1. und 15. eines jeden Monats große, schöne, eigends für die Passagierfahrt erbaute, dreimastige Bremer Segelschiffe nach **Newyork**, **Baltimore**, **Philadelphia**, **New-Orleans** und **Galveston** in Texas (nach beiden letzteren Häfen nur im Frühjahr und Herbst) expedirt, mit welchen ich Auswanderer stets zu den billigsten Passagepreisen befördere.

Die Abfahrten der Bremer Post-Dampfschiffe des Norddeutschen Lloyd finden allmonatlich Statt und kann ich Auswanderern die schön eingerichte erste und zweite Cajüte, so wie das hohe, geräumige Zwischendeck derselben bestens zur Überfahrt empfehlen.

Die Passagepreise sind billigst berechnet und sind die Überfahrtsbedingungen bei mir, so wie bei meinen unterzeichneten Herren Agenten, welche zum Abschluß von bündigen Schiffs-Contracten bevollmächtigt sind, unentgeltlich zu haben.

J. Augustin in Meppen.
Bode & Loheyde in Lingen.
F. F. Büscher & Sohn in Osnabrück.
Auctionator Fülling in Neuenkirchen.
C. A. Farwig in Melle.
J. H. Möllenkamp in Engter.
B. Lindemann in Freren.

Math. Linne in Haselünne.
Vogt Schulze in Schledehausen.
Carl Stiegemeyer in Essen.
Wilh. Schmidt in Fürstenau.
D. Thedieck's Sohn in Alfhausen.
B. D. Thesfeld in Badbergen.
Joh. H. Wölterink in Nordhorn.

Bremen, 1859.

Ed. Ichon, Schiffsrheder und Consul.

Abb. 9.6 Offerte einer „Schiffsgelegenheit“ zur Überfahrt nach Amerika von 1859. (Osnabrücker Anzeigen Nr. 24 1859)

Abb. 9.7 Schnelldampfer „Elbe" des Norddeutschen Lloyd, um 1883. (Medienzentrum Schulbehörde Osnabrück)

Reise war in der Regel erst nach Prüfung der Schuldenfreiheit gestattet. Für junge Männer war zudem eine Ausreise erst nach Ende einer dreijährigen Militärzeit erlaubt.

Ziel vieler Auswanderer aus Nordwestdeutschland waren die Häfen von New York, Baltimore und New Orleans. Die Ausreisenden folgten oft in regelrechten Kettenwanderungen zuvor umgesiedelten Familienangehörigen oder Nachbarn. Beispielsweise gaben in den Counties St. Charles und Waren in Missouri im Jahre 1850 über 400 Personen und damit ca. 20 % der Bewohner an, aus dem Tecklenburger Land und dem Osnabrücker Raum zu stammen. Andere Einwanderungsschwerpunkte waren die Staaten Iowa, Ohio und Pennsylvania im Mittleren Westen der USA.

Die Anfangszeit war für viele Neuankömmlinge mit allerlei Strapazen verbunden. Viele ließen sich als Farmer nieder, konnten aber bereits nach wenigen Jahren wirtschaftlich Fuß fassen. Feldfrüchte und Anbauweisen der amerikanischen Landwirtschaft wurden übernommen und verbessert. Angebaut wurden vor allem Mais und Weizen. Aus Nordwestdeutschland gewohnte Feldfrüchte wie Roggen oder Gerste traten zunehmend in den Hintergrund. Der Kartoffelanbau wurde hingegen vielerorts beibehalten. Kulturelle Gewohnheiten, Bräuche und auch die plattdeutsche Sprache hielten sich lange Zeit in den Familien. Bis heute wird in manchen Gegenden des Mittleren Westens (besonders in den Bundesstaaten Ohio und Iowa) noch Plattdeutsch gesprochen.

9.2 Landschafts-, Straßen- und Ortsbezeichnungen

Landschafts-, Straßen- und Ortsnamen sind wesentliche Orientierungs- und Identifizierungsmerkmale des Zusammenlebens. Die Gründe für die Namensgebung sind dabei sehr vielfältig. Topografische Aspekte und Geländebesonderheiten spielen hier ebenso eine Rolle wie Personennamen, geschichtliche Ereignisse, Bauten oder entfernter gelegene Ortschaften.

Nicht selten lassen sich Namensgebungen auch von bestimmten Bewirtschaftungsformen ableiten. Typische Beispiele sind Benennungen mit „Esch", „Plaggen" oder „Placken". Sie sind in Nordwestdeutschland weit verbreitet und in fast jeder Gemeinde zu finden. Allein in den Straßenverzeichnissen der Stadt Osnabrück sowie der Gemeinden Belm, Bissendorf und Wallenhorst im Landkreis Osnabrück sind etwa 30 Nennungen oder Kombinationen der drei Begriffe vertreten (Abb. 9.8).

Auch Bezeichnungen mit „Bruch", „Heide" oder „Sand" stehen oftmals mit der Plaggenwirtschaft in Zusammenhang. Sie weisen nicht selten auf Plaggenentnahmegebiete hin (Abb. 9.9).

Abb. 9.8 Straßennamen mit Esch, Plaggen, Placken. (Mueller, K.)

Abb. 9.9 Straßennamen mit Bruch, Heide, Sand. (Mueller, K.)

Abb. 9.10 Kita Plaggenesch in Havixbeck (Kreis Coesfeld). (Mueller, K.)

Hin und wieder werden auch Einrichtungen nach den Straßen benannt, an denen sie liegen. Für Busstationen, Straßenbahnhaltestellen, Hotels oder Gaststätten trifft das häufiger zu, bei öffentlichen Gebäuden erfolgt dies seltener. Einmalig dürfte sein, dass eine Kita in der Gemeinde Havixbeck im Münsterland nach einer Straße mit Bezug zur Plaggenwirtschaft benannt wurde, in der sie zu finden ist: „Kindertageseinrichtung Plaggenesch" (Abb. 9.10).

Wenig verbreitet sind dagegen Ortsnamen mit unmittelbarem Bezug zur Plaggenwirtschaft. Bekannt ist der Ort Plaggenschale – ein Ortsteil der Gemeinde Merzen im Landkreis Osnabrück (Abb. 9.11).

Abb. 9.11 Ortseingangsschild Plaggenschale (Landkreis Osnabrück). (Mueller, K.)

Abb. 9.12 Wacholderhain Merzen-Plaggenschale (Landkreis Osnabrück). (Mueller, K.)

Plaggenschale liegt an den südwestlichen Ausläufern der Ankumer Berge im Osnabrücker Land. Während der vorletzten Eiszeit schuf hier ein vorwärts wandernder Eisberg eine Endmoränenlandschaft aus sandigem, steinreichem Material. In der Bronze- und frühen Eisenzeit wurde vor 3200 bis 2500 Jahren am nordöstlichen Rand der Gemeinde eine große Begräbnisstätte mit 120 bis heute erhalten gebliebenen Grabhügeln genutzt. Während der Zeit der Plaggenwirtschaft diente das Gebiet der Plaggenentnahme, der Name der Ortschaft erinnert daran. Heute befindet sich hier ein sehenswerter Wacholderhain, der als verbliebenes Relikt einer ehemals weit verbreiteten Kulturlandschaft unter Schutz gestellt ist (Abb. 9.12).

Gemeinsam mit dem Gräberfeld ist der Hain zudem als archäologisches Bodendenkmal ausgewiesen. Hier wie auch in der weiteren Umgebung wurde ein sehr informativer Rundwanderweg angelegt, der über die Eiszeit, die Hügelgräber und die Plaggenwirtschaft informiert und viele Besucher anzieht (siehe auch Abschn. 11.3).

Eine andere auf die Plaggenwirtschaft zurückzuführende Siedlung ist der Ortsteil Plaggenburg der Gemeinde Aurich in Ostfriesland (Abb. 9.13).

Die Siedlung wurde 1777 auf einem sandigen, von Mooren umgebenen Sandrücken angelegt. Kolonisten waren ursprünglich sechs Familien, die aus der Pfalz zuzogen und das Land bewirtschafteten. Auf großen Teilen der trockenen, nährstoffarmen Böden bildeten sich durch Plaggenentnahme Wehsande, die im 19. Jahrhundert meist mit Kiefern aufgeforstet wurden. Von Bedeutung ist ein 2009 angelegter Moorpfad, der durch ein 88 ha großes angrenzendes Moorgebiet führt.

Abb. 9.13 Ortseingangsschild Plaggenburg (Landkreis Aurich). (Uecker, A.)

Abb. 9.14 Wappen der Gemeinden Mechtersen (Landkreis Lüneburg), Augustdorf (Kreis Lippe), Königshardt (Stadtbezirk von Oberhausen). (Internetseiten der Gemeinden Augustdorf, Königshardt, Mechtersen)

Viele Städte und Gemeinden führen Wappen, die Symbole ehemaliger Landesherren und Schutzheiliger erkennen lassen, aber auch auf gesellschaftliche oder landschaftliche Besonderheiten hinweisen. In einigen Fällen trifft das auch für Gemeinden zu, die durch die Plaggenwirtschaft geprägt wurden. So lässt zum Beispiel das Wappen des Ortes Augustdorf (Kreis Lippe) mit zwei gekreuzten Plaggenhauen vor sandgelbem Hintergrund die ausgedehnte Plaggenwirtschaft auf den leichten Böden der Senne erkennen (Abb. 9.14). Auch die Wappen der Gemeinde Mechtersen bei Lüneburg (Abb. 9.14) und des Ortsteils Königshardt der Stadt Oberhausen im nördlichen Ruhrgebiet (Abb. 9.14) zeigen mit der Darstellung einer Twicke die besondere Bedeutung der Plaggenwirtschaft für diese Gebiete.

9.3 Regeln, Sitten und Symbole[1]

Regeln, Sitten und Symbole gestalteten das Leben und die täglichen Abläufe der Landbevölkerung vergangener Zeiten in weit höherem Maße, als dies heute der Fall ist. An welchen Tagen die Aussaat oder die Ernte begann, welche Riten und Redewendungen mit bestimmten Arbeiten verbunden waren, was es bei einzelnen Festen zu essen gab (Abb. 9.15) und vieles andere mehr war weitgehend reglementiert.

Vorgaben des Zusammenlebens änderten sich im Laufe der Zeit, auch waren sie selten von Ort zu Ort identisch. Ordnende Prinzipien waren der christliche Glaube und daraus erwachsende Verhaltensweisen, aber auch althergebrachte Traditionen und durch die Natur diktierte Notwendigkeiten. In ganz besonderer Weise wurde der Jahresverlauf durch die Bedürfnisse der Hauptanbaufrüchte bestimmt – im Gebiet der Plaggenwirtschaft war dies der Roggen.

Von ganz großer Bedeutung für den Roggenanbau war der 1. Mai, der „Meedag". Ein Sprichwort lautet: *„Meedag mot de Rogge so hauge sin, dat sik ne Krägge* (Krähe) *drin vörstiäken kann.*" Oder: *„Wenn Meedag riänget, riängst`t*

Abb. 9.15 Holzschnitt einer Bauernhochzeit, ca. 1550. (Solis, N. um 1550)

[1] Die in diesem Abschnitt vorgestellten Regeln, Sitten und Symbole beruhen im Wesentlichen auf Aufzeichnungen aus den Kirchspielen Hagen und Oesede im Osnabrücker Land, die hauptsächlich von 1929 bis 1935 durch August Suhrbaum gefertigt wurden.

Abb. 9.16 Zum Trocknen aufgesetzte Roggenhocken. (Heimatverein Wallenhorst)

Abb. 9.17 Dreschen von Roggen mit Dreschflegeln. (Heimatverein Hachborn)

drütte Spier (Halm) *Roggen uppt Land.*“ In einer alten Wetterregel heißt es: „*März spaken* (trocken), *April naten, Mee van beden, dann brink et Roggen un Weten.*“

Der erste Erntetag war stets der 25. Juli, der Tag des heiligen Jakobus. Deshalb wurde dieser Tag auch als „Brautvar“ (Brotvater) bezeichnet. Im Oeseder Land südlich von Osnabrück begann der Tag stets mit einer Prozession, am Nachmittag erfolgte der erste Schnitt des Roggens. Nach der Mahd blieb das Getreide je nach Witterung 1 bis 2 Tage liegen, wurde dann in Hocken aufgesetzt (Abb. 9.16) und nach Abtrocknung in die Scheune gefahren. Abschließend zog der Schäfer mit seiner Herde über die Stoppeln.

Das Dreschen des Roggens begann in der Regel Mitte September. Gedroschen wurde morgens ab 5 Uhr bis zum Dunkelwerden. Die Arbeit mit dem Dreschflegel war außerordentlich schwer und kräftezehrend (Abb. 9.17). Der Kalorien-

Abb. 9.18 Kreuz auf einem Roggenacker. (Mueller, K.)

verbrauch der Schläger konnte pro Tag bis zu 8000 kcal betragen. Die Aussage *„Frisst wie ein Scheunendrescher"* ist bis heute sprichwörtlich. Zum Vergleich: Der damalige durchschnittliche Kalorienbedarf der Landbevölkerung betrug etwa 3500–4000 kcal. In unserer Zeit beläuft sich die tägliche Kalorienaufnahme eines Erwachsenen auf etwa 2000–2500 kcal.

Die Roggenaussaat begann am 17.09., dem „Lambertitag", und dauerte bis in den Oktober hinein. Eine verbreitete Regel lautete: *„Roggen um Michaelis* (29.09.) *gesät, ist nicht zu früh und nicht zu spät."* Mancherorts begann die Arbeit mit der Aussaat eines Kreuzes auf dem Acker. Damit verband sich die Hoffnung auf Segen für das aufwachsende Getreide und eine reiche Ernte (Abb. 9.18).

Noch heute nutzen manche Landwirte das grüne Kreuz, um auf ihre Anliegen aufmerksam zu machen. Die Bedeutung dieses Symbols hat sich allerdings gewandelt. In jüngster Vergangenheit haben sie damit ihre Unzufriedenheit mit der gemeinsamen Agrarpolitik (GAP) der Europäischen Union zum Ausdruck gebracht (Abb. 9.19).

Die Zeitspanne zwischen Juli und Oktober galt jeher als die arbeitsintensivste des gesamten Jahres: Neben den üblichen Arbeiten in Haus, Hof und Garten fielen in diese Zeit die Ernte und die Aussaat der meisten Feldfrüchte sowie das Ausbringen des Plaggendüngers und die Bodenbearbeitung an. Erst Ende Oktober wurde die Arbeit auf den Höfen etwas weniger. Dementsprechend waren auch die Anstellungsverträge auf den Höfen gestaltet, die stets bis zum 1. Mai oder 1. November liefen.

Es heißt, „wer gut arbeitet, muss auch gut essen". Gut essen bedeutete in vergangenen Zeiten auch viel essen, um den täglichen Arbeitsanforderungen eines Landwirtschaftsbetriebes und insbesondere auch der Plaggenwirtschaft zu genügen.

Abb. 9.19 Grünes Kreuz als Zeichen der Unzufriedenheit vieler Landwirte mit der gemeinsamen Agrarpolitik (GAP) der Europäischen Union. (Mueller, K.)

Zu der Zeit waren 4 bis 5 Mahlzeiten am Tag üblich. Jeden Morgen wurde mit leerem Magen zunächst das Vieh versorgt und andere Arbeiten begonnen, ehe es zwischen 6:30 und 7:00 Uhr das erste Frühstück gab. Punkt 12:00 war Mittagessenszeit, der um 16:00 Uhr eine kurze Vesperpause folgte. Im Sommer wurde bis gegen 20:00 Uhr, im Winter bis 19:00 Uhr gearbeitet. Daran schloss sich das Abendbrot an, das zumeist aus Resten des Mittagessens bestand.

Gegessen wurden hauptsächlich Milchmehlsuppen oder Brei und nach 1750 auch Kartoffeln. Gemüse, Butter und oft auch Fleisch bereicherten das Speisenangebot. Ein Hauptnahrungsmittel war das aus Roggenmehl gebackene Schwarzbrot, das zu jeder Mahlzeit auf dem Tisch stand und in großen Mengen verzehrt wurde. Schwarzbrot galt lange Zeit als Arme-Leute-Essen, heute ist eine Sorte, das Pumpernickel, als westfälische Spezialität bekannt. Erst ab Mitte des 19. Jahrhunderts wurde hin und wieder auch Weißmehl zur Brotherstellung verwandt.

Aberglaube und die Vorstellung von Übersinnlichem waren weit verbreitet und durchzogen fast alle Lebensbereiche. Das betraf sowohl ungewöhnliche Ereignisse, Unglücke, Naturphänomene als auch auffälliges Verhalten Einzelner bis hin zu Krankheiten und deren Heilung. Zugleich gab es immer auch Heilige oder Heilkundige, die gegen jedwedes Ungemach Gegenmittel und Heilung versprachen. Besonders bekannt war Antonius von Padua, der immer wieder von bösen Geistern in Versuchung geführt wurde, diesen aber stets widerstand. Er gilt als Schutzheiliger der Frauen, der Kinder, der Ehe und der Armen, wurde aber auch als Patron vieler Haustiere verehrt (Abb. 9.20).

Honoriert wurden die Dienstleistungen der Helfer und Heilkundigen oft mit Naturalien, wobei eine „Währung" auch der Roggen war. Noch bis Mitte des 19. Jahrhunderts war es mancherorts üblich, den Küster mit Roggen für das Läuten der Glocken zur Unwetterabwehr zu entlohnen.

Abb. 9.20 Versuchung des Heiligen Antonius, Gravur, ca. 1470. (Schongauer, M. ca. 1470)

Dem Volksglauben nach trieb insbesondere in Roggenfeldern der gefürchtete Bilwis sein Unwesen. Er schlich kreuz und quer über die Äcker und schnitt Halme und Ähren ab. Dabei suchte er besonders die besten Bestände heim. In Teilen Norddeutschlands galt er allerdings auch als Hüter der Kornfelder. Normalerweise war er unsichtbar, konnte aber sichtbar gemacht werden, wenn es gelang, ihm eine Grassode (Plagge) auf den Kopf zu legen.

Der Erfolg des Roggenanbaus hing entscheidend vom Witterungsablauf des Anbaujahres ab. Die Bauern des Mittelalters und der früheren Neuzeit verfolgten daher sehr genau das Wettergeschehen und hofften, daraus Rückschlüsse auf die Ernte ziehen zu können. Ausdruck dessen sind die Bauernregeln, die zu großen Teilen auf einem jahrtausendealten Erfahrungsschatz aufbauen und nicht selten eine verblüffend hohe Treffergenauigkeit zeigen (Abb. 9.21). Der Hundertjährige Kalender beruht dagegen auf 7-jährigen Wetterbeobachtungen aus der Mitte des 17. Jahrhunderts und ist zur Wettervorhersage nicht geeignet.

Auch für den Anbau des Roggens existieren eine Reihe solcher Regeln. Eine lautet: *„Kalter Februar bringe ein gutes Roggenjahr."* Damit verbindet sich die Befürchtung, dass ein milder Februar die Saaten bereits treiben lässt. Folgen dann Spätfröste, kann die gesamte Ernte ausfallen. In einer anderen Regel heißt es: *„April nass und kalt gibt Roggen wie ein Wald."* Sie bringt zum Ausdruck, dass im April die Bestockung stattfindet. Sind die Temperaturen niedrig, verlängert sich die Bestockungszeit und damit der zu erwartende Ährenansatz. Eine dritte Regel sagt: *„So golden im Juli die Sonne scheint, so golden sich der Roggen neigt."* Nach Ährenschieben und Kornausbildung findet im Juli die Reife statt. Je intensiver in dieser Zeit die Sonne scheint, umso höher fällt der Kornertrag aus.

Abb. 9.21 Allegorische Frauenfigur, die den Einfluss klimatischer Faktoren auf den landwirtschaftlichen Erfolg versinnbildlicht. (Malberg 1993)

9.4 Sagen, Lieder und Geschichten

Nach dem Abendessen schlossen sich auf den Bauernhöfen besonders in den Wintermonaten weitere Arbeiten an, die oft in geselliger Runde erledigt wurden. Dazu gehörten kleinere Reparaturen und insbesondere Spinnabende, zu denen gesungen wurde, bei denen man sich aber auch mit Sagen und Geschichten unterhielt (Abb. 9.22).

Abb. 9.22 In der Spinnstube, Zeichnung, 1890. (Künstler unbekannt, 1890)

Oft liegt in diesen Liedern und Erzählungen ein wahrer Kern, der über Generationen hinweg durch die Fantasie der Vortragenden, aber auch durch zeitliche Einflüsse sowie regionale Besonderheiten variiert wurde. Von Region zu Region entstanden so nebeneinander viele verschiedene Fassungen, die jedoch alle ihre Berechtigung haben.

Lieder und Geschichten spiegeln häufig Sehnsüchte, Hoffnungen und Wünsche, aber auch Gefahren und Ängste wider, die aus dem täglichen Leben und der realen Arbeitsumwelt erwachsen. Sie haben oft einen romantisierenden oder die Beschwernisse der Arbeit beschreibenden Inhalt, aber auch einen belehrenden und moralisierenden Hintergrund. Im Folgenden werden einige Beispiele vorgestellt, die das zum Ausdruck bringen.

In der bäuerlichen Welt nehmen Aussaat- und Erntearbeiten sowie damit verbundene Hoffnungen einen breiten Raum ein. In einem Volkslied von 1783 heißt es beispielsweise: *„Wir pflügen und wir streuen Samen auf das Land – doch Wachstum und Gedeihen steht in Gottes Hand …"* Hier wird der Hoffnung Ausdruck verliehen, dass Gott die Saaten und das Aufwachsen des Getreides beschützen möge. In einem Erntelied von 1894 findet sich folgende Strophe: *„Abgeerntet sind die Fluren, rauh schon stürmt der Nord durchs Land, aber aus des Winters Spuren naht ein Kind im Goldgewand …"* Mit dem Kind im Goldgewand ist sehr deutlich die Hoffnung auf reiche Vorräte des goldenen (Roggen-)Korns verbunden (Abb. 9.23).

Etliche Erzählungen nehmen direkt Bezug auf die Plaggenwirtschaft. In einer Sage aus dem Raum Bremen wird von einem Bauern berichtet, der sich beim Teufel über die enorm kräftezehrende Arbeit beim Plaggenhauen beklagt und um Erleichterung bittet. Zur Strafe jedoch muss er den Teufel auf seinem Rücken keuchend und stöhnend über eine weite Strecke bis zu seinem Hof tragen.

Eine andere Überlieferung aus Westfalen berichtet von einem Bauern, der am Muttergottestag (Sonntag nach dem 15. August) Plaggen auflud. Zur Strafe für diesen Frevel wurde er festgebannt (d. h. in seiner Bewegung „eingefroren") und

Abb. 9.23 Gemälde „Singende Bauern" von ca. 1630. (Brouwer, A. ca. 1630)

Abb. 9.24 Denkmal Hermann Löns in Walsrode (Landkreis Heidekreis). (Mueller, K.)

musste so über Stunden mit der Forke in der Hand verharren (vermutlich ein fehlinterpretierter Hexenschuss), bis er wieder erlöst wurde. Der Bauer war danach lange krank und gelobte, nie wieder am Muttergottestag Plaggen zu fahren.

Großen Raum nehmen in Nordwestdeutschland Lieder und Geschichten über die Heidelandschaften und deren Entstehung ein. Frühe Schriften verarbeiten die Erinnerung an eine ehemals dichte Bewaldung. Spätere Lieder und Erzählungen befassen sich vor allem mit den durch die Plaggenentnahme entstandenen Heidegebieten (siehe auch Abschn. 6.2).

Besonders bekannt sind die Dichtungen und Romane des „Heide-Dichters" Hermann Löns (Abb. 9.24), die immer wieder die Lüneburger Heide romantisieren und zum Sehnsuchtsort verklären.

Da heißt es unter anderem: *„Über die Heide geht mein Gedenken/Annemarie, nach dir, nach dir allein"* oder *„Der Wind auf der Heide/Der weiß allerhand/Im Wind auf der Heide/Ein Jungfräulein stand …"* Hermann Löns hat aber durchaus auch Texte verfasst, die das tägliche Leben zwar einfühlsam, aber auch recht wirklichkeitsnah schildern. Ein schönes Beispiel ist seine Erzählung „Der letzte Hansbur", die 1909 erschien und das Leben eines Heidebauern in der Südheide bei Celle im 19. Jahrhundert beschreibt.

10 Ein Tag im Leben eines Hofknechts

Wie immer wurde Johann gegen 5 Uhr durch das Schnauben der unruhiger werdenden Pferde geweckt. Ehe er sein Bett in seiner kleinen Kammer neben dem Pferdestall verließ, durchdachte er die an diesem Tage anstehenden Arbeiten. Heute war Sonnabend, der 24. August im Jahre des Herrn 1854, Bartholomäus-Tag. Bartholomäus gilt als der Schutzheilige der Bauern und Johann nahm sich vor, am Abend ein besonderes Dankesgebet an diesen Apostel zu richten.

Er stand auf, wusch sein Gesicht in der Waschschüssel auf dem kleinen Tischchen vor dem Fenster und zog rasch seine aus grobem Leinen gefertigten Kleider an. Auf der anderen Seite des Mittelganges hörte er, wie Anna, die Großmagd, ihre Kammer verließ.

Die Ernte des Roggens war zu Ende und das Getreide lag auf dem großen Boden, um für die später beginnenden Drescharbeiten nachzutrocknen. Heute war es an der Zeit, wieder Plaggen zu schlagen, um den Einstreuvorrat für den Winter aufzufüllen. Zunächst aber waren noch einige allmorgendliche Arbeiten zu erledigen.

Johann schlüpfte in seine Holzpantinen, verließ seine Kammer und ging auf den Mittelgang des Bauernhauses (siehe Ergänzung: Niederdeutsches Hallenhaus). Der Kleinknecht Christian war bereits dabei, Tränkwasser vom Brunnen herbeizuschleppen. Johann stieg auf den Boden über der Tenne und warf durch eine Luke in der Decke Stroh und etwas Heu zur Fütterung des Viehs herunter.

Zuerst wurden die Pferde versorgt. Nur sie erhielten neben Tränkwasser auch Heu und Hafer. Johann achtete sehr auf ausreichende Versorgung der Pferde, denn sie waren als Zugtiere unersetzlich und besonders heute würden sie noch viel zu leisten haben. Außerdem streute er ihnen etwas frisches Stroh unter die Hufe. Inzwischen wurden von Anna und der Milchmagd Meta die Kühe gemolken und

---

Dieser vom Autor beschriebene Tagesablauf des Hofknechtes Johann im Jahre 1854 wurde von der 12-jährigen Schülerin Juna Günther illustriert.

K. Mueller, *Bauern, Plaggen, Neue Böden*,
https://doi.org/10.1007/978-3-662-68915-8_10

Abb. 10.1 Schweine im Pferch. (Günther, J.)

gefüttert. Sie erhielten nur eine knappe Ration an Stroh vorgelegt. Mehr war nicht notwendig, denn gegen 7 Uhr würde Ohm Jürn, der Kuhhirt des Dorfes, die Tiere auf die Weide führen. Auch die Schweine wurden getränkt und dann auf den am Hof liegenden Pferch getrieben, wo sie sich von vorgeworfenen Küchen- und Gartenabfällen ernährten (Abb. 10.1).

Beschreibung eines niederdeutschen Hallenhauses aus dem Jahre 1778 von Justus Möser

„Die Häuser des Landmanns im Osnabrückischen (Abb. 10.2) sind in ihrem Plan die Besten. ... Der Herd ist fast in der Mitte des Hauses, und so angelegt, daß die Frau, welche bei demselben sitzt zu gleicher Zeit alles übersehen kann. Ein so großer und bequemer Gesichtspunkt ist in keiner anderen Art von Gebäuden. Ohne von ihrem Stuhl aufzustehen, übersieht die Wirtin zu gleicher Zeit drei Türen, dankt denen die hereinkommen, heißt solche bei sich niedersetzen, behält ihre Kinder und Gesinde, ihre Pferde und Kühe im Auge, hütet Keller, Boden und Kammer, spinnet immerfort und kocht dabei.

Ihre Schlafstelle ist hinter diesem Feuer, und sie behält aus derselben eben diese große Aussicht, sieht ihr Gesinde zur Arbeit aufstehen und sich niederlegen, das Feuer anbrennen und verlöschen, und alle Türen auf- und zugehen, hört ihr Vieh fressen, die Weberin schlagen und beobachtet wiederum Keller, Boden und Kammer. ...

Der Platz bei dem Herde ist der Schönste unter allen. Und wer den Herd der Feuersgefahr halber von der Aussicht auf die Deele absondert, beraubt sich unendlicher Vorteile. Er kann sodann nicht sehen, was der Knecht schneidet und die Magd füttert. Er hört die Stimme seines Viehes nicht mehr, die Einfahrt wird ein Schleichloch des Gesindes, seine ganze Aussicht vom Stuhle hinterm Rade am Feuer geht verloren, und wer vollends seine Pferde in einem besonderen Stalle, seine Kühe in einem anderen, und seine Schweine im dritten hat und in einem eigenem Gebäude drischt, der hat zehnmal so viele Wände und Dächer zu unterhalten und muß den ganzen Tag mit Besichtigen und Aufsichthaben zubringen.

Ein ringsumher niedriges Strohdach schützt hier die allzeit schwachen Wände, hält den Lehm trocken, wärmt das Haus und Vieh, und wird mit leichter Mühe von dem Wirte selbst gebessert. Ein großes Vordach schütz das Haus nach Westen und deckt zugleich die Schweinekoben; und um endlich nichts zu verlieren, der Mistpfuhl vor der Ausfahrt, wo angespannet wird. ... Kein Vitrus (römischer Baumeister) ist im Stande mehrere Vorteile zu vereinigen."

Um 7 Uhr schlug Magdalena, die Bäuerin auf dem Hof, das neben der Seitentür aufgehängte alte Pflugeisen als Signal zum ersten Frühstück. Um den Tisch in der Küche versammelten sich die Bewohner des Hofes zur ersten Mahlzeit des Tages. Jeder erhielt einen Napf warmer Milchmehlsuppe, dazu Schwarzbrot und „Kornkaffe" aus gebranntem Roggen. Johann packte sich noch etliche Scheiben Brot ein, denn zum zweiten Frühstück um 9 Uhr würde er nicht auf den Hof zurückkehren können.

Johann führte die vier Kaltblutpferde aus dem Stall, legte ihnen das Zuggeschirr an und begann, zwei Tiere in den schweren Ackerwagen einzuspannen, auf dem der Wendepflug lag. Der Bauer des Hofes, Heinrich Westerhus, wollte heute auf dem hohen Esch mit der Bodenbearbeitung für die bald beginnende Aussaat des Roggens beginnen. Die beiden anderen Pferde schirrte Johann vor dem kleineren Leiterwagen ein, auf den er eine lange vierzinkige Forke und eine Twicke geladen hatte.

Noch vor einigen Jahren wäre der Weg für Johann zum Plaggenschlagen nicht weit gewesen. Aber durch die Aufteilung der gemeinen Mark, die allenthalben

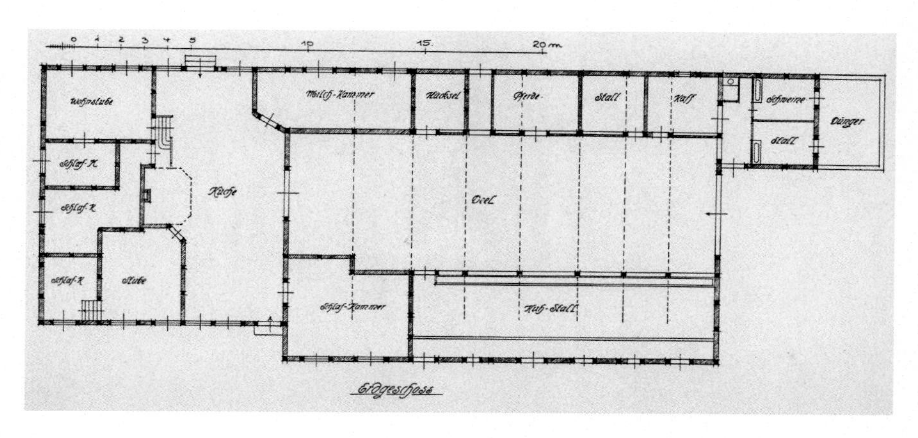

Abb. 10.2 Grundriss eines niederdeutschen Hallenhauses. (Lindner, W. 1912)

durchgeführt wurde, standen nur noch wenige Allmendeflächen am Rande der Bauerschaft zur Verfügung. So dauerte es einige Zeit, bis Johann die kargen Heideflächen hinter dem Eller Loh erreichte. Er musste lange suchen, bis er einen Bereich fand, auf dem noch einige spärliche Pflanzen auf dem sandigen Boden aufwuchsen.

Johann nahm die Twicke vom Wagen und hieb zunächst sich kreuzende Linien durch den Bewuchs, sodass ein Schachbrettmuster entstand. Dann begann er, mit der Twicke 50×50 cm große Plaggen vom Untergrund abzulösen. Schlag für Schlag hieb er abwechselnd unter seine holzschuhbewehrten Füße und legte die so gewonnenen Soden zur Seite (Abb. 10.3).

Die Arbeit war schwer und schon bald begann sein Rücken durch die gebückte Haltung zu schmerzen. Aber das war nicht sein größtes Problem. Vielmehr musste er auf die Führung seiner Schläge achten, um nicht versehentlich seine Füße zu treffen. Nur zu gut hatte er in Erinnerung, dass erst vor wenigen Monaten der Sohn von Kötter Welmbrink auf diese Weise seinen Fuß mit voller Wucht traf und sich eine lange nicht heilende Verletzung zugezogen hatte.

Es war warm und die Sonne stieg immer höher. Johann legte eine Pause ein und verzehrte sein mitgebrachtes Schwarzbrot mit etwas Speck. Dazu trank er in langen Zügen Wasser aus seiner Bügelflasche. Anschließend spannte er die Pferde aus und führte sie zu einem nahe gelegenen Graben, der den Eller Bruch entwässerte. Auch die Tiere hatten eine Tränkpause nötig.

Normalerweise hätte er bis zum Abend durchgearbeitet, doch auf dem Hof warteten heute noch weitere dringende Arbeiten auf ihn. Gegen Mittag begann Johann daher, die bisher geschlagenen Plaggen aufzuladen. Meter für Meter dirigierte er mit Hüh und Hot die Pferde weiter, bis die Plaggen auf dem Ackerwagen lagen. Eigentlich hatte er sie zum Trocknen für zwei bis drei Tage liegen lassen wollen, doch der Bauer hatte ihn angewiesen, sie sofort mitzubringen. In letzter Zeit war es vermehrt zu Plaggendiebstählen gekommen und ein Schuldiger war trotz aller Bemühungen bisher nicht ausfindig gemacht worden.

Abb. 10.3 Johann beim Plaggenschlagen. (Günther, J.)

Es war bereits nach 12 Uhr, als Johann den Hof erreichte. Er spannte die Pferde aus, brachte sie in den Stall und legte ihnen Futter vor. Erst dann begab er sich in die Diele des Hauses. Am großen Esstisch saßen bereits die Bewohner des Hofes. Die Hofgemeinschaft wartete mit dem Mittagessen auf ihn. An der Stirnseite saß der Bauer, rechts neben ihm seine Frau Magdalena, die Großmagd und die Kleinmagd. An der linken Schmalseite hatten die drei Kinder des Ehepaars und der Kleinknecht Platz genommen. Die andere Stirnseite des Tisches war Johann vorbehalten.

So wie es üblich war, betete die Großmagd vor, während der Hausherr das Brot schnitt. Dann trug die Bäuerin das Essen auf. Es bestand aus einer Milchmehlsuppe, gefolgt von einem Eintopf aus Kartoffeln und Gemüse. Dazu gab es gekochten durchwachsenen Speck und Schwarzbrot (Abb. 10.4).

Jeder aß mit seinem eigenen Holzlöffel, der an einer Borte über dem Essplatz hing. Nach dem Essen wurde noch einmal gebetet, dann wurde der Tisch abgeräumt und die Essensreste für das Abendessen beiseitegestellt.

Nach dem Essen sah Johann noch einmal nach den Pferden und ruhte dann für eine halbe Stunde, bevor er gemeinsam mit Christian begann, den Kuhstall auszumisten. Es war höchste Zeit, den Dung aus den Stellplätzen zu holen. Zum letzten Mal war dies vor einem halben Jahr geschehen. Inzwischen lagen die Mistpakete so hoch, dass die Kühe fast die niedrige Decke erreichten.

Die als Einstreu verwendeten Plaggen und der Kot waren durch den Tritt der Tiere extrem festgetreten. Das Entmisten war dadurch mit sehr großen Anstrengungen verbunden. Johann und Christian begannen zunächst, die Mistpakete mit Misthaken zu lockern und dann mit Mistforken zu entnehmen. Sie luden den Dung auf hölzerne Schubkarren und beförderten ihn auf die außerhalb des Stalles gelegene Mistplatte. Hier würde er für etwa ein Jahr liegen bleiben, kompostieren und mit anderen Haus- und Hofabfällen angereichert werden (Abb. 10.5).

Die Arbeit war sehr schwer und kräftezehrend. Bald begannen Johann und Christian stark zu schwitzen. Die stickige warme Luft und die dem Mist

Abb. 10.4 Mittagstisch. (Günther, J.)

Abb. 10.5 Mistplatte. (Günther, J.)

entweichenden Dämpfe taten ihr Übriges. Sie mussten daher die Arbeit immer wieder durch kurze Trinkpausen unterbrechen.

Um 16 Uhr rief die Bäuerin zu einer Vesper mit Kaffee, Brot und Butter. Außerdem erhielten die beiden Knechte je ein Glas Schnaps zu trinken, um, wie man meinte, wieder zu Kräften zu kommen.

Zwei Stunden später konnten sie endlich die Arbeit im Stall beenden. Der Stall war ausgemistet und neue Plaggen eingestreut. Es wurde auch Zeit, denn jeden Moment konnte Ohm Jürn mit den Kühen von der Weide zurückkehren. Außerdem mussten die Tiere auch noch von den beiden Mägden gemolken werden.

Wie an jedem Tag stand um 19 Uhr das Abendessen bereit. Die Bäuerin stellte die Reste des Mittagessens auf den Tisch, danach gab es statt der sonst üblichen Milchsuppe Kartoffelpfannkuchen und Schwarzbrot. Auch an diesem Tag wurde das Essen mit einem gemeinsamen Gebet beendet.

Allgemein war es üblich, den Tag mit Handarbeiten und kleineren Reparaturen ausklingen zu lassen. Heute jedoch trafen sich die Mädchen der Umgebung auf dem Westerhus-Hof zum wöchentlichen Spinnabend (Abb. 10.6). Es fanden sich auch einige junge Burschen ein, die vor allem mit allerlei Späßen beschäftigt waren. Es wurden Geschichten erzählt, Dorfneuigkeiten besprochen und Lieder gesungen, die der Pastor nicht gerne gehört hätte.

Johann saß währenddessen mit der Bäuerin und dem Bauern in der Stube. Sie besprachen die Arbeiten der nächsten Tage und Wochen. Eigentlich war es nicht üblich, Knechte bei solchen Überlegungen miteinzubeziehen, aber Johann genoss auf dem Westerhus-Hof eine Sonderstellung. Er war Vorarbeiter, er verrichtete die Säarbeiten, er war der erste Mäher und der erste Drescher. Seine Arbeitsleistung bestimmte das Arbeitstempo und das tägliche Arbeitssoll. Der Bauer vertraute ihm und hörte durchaus auch auf seinen Rat.

Abb. 10.6 Spinnabend. (Günther, J.)

Vor einiger Zeit hatte der Hof im Zuge der Markteilung ehemalige Allmendeflächen zugeteilt bekommen. Es war wüstes, unfruchtbares Land, das bisher zum Plaggenhieb genutzt worden war. Nun galt es zu überlegen, wie diese Flächen dauerhaft verbessert werden könnten. Johann hatte großes Interesse an diesen Fragen, immerhin hatte der Bauer versprochen, ihm ab nächstem Jahr eine Heuerlingsstelle auf dem neuen Land einrichten zu können. Das setzte allerdings voraus, dass er bis zu diesem Zeitpunkt verheiratet wäre. Aber darüber wollte er sich später Gedanken machen.

Bisher war alles in der Ackerwirtschaft auf dem Hof nach den alten überlieferten Regeln gelaufen: „ewiger" Roggenanbau auf den geplaggten Eschflächen, Plaggenschlagen in der Mark. Es war klar, dass es so nicht weitergehen konnte! Der Bauer hatte sich einige Bücher über die moderne Acker- und Viehwirtschaft besorgt und tauschte sich mit anderen Hofbesitzern aus, die ihre Wirtschaftsweise ebenfalls verändern wollten. Einige waren auch den neu gegründeten Landwirtschaftsvereinen beigetreten, die neue Bewirtschaftungsformen verbreiteten.

Johann bewunderte den Bauern für seinen Verstand und seinen Willen, neue Wege zu gehen. Er selber tat sich schwer mit den Büchern. Er war nur vier Jahre in die Mittagsschule beim Lehrer gegangen und hatte den Vormittagsunterricht beim Pastor besucht (Abb. 10.7).

Er konnte etwas lesen und rechnen und kannte einige Bibelsprüche. Da war nicht viel hängen geblieben, zumal sein Vater ihn lieber bei der Arbeit als auf der Schulbank sah. Als Zweitgeborener hatte er keine Chance, den kleinen Hof seiner Eltern zu übernehmen, und so blieb ihm nichts anderes übrig, als sich als Knecht zu verdingen. Aber jetzt, mit der Aussicht auf eine Heuerlingsstelle, wollte auch er nach neuen Methoden wirtschaften.

Inzwischen war es dunkel geworden. Der Raum wurde nur durch einen Krüsel – eine Standpetroleumleuchte aus Zinn – erhellt. Zum Abschluss des Gespräches spendierte der Bauer noch einen hellen Korn, der sonst nur zu besonderen Anlässen aus dem Eckschrank geholt wurde.

Abb. 10.7 Dorfschule. (Günther, J.)

Abb. 10.8 Johann schläft ein. (Günther, J.)

Johann war nach diesem langen und arbeitsreichen Tag recht müde. Er schaute zunächst noch einmal nach dem Vieh und ging dann in seine Knechtskammer. Er wusch sich und schüttelte seinen Strohsack auf. Dann legte er sich in sein Bett, löschte die Petroleumlampe und schloss die Augen (Abb. 10.8).

Seine letzten Gedanken gehörten Magdalena, der Großmagd vom Buchgartenhof. Sie hatten schon vor zwei Jahren zueinandergefunden und einander versprochen. An eine Heirat war bisher aber nicht zu denken gewesen. Jetzt aber, mit der Aussicht auf eine Heuerlingsstelle, würde die Gründung einer Familie möglich sein. Mit diesen tröstlichen Gedanken schlief Johann ein.

11 Information tut Not

Böden gehören neben Feuer, Wasser und Luft zu den vier klassischen Elementen der alten Griechen. Während aber energetische Fragen (Feuer), die Wasserbereitstellung und Gewässerqualität (Wasser) und die Luftreinhaltung (Luft) in den aktuellen gesellschaftlichen Diskussionen eine große Rolle spielen, finden Böden dagegen kaum Beachtung. Nur wenige kennen ihre fundamentalen Eigenschaften, ihre Bedeutung, ihre Vielfalt und auch ihre Schönheit. Dementsprechend gering ist allgemein auch die Einsicht, diese einzigartige Grundlage des Lebens auf der Erde ausreichend zu schützen. Die Gründe dafür sind außerordentlich vielfältig: Privateigentum an Böden ist ebenso zu nennen wie ihre Nichteinsehbarkeit, ihre in der Regel zeitverzögerte Reaktion auf Schädigungen oder die negative emotionale Besetzung des Begriffs Boden, der oft nur als „Dreck“ wahrgenommen wird.

Um auf den besonderen Wert von Böden aufmerksam zu machen, wurde 2004 das „Kuratorium Boden des Jahres“ ins Leben gerufen. Seither wird jährlich ein Bodentyp ausgewählt und im Rahmen einer Festveranstaltung zum Tag des Bodens am 05.12. in Berlin vorgestellt (https://boden-des-jahres.de). Die bisherigen Bemühungen, damit zu einem verbesserten Bodenbewusstsein in der Bevölkerung beizutragen und mehr Aufmerksamkeit in der Öffentlichkeit zu erreichen, hatten bisher allerdings nur recht begrenzten Erfolg. Das trifft auch für den Plaggenesch zu, der 2013 zum „Boden des Jahres“ ausgerufen wurde (Abb. 11.1 und Ergänzung: Böden der Jahre 2005 bis 2023). Diese Proklamation diente zugleich auch dazu, die Plaggenwirtschaft als ehemals dominierende Form der landwirtschaftlichen Bodennutzung in der Nordwestdeutschen Tiefebene verstärkt in das Bewusstsein der Bevölkerung zu rücken.

K. Mueller, *Bauern, Plaggen, Neue Böden*,
https://doi.org/10.1007/978-3-662-68915-8_11

Abb. 11.1 Plakat Boden des Jahres 2013, Plaggenesch. (Kuratorium Boden des Jahres 2013)

Böden der Jahre 2005 bis 2023

Das „Kuratorium Boden des Jahres“ wurde im Jahre 2004 gegründet und proklamiert seither jährlich zum Weltbodentag am 5. Dezember in Berlin mit Unterstützung durch das Bundesumweltamt einen ausgewählten Boden zum „Boden des Jahres“ (Abb. 11.2). Mitglieder des Gremiums sind die „Deutsche Bodenkundliche Gesellschaft“ (DBG), der „Bundesverband Boden“ (BVB) und der „Ingenieurtechnische Verband Altlastenmanagement und Flächenrecycling“ (ITVA). Aufgabe des Kuratoriums ist es, zur Bewusstseinsbildung für Böden in der Gesellschaft und ihren Funktionen im Naturhaushalt beizutragen. Der Boden des Jahres wird mithilfe von Postern, Flyern, Präsentation im Internet und durch zahlreiche Veranstaltungen in Deutschland der Öffentlichkeit vorgestellt. Die Poster der bisher von 2005 bis 2023 ausgewählten Böden sind in Abb. 11.2 zu sehen.

Es ist jedoch erstaunlich, wie wenig nach wie vor Ablauf und Folgen der Plaggenwirtschaft im Bewusstsein der Menschen verankert sind (Abb. 11.3).

Vielerorts ist durchaus bekannt, dass z. B. der Begriff „Esch“ eine Bezeichnung für Ackerflächen ist. Mit Bezeichnungen wie „Plaggen“, „Plaggenesch“, „Eschkante“ oder gar dem Ablauf der Plaggenwirtschaft sind aber nur die wenigsten vertraut.

Wo aber kann sich der interessierte Bürger über die Plaggenwirtschaft, ihre Bedeutung, ihre Auswirkungen auf die Umgestaltung ganzer Landschaften und ihre soziokulturellen Einflüsse informieren? Nachfolgend werden einige Möglichkeiten vorgestellt.

Abb. 11.2 Böden der Jahre 2005 bis 2023. (Kuratorium Boden des Jahres 2023)

Abb. 11.2 (Fortsetzung)

11.1 Informationszentrum „Plaggenesch" Wallenhorst (Niedersachsen, Landkreis Osnabrück)

Im Juli 2022 wurde an der Lechtinger Windmühle in Wallenhorst (Landkreis Osnabrück) ein „Informationszentrum Plaggenesch" eröffnet (Abb. 11.4), das in enger Zusammenarbeit der Hochschule Osnabrück mit dem Natur- und Geopark Terra.Vita, der Gemeinde Wallenhorst, dem Lechtinger Windmühlenverein und anderen Akteuren entstand (Abb. 11.5).

Die Windmühle Lechtingen (Nr. 1) ist als touristischer Ausflugspunkt im Osnabrücker Land bekannt (Abb. 11.6).

Abb. 11.3 Plaggenwirtschaft – was ist das?. (Mueller, K.)

Abb. 11.4 Eröffnung des Informationszentrums Plaggenesch an der Lechtinger Windmühle. (Vennemann, A.)

Sie steht am Rande eines ehemaligen Eschkerns mit Plaggeneschen (Nr. 2) und ist umgeben von typischen Landschaftsmerkmalen der Plaggenwirtschaft wie Entnahmebereiche (Nr. 3) und Eschkanten (Nr. 4). Um die Eschfläche gruppieren sich alte Hofstellen (Nr. 5) in einer noch heute erkennbaren frühmittelalterlichen Anordnung. Im nahe gelegenen Ortsteil Lechtingen der Gemeinde Wallenhorst findet sich der Plaggenweg (Nr. 6), der auf die ehemalige Bedeutung der Plaggenwirtschaft hinweist.

Dieses historisch gewachsene Bild wurde nicht durch Siedlungsvorgänge zerstört, sodass das Umfeld der Windmühle als eines der am besten erhaltenen mittelalterlichen Ensembles der Plaggenwirtschaft im nordwestdeutschen Raum bezeichnet werden kann. Der Aufbau der Ausstellung erfolgte in einem historischen

Abb. 11.5 Infotafel Plaggenesch. (Natur- u. Geopark Terra.vita)

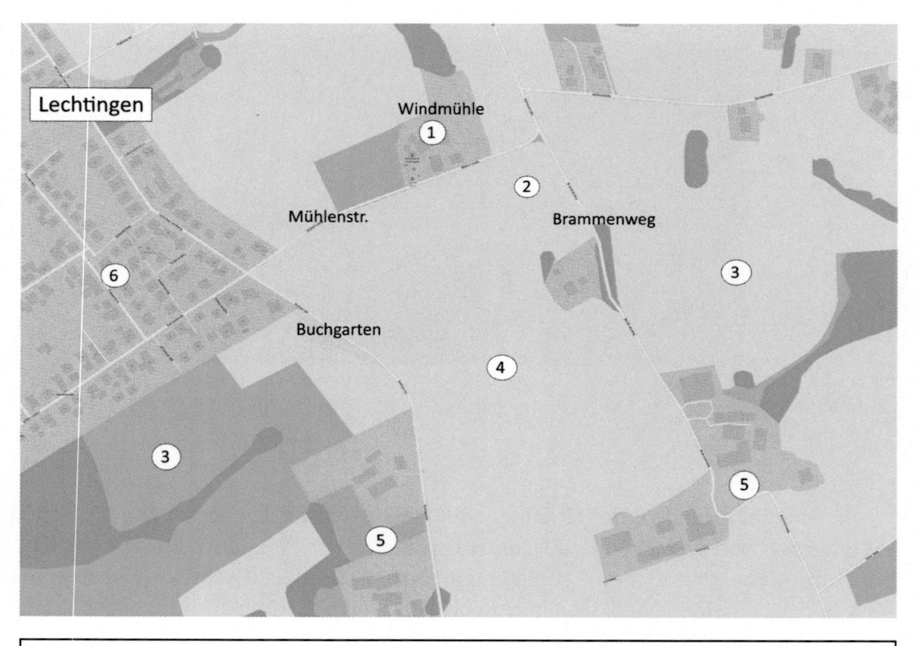

1	Windmühle Lechtingen	2	Lechtinger Esch	3	Plaggenentnahmebereiche
4	Eschkante	5	alte Hofstellen	6	Plaggenweg

Abb. 11.6 Lageplan Lechtinger Esch. (© OpenStreetMap contributor (verändert))

Abb. 11.7 Maskottchen „Paulchen Plagge“. (Mueller, K.)

ehemaligen Stallgebäude der Mühle, das für diesen Zweck umgebaut wurde. Im Außenbereich wird der Besucher durch das Maskottchen „Paul Plagge“ in Empfang genommen (Abb. 11.7). Einige Informationstafeln, Drehrollen zu den typischen Böden der Region und zu den Arbeitsabläufen der Plaggenwirtschaft sowie eine Zeittafel zur Ackerdüngung von der Jungsteinzeit bis heute geben einen ersten Überblick.

Im Innenbereich werden anhand eines Filmes, verschiedener Dioramen, Schaukästen und anderer Objekte die Phasen dieser Form der Landnutzung sowie deren Auswirkungen und Folgen auf Menschen, Böden und Landschaften dargestellt (Abb. 11.8).

Abb. 11.8 Führung im Informationszentrum. (Natur- u. Geopark Terra.vita)

Abb. 11.9 Lechtinger Esch. (Mueller, K.)

Abb. 11.10 Bodenprofil brauner Plaggenesch. (Vennemann, A.)

Vorbereitet wird in einem zweiten Bauabschnitt auch ein Rundweg zu typischen Landschaftselementen der Plaggenwirtschaft, die sich in unmittelbarer Umgebung der Lechtinger Windmühle befinden. Dazu zählen eine landwirtschaftlich genutzte Eschfläche (Abb. 11.9), das Bodenprofil eines braunen Plaggeneschs (Abb. 11.10) und eine Eschkante, an die sich ein tiefer gelegener Plaggenentnahmebereich anschließt (Abb. 11.11). Schautafel und interaktive Elemente werden auch hier über diese Wirtschaftsweise informieren.

Abb. 11.11 Eschkante am Lechtinger Esch. (Mueller, K.)

Das Informationszentrum Plaggenesch kann zu den Öffnungszeiten der Lechtinger Windmühle (siehe http://www.windmüehle-lechtingen.de) besucht werden.

Weiterführende Informationen: www.geopark-terravita.de

11.2 Museumsdorf Hösseringen (Niedersachsen, Kreis Uelzen)

Hösseringen ist ein Ortsteil der Gemeinde Suderburg in der südlichen Lüneburger Heide. Das eigentliche Museumsdorf liegt etwas abseits inmitten einer dicht bewaldeten kuppigen Landschaft, die durch die vorletzte Eiszeit geprägt wurde. Auf einem 13 ha großen Gelände werden 30 historische Bauten, umfangreiche Kulturgüter und typische Nutzungsformen aus der Lüneburger Heide gezeigt. Ein besonderes Merkmal ist, dass auch die Werkzeuge und Abläufe der Plaggenwirtschaft sowie deren Auswirkungen auf die Landschaft näher vorgestellt werden. Mithilfe eines Lageplans (Abb. 11.12) kann das Gelände des Museumsdorfes der Nummerierung folgend gut durchwandert werden.

Erste Hinweise auf die Plaggenwirtschaft finden sich im Kleinbauernhaus aus Bahnsen (Nr. 1). An einem Balken ist hier eine Twicke aufgehängt, mit der Plaggen geschlagen wurden.

Auf dem weiteren Weg ist seitlich zwischen der Stellmacherwerkstatt und der Holzgattersäge ein Geländeabsatz (Nr. 2) und eine höher gelegene Fläche zu sehen. Sie vermitteln den Eindruck einer Eschkante mit angrenzender Plaggeneschfläche, sind aber nicht durch Auf- und Abtrag von Plaggen entstanden (Abb. 11.13).

Vorbei an einem Großsteingrab (ca. 5500 v. Chr.) führt der Weg zum Start des sogenannten „Heideentdeckerpfades“ (Nr. 3). Dieser verläuft zunächst durch ein

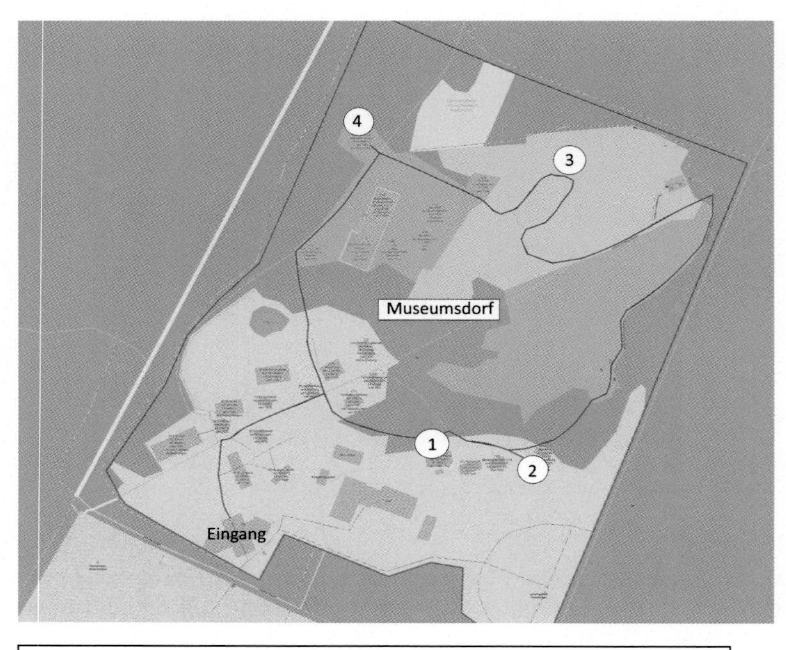

1 Kleinbauernhaus Bahnsen 2 Geländeabsatz 3 Heidelandschaft
4 Hofschafstall Leverding

Abb. 11.12 Rundwanderweg Museumsdorf Hösseringen. (© OpenStreetMap contributor (verändert))

Abb. 11.13 „Eschkante" mit „Eschfläche". (Mueller, K.)

Abb. 11.14 Heidelandschaft. (Mueller, K.)

kleines Tälchen, steigt dann geschwungen auf (Abb. 11.14) und endet am Hofschafstall aus Leverdingen (Nr. 4).

Entlang dieser Strecke werden unterschiedliche Landschaftsbilder und Nutzungen der Lüneburger Heide mit ihrer typischen Heidevegetation vorgestellt. Zu sehen sind Schafweiden und junge wie auch bis zu 30 Jahre alte Erikabestände, die in vergangenen Zeiten der Plaggenentnahme dienten.

Im Hofschafstall Leverdingen wird vor allem auf die Heidschnuckenhaltung eingegangen. Auch die Abläufe der Plaggenwirtschaft werden anhand von Schautafeln näher beschrieben und Twicken sowie Kniesensen gezeigt. Aus den Informationen geht hervor, dass auch die Schäfer zum Plaggenschlagen mit herangezogen wurden. Täglich hatten sie mit anderen Beschäftigten vor dem Weidegang Heide zu „ernten". Die Höfe der Umgebung fuhren auf diese Weise jährlich bis zu 800 Fuder ein.

Sowohl in den Gebäuden wie auch auf den Freiflächen befinden sich zahlreiche Tafeln, die dem Besucher interessante Informationen zur Baukultur, Bewirtschaftung und Nutzung der Lüneburger Heide in vergangenen Zeiten vermitteln. Zudem werden Ausstellungen, Kurse, Workshops, Mitmachaktionen für Kinder und Vorführungen angeboten. Im Eingangsbereich können Souvenirs und Literatur zu verschiedensten Themen der bäuerlichen Vergangenheit erworben werden.

Für einen Besuch des sehr empfehlenswerten Museumsdorfes Hösseringen sollte mindestens ein halber Tag eingeplant werden.

Weiterführende Informationen: https://museumsdorf-hoesseringen.de/

11.3 Wacholderhain Merzen-Plaggenschale (Niedersachsen, Landkreis Osnabrück)

Plaggenschale ist ein Ortsteil der Gemeinde Merzen-Plaggenschale im Osnabrücker Land. Während der vorletzten Eiszeit schuf hier ein vorwärts wandernder Eisberg eine Endmoränenlandschaft aus sandigem, steinreichem Material. Das Gebiet ist in hohem Maße durch die Plaggenwirtschaft geprägt, der Name der Ortschaft erinnert daran. Nördlich der Gemeinde können die landschaftsprägenden Merkmale dieser Bewirtschaftungsform auf einem informativen, gut ausgeschilderten Rundwanderweg in Augenschein genommen werden (Abb. 11.15). Er wurde durch den Natur- und Geopark Terra.Vita angelegt. Der Weg führt vorbei an typischen Landschaftsformen der Plaggenwirtschaft, an eiszeitlichen Sandablagerungen und an bronzezeitlichen Hügelgräbern bis zu einem Wacholderhain, der durch mittelalterliche Rodungen, Beweidung und Plaggenentnahme entstanden ist.

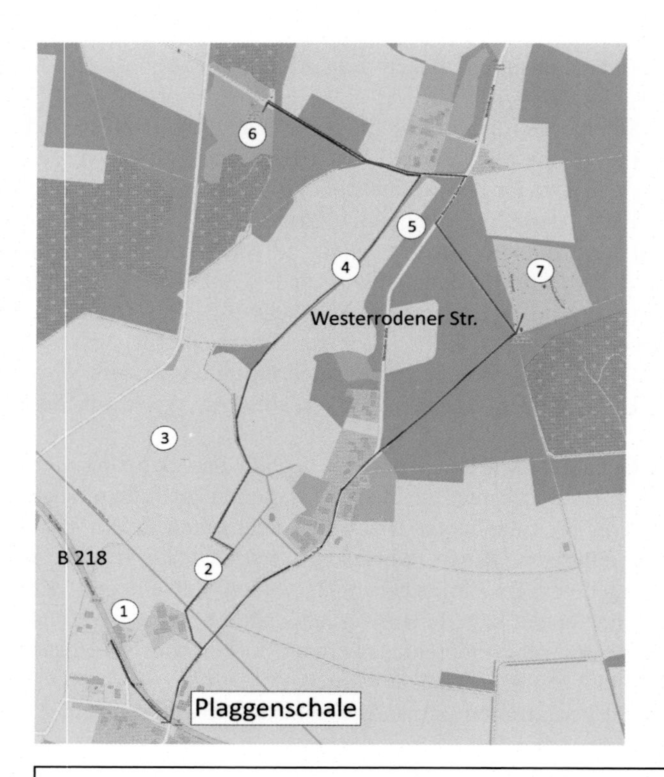

1 Gaststätte Gerbus 2 Eichenallee 3 Plaggeneschfläche 4 Eschkante
5 Plaggenentnahmebereich 6 Sandabbau 7 Wacholderhain

Abb. 11.15 Rundwanderweg Plaggenschale. (© OpenStreetMap contributor (verändert))

Abb. 11.16 Eichenallee. (Mueller, K.)

Der gesamte Wanderweg ist knapp 8 km lang, kann aber ohne wesentlichen Informationsverlust auch deutlich abgekürzt werden.

Gestartet wird auf dem Parkplatz gegenüber der „Gaststätte Gerbus“ an der Hauptstraße in Plaggenschale (Nr. 1). Nach Überqueren der Bundesstraße B 218 biegt in nördlicher Richtung die Westerrodener Straße ab. Hier erreicht man nach wenigen Schritten auf der linken Seite eine Hofzufahrt, von der rechts am Gebäude entlang ein Fußweg zu einer durch alte Eichen gesäumten Allee führt (Nr. 2, Abb. 11.16).

Entlang der nächsten knapp 2 km sind auf der linken Seite mehrere Plaggeneschflächen zu sehen (Nr. 3, Abb. 11.17), die durch gut erkennbare Eschkanten begrenzt werden (Nr. 4, Abb. 11.18). Rechts des Weges fallen tiefer gelegene Wiesen auf, die seinerzeit der Plaggenentnahme dienten (Nr. 5, Abb. 11.19). Dieser Abschnitt wird auf Hinweisschildern recht großzügig auch als Hohlweg bezeichnet.

Am Ende der ersten Wegstrecke wird eine Gabelung erreicht. Links gelangt man nach ca. 500 m zu einem Sandabbaubereich (Nr. 6), der interessante Einblicke in den Aufbau der Ablagerungen der vorletzten Eiszeit gewährt und verdeutlicht, warum die umgebenden sandreichen Böden relativ ertragsarm sind und durch Plaggenwirtschaft aufgebessert werden mussten (Abb. 11.20).

Der Terra.Vita-Wanderweg führt nun auf einer knapp 2 km langen nördlichen Schleife weiter, kann aber auch durch Rückkehr zur Gabelung verkürzt werden. Dieser Abkürzung folgend wird nach Überquerung des Mühlenbaches die Westerrodener Straße erreicht, der man ein kurzes Stück in südlicher Richtung folgt, bis links eine etwa 300 m lange Waldschneise zum Wacholderhain (Nr. 7) führt.

Bei dem Wacholderhain handelt es sich um eine alte, durch Plaggenabtrag entstandene Kulturlandschaft. Auf den ohnehin kargen Sandböden konnten sich durch die Entfernung des Bewuchses Heidevegetation und Wacholder ausbreiten,

Abb. 11.17 Plaggeneschfläche. (Mueller, K.)

Abb. 11.18 Eschkante. (Mueller, K.)

die heute Lebensraum für viele selten gewordene Tier- und Pflanzenarten bietet (Abb. 11.21). Zu bewundern sind auch über 100 Grabhügel aus der Bronze- und Eisenzeit, die hier vor 3200 bis 2500 Jahren angelegt wurden.

Der Wacholderhain kann auf einem rund 500 m langen Erlebnispfad durchwandert werden. An sechs Stationen wird hier über die Natur- und Kulturhistorie der Landschaft informiert. Bestandteil ist auch ein Barfußpfad, auf dem auf nackten Sohlen die Natur erspürt und die Sinne angeregt werden können.

Der weitere Terra.Vita-Weg führt über eine südliche Schleife vorbei an einem zweiten Sandabbaubereich und über eine sogenannte Mundrauballee, an der man

Abb. 11.19 Tief liegende Wiesen. (Mueller, K.)

Abb. 11.20 Sandabbau. (Mueller, K.)

sich zur Erntezeit an gereiftem Obst bedienen kann, zurück zum Ausgangspunkt der Wanderung. Über einen direkten Weg zur Westerrodener Straße kann auch diese Strecke abgekürzt werden.

Für die gesamte Strecke über die Nord- und Südschleife sollten etwa 4 Stunden kalkuliert werden. Die Nutzung des kürzeren Weges nimmt ca. 3 Stunden in Anspruch.

Weiterführende Informationen: www.geopark-terravita.de/de/terra-tipp/barfuszlig-und-infopfad-wacholderhain-merzen-plaggenschale

Abb. 11.21 Wacholderhain. (Mueller, K.)

11.4 Bodenlernstandort Plaggenwirtschaft Lotte-Büren (Nordrhein-Westfalen, Kreis Steinfurt)

Der Bodenlernstandort befindet sich im Ortsteil Büren der Gemeinde Lotte an der Bergstraße 40 (Abb. 11.22) am Rande der Haseniederung. Hier lassen sich nahe beieinanderliegend die wesentlichsten landschaftlichen Merkmale der Plaggenwirtschaft betrachten.

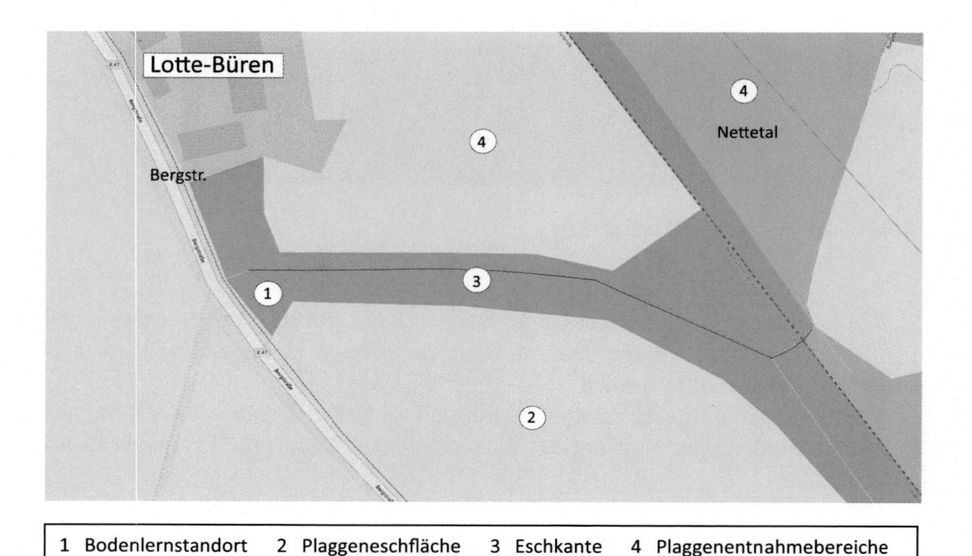

Abb. 11.22 Wanderweg Bodenlernstandort Büren. (© OpenStreetMap contributor (verändert))

Abb. 11.23 Gesamtanlage Bodenlernstandort. (Umwelt- u. Planungsamt Kreis Steinfurt)

Abb. 11.24 Bodenprofil Plaggenesch. (Mueller, K.)

An einem kleinen Parkplatz (Nr. 1) mit Sitzgruppe (Abb. 11.23) ist eine Profilgrube aufgeschlossen, die einen ca. 60 cm tiefen braunen Plaggenesch zeigt (Abb. 11.24). Unter dem Eschbereich stehen Terrassensande der nahe gelegenen Haseaue an. Der Eschhorizont ist aus braunem, humosem sandigem Lehm aufgebaut. Die Farbe wie auch die Lehmanteile zeigen, dass die Plaggen wahrscheinlich einst in den Niederungen des Hasetals geschlagen wurden.

Einer informativen Erläuterungstafel sind nähere Boden- und Standortbeschreibungen zu entnehmen.

Abb. 11.25 Eschkante mit tief liegender Wiese. (Mueller, K.)

Über der Profilwand schließt sich in östlicher Richtung der unter Ackernutzung stehende „Bürener Esch“ mit einer eschtypischen Oberflächenwölbung an (Nr. 2).

Folgt man nun dem links neben der Profilgrube beginnendem Feldweg, ist rechter Hand eine baum- und buschbestandene Eschkante zu sehen (Nr. 3), die nach ca. 100 m besonders kräftig ausgeprägt ist (Abb. 11.25). Links des Weges befinden sich tief gelegene Wiesenbereiche, in denen in der Vergangenheit Wiesenplaggen gestochen wurden (Nr. 4).

Folgt man dem Weg weiter bis zu den Bahnschienen, öffnet sich ein schöner Überblick über das trogförmige Hasetal, das deutlich die anthropogene Überprägung durch die Plaggenentnahme erkennen lässt (Nr. 4).

Nördlich des Feldweges liegt eine Hofanlage, die Teil des ehemaligen Gutes Bodewisch ist. Aus einem Pachtangebot von 1799 geht hervor, dass mit dem Gut und den Ländereien auch ein Nutzungsrecht zur Plaggenmatt verbunden war. Darin heißt es unter anderem, dass „ein Plaggenmatt in der Deppen Wiese, und im Buddenkolk unter gewissen Bedingungen, allenfalls auf viele Jahre in Pacht zu nehmen“ möglich sei.

Der gesamte Rundgang nimmt etwa eine Stunde in Anspruch und bietet neben interessanten Informationen auch etliche schöne Fotomotive.

Weiterführende Informationen: www.kreis-steinfurt.de/kv_steinfurt/Kreisverwaltung/ Ämter/Umwelt- und Planungsamt/Boden und Altlasten/

11.5 Bodenlernstandort Lienen-Kattenvenne (Nordrhein-Westfalen, Kreis Steinfurt)

Östlich von Kattenvenne (Teil der Gemeinde Lienen) zweigt vom „Glandorfer Damm“ (B 475) nach Süden der „Heemanns Damm“ ab. Dieser Straße folgend erreicht man nach ca. 1 km den Bodenlernstandort (Abb. 11.26).

An einem kleinen Parkplatz mit Sitzgruppe sind zwei nebeneinanderliegende Profilgruben zu finden (Nr. 1). Der linke Aufschluss zeigt einen grauen Plaggenesch über einem Podsol mit einer etwa 50 cm kräftigen Eschüberdeckung (Abb. 11.27). Rechts ist ein Boden mit einer ca. 35 cm starken Eschauflage zu sehen (Abb. 11.28). Da an diesem zweiten Profil keine 40 cm Eschmaterial aufliegen, kann nach bodenkundlicher Nomenklatur nicht von einem Plaggenesch,

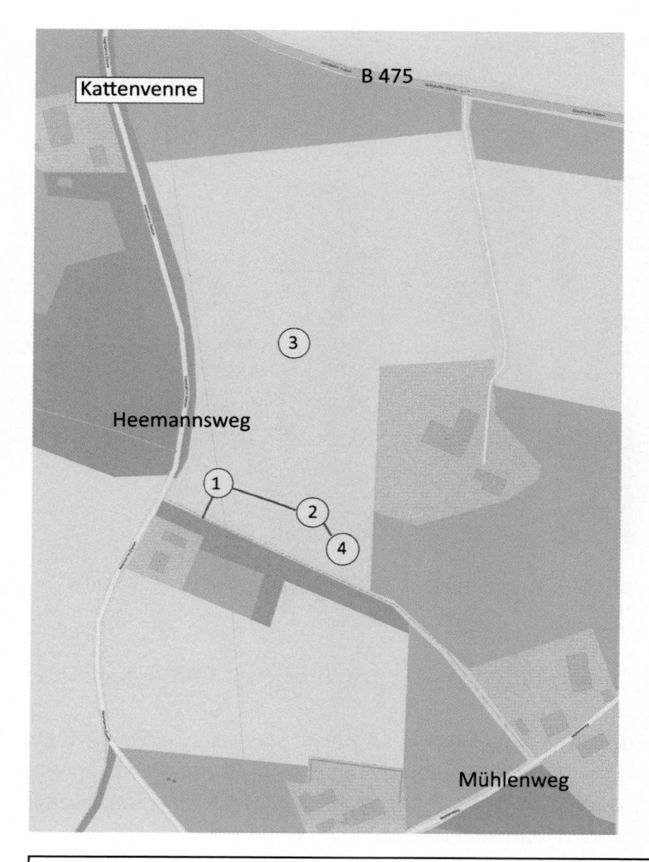

Abb. 11.26 Lageplan Bodenlernstandort Kattenvenne. (© OpenStreetMap contributor (verändert))

Abb. 11.27 Bodenprofil grauer Plaggenesch. (Umwelt- u. Planungsamt Kreis Steinfurt)

Abb. 11.28 Bodenprofil Podsol mit Eschauflage. (Umwelt- u. Planungsamt Kreis Steinfurt)

sondern von einer grauen Eschauflage auf dem ursprünglichen Boden gesprochen werden (siehe Abschn. 5.1).

Das Eschmaterial beider Böden ist humos und sehr sandreich. Dies lässt die Verwendung von Heideplaggen als Düngematerial erkennen. Beide Standorte werden durch unfruchtbare sandige Podsole unterlagert, die durch den Eschauftrag eine deutliche Steigerung der Bodenfruchtbarkeit erfahren haben.

Rechts neben der Anlage ist eine ausgeprägte Eschkante erkennbar (Nr. 2, Abb. 11.29). Sie trennt eine tiefer gelegene Wiese, die der Plaggenentnahme diente (Nr. 4), von einer als Acker genutzte Plaggeneschfläche (Nr. 3).

Abb. 11.29 Eschkante. (Mueller, K.)

Beide Bodenprofile sind mit interessanten Erläuterungstafeln ausgestattet. Unter anderem wird hier anhand alter Dokumente über Regelungen zur Plaggenentnahme sowie zu Strafen bei entsprechenden Zuwiderhandlungen informiert. So wird ein Landwirt erwähnt, der im Jahre 1598 das Recht zum Plaggenstechen gegen Zahlung von einem Viertel Gulden erwarb. Nach einer anderen Quelle von 1615/1616 hat „Tewes Pelleke ahn dem Dörkendeiche, da es Ihme nit gebüert, plaggen gemeiet", was mit einer Geldstrafe geahndet wurde.

Weiterführende Informationen: www.kreis-steinfurt.de/kv_steinfurt/Kreisverwaltung/ Ämter/Umwelt- und Planungsamt/Boden und Altlasten/

11.6 Bodenlernstandort Ochtrup (Nordrhein-Westfalen, Kreis Steinfurt)

Südöstlich von Ochtrup überquert die Metelner Straße die Bundesstraße 54. Etwa 500 m südlich zweigt in Höhe einer sehenswerten Windmühle ein Verbindungsweg nach Osten ab. Hier abbiegend erreicht man nach ca. 600 m den Bodenlernstandort Ochtrup (Abb. 11.30).

Auf einem breiten Feldrain befindet sich eine Profilgrube (Nr. 1), die einen grau-braunen Plaggenesch mit einer ca. 85 cm mächtigen Eschüberdeckung zeigt (Abb. 11.31). Unterlagert wird das Bodenprofil von einem sandig-lehmigen Boden mit auffällig marmorierten rostfleckigen und bleichen Bereichen. Dieses Farbspiel wird durch aufsteigendes Grundwasser verursacht, das nicht weit unter der Grubensohle ansteht. Nach der bodenkundlichen Nomenklatur wird ein solcher grundwasserbeeinflusster Standort als Gley bezeichnet.

Ergänzt wird der Lernstandort um eine gelungene Informationstafel und eine Sitzgruppe mit einer kleinen Trockenmauer (Abb. 11.32).

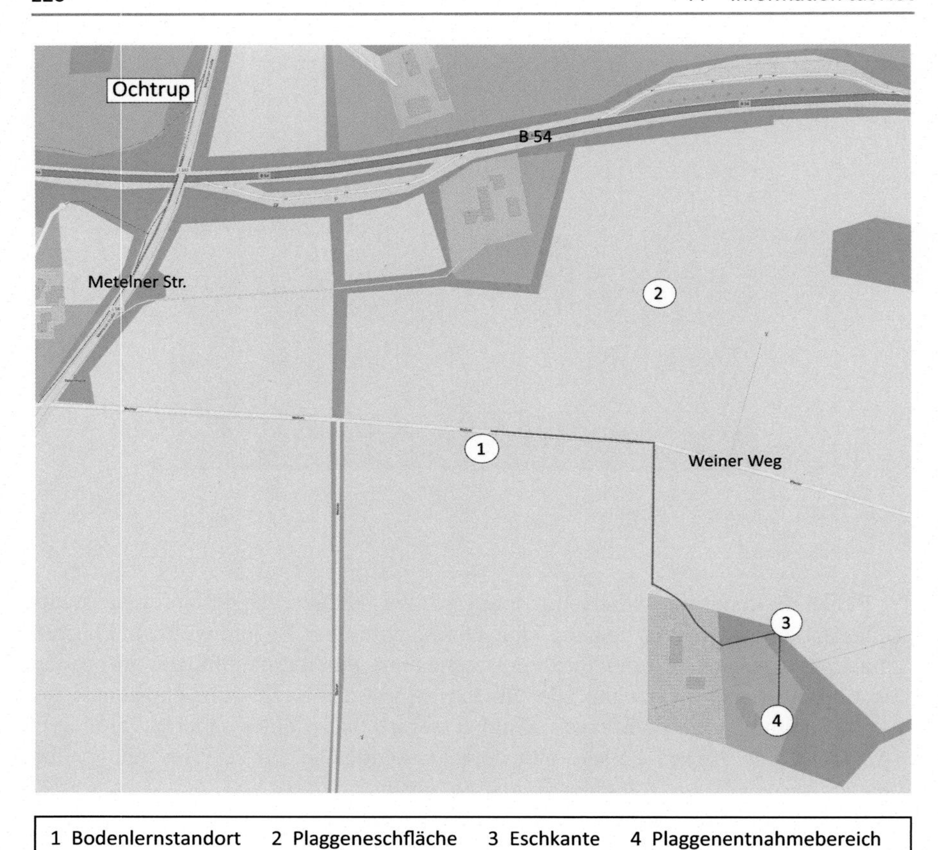

Abb. 11.30 Wanderweg Bodenlernstandort Ochtrup. (© OpenStreetMap contributor (verändert))

Abb. 11.31 Bodenprofil grau-brauner Plaggenesch. (Mueller, K.)

Abb. 11.32 Gesamtanlage Bodenlernstandort Ochtrup. (Mueller, K.)

Abb. 11.33 Blick auf den Weiner Esch. (Mueller, K.)

Der Standort befindet sich inmitten des Weiner Esch (Nr. 2), der intensiv ackerbaulich genutzt wird (Abb. 11.33).

Eine Eschkante und Plaggenentnahmeflächen sind hier zunächst nicht zu entdecken. Sie können aber nach einigen 100 m in südöstlicher Richtung am Rande eines Einzelgehöftes in Augenschein genommen werden (Nr. 3 u. 4, Abb. 11.34 und 11.35).

Die tief gelegenen, ehemals abgeplaggten Wiesen dienen heute als Ausgleichsfläche für den Bau der nahe gelegenen B 54.

Weiterführende Informationen: www.kreis-steinfurt.de/kv_steinfurt/Kreisverwaltung/ Ämter/Umwelt- und Planungsamt/Boden und Altlasten/

Abb. 11.34 Eschkante. (Mueller, K.)

Abb. 11.35 Entnahmefläche. (Mueller, K.)

11.7 Goting Kliff auf Föhr (Schleswig-Holstein, Kreis Nordfriesland)

Föhr ist eine der nordfriesischen Inseln mit einer Fläche von knapp 83 km^2. Der Norden der Insel besteht aus Marschland, im Süden befindet sich die höher gelegene Geest, auf die etwa zwei Fünftel der Gesamtfläche der Insel entfallen. Am Südrand dieses Geestkerns, im Ortsteil Goting der Gemeinde Nieblum, befindet sich das Goting Kliff, das ca. 1,7 km lang ist und stellenweise eine Höhe von 8 bis 9 m erreicht.

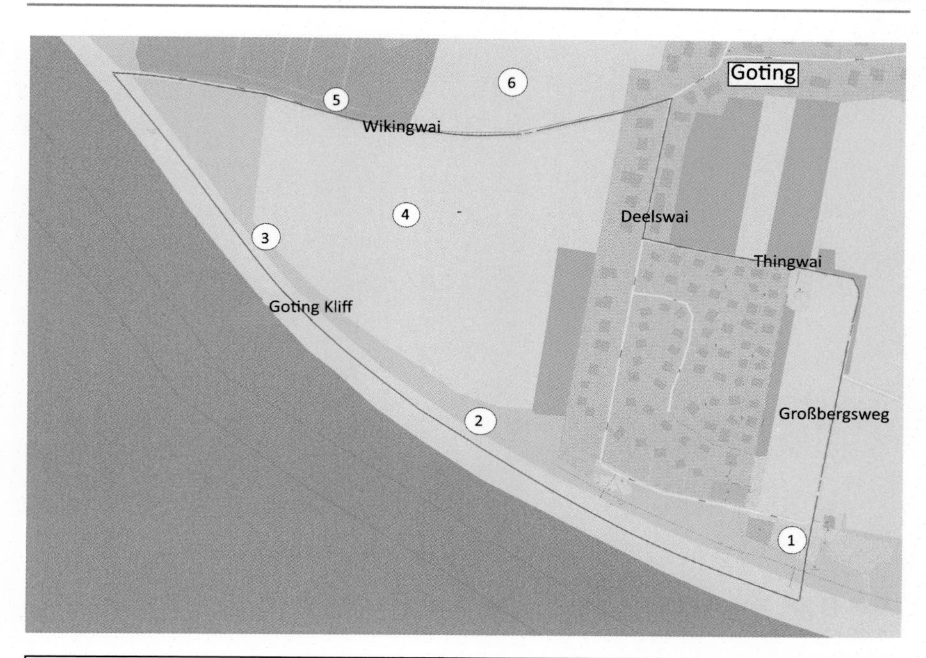

1 Parkplatz Großenbergweg 2 Boden aus Dünensand 3 Plaggenesch 4 Plaggeneschfläche
5 Eschkante 6 Plaggenentnahmebereich

Abb. 11.36 Rundwanderweg Goting Kliff. (© OpenStreetMap contributor (verändert))

Auf einem ca. 2,1 km langem Rundweg (Abb. 11.36) können hier die sandreichen Ausgangsböden der Geest, Plaggenesche, Plaggeneschflächen, Eschkanten und Entnahmebereiche in Augenschein genommen werden.

Startpunkt ist ein Parkplatz am Strandkaffee am Ende Großbergweges (Nr. 1). Entlang des Strandes führt der Weg Richtung Westen am Kliff entlang. Am Ende der Siedlung beginnt der Freikörperkulturstrand (FKK-Strand). Nach wenigen Schritten stehen hier auf der rechten Seite sehr junge, kaum entwickelte Böden aus Dünensanden an (Nr. 2, Abb. 11.37).

Nach einer kurzen Wegstrecke sind an der Abbruchkante der Steilküste Plaggenesche mit teils mehr als 1 m mächtigen Eschhorizonten zu sehen (Nr. 3, Abb. 11.38).

Auffallend ist die Färbung der Eschauflage. Die Austrocknung des anstehenden Bodenbereiches bewirkt bei der ersten Inaugenscheinnahme einen grauen Farbton. Erst wenn die ersten Zentimeter an der Profilwand entfernt werden, wandelt sich die Farbe in Graubraun.

Unterlagert werden die Plaggenesche von sandreichen Sedimenten aus der vorletzten Eiszeit, in die aber immer wieder auch lehmige und tonige Bereiche eingeschlossen sind. An einigen Stellen sind an der Basis der Eschüberdeckung Stein-

Abb. 11.37 Bodenprofil (Lockersyrosem) aus Dünensand. (Mueller, K.)

Abb. 11.38 Bodenprofil graubrauner Plaggenesch. (Mueller, K.)

lagen zu finden, die vor Beginn der Plaggenwirtschaft durch Ausblasungen des feineren Bodenmaterials entstanden. Mit etwas Glück lassen sich in den eiszeitlichen Ablagerungen auch sogenannte Frostmuster aus der letzten Eiszeit erkennen (Abb. 11.39). Sie werden allgemein als Würge- oder Brodelböden bezeichnet, Fachleute sprechen auch von Kryoturbation. Es handelt sich dabei um Muster, die sich durch die Druck- und Presswirkung infolge wechselnden Auftauens und Zufrierens der Böden in der damaligen Kältesteppe bildeten.

Abb. 11.39 Würgeboden. (Mueller, K.)

Abb. 11.40 Plaggeneschflächen. (Mueller, K.)

Am westlichen Ende des Kliffs biegt der Wanderweg nach rechts ab und folgt dem Wikingwai, einer schmalen geteerten Straße in nordöstlicher Richtung. Rechts sind etliche lang gestreckte Plaggeneschflächen erkennbar (Nr. 4), die landwirtschaftlich genutzt werden (Abb. 11.40).

Links des Weges, hinter einer Buschreihe, befindet sich eine steile, deutlich ausgeprägte Geländekante (Nr. 5, Abb. 11.41), die in eine tief liegende Marschwiese (Nr. 6, Abb. 11.42) übergeht.

Es ist bekannt, dass zwischen dem 11. und 18. Jahrhundert auf Föhr Salzsiederei betrieben wurde. Aus Seetorf aus den Marschengebieten gewann man Salz, das zu sehr hohen Preisen gehandelt wurde. Es kann angenommen werden, dass der deutliche Höhenunterschied zwischen der Plaggeneschfläche und der Marschwiese nicht in erster Linie auf die Plaggenentnahme, sondern auch auf die Salzgewinnung zurückzuführen ist.

Am Ende des Wikingwai führt der Wanderweg rechts in den Deelswai und weiter in den Thingwai. An der Biegung in den Großbergweg fallen zwei bronzezeitliche Grabhügel auf, die auf die mehr als 7000 Jahre alte Besiedlungs-

Abb. 11.41 Geländekante. (Mueller, K.)

Abb. 11.42 Marschwiese. (Mueller, K.)

geschichte der Insel verweisen. Dem Großbergweg folgend wird nach einer kurzen Strecke der Ausgangspunkt des Rundweges erreicht, für den etwa 2 bis 3 Stunden eingeplant werden sollten.

Weiterführende Informationen: www.foehr.info/goting-kliff

Literatur

Dem Buch liegt eine Vielzahl von Literaturquellen zugrunde. Um aber den Lesefluss nicht zu behindern, wurde im laufenden Text auf Literaturverweise oder Fußnoten weitgehend verzichtet. Die verwendeten Quellen sind nicht kapitelbezogen, sondern alphabetisch geordnet.

Ad-hoc AG Boden (2005): Bodenkundliche Kartieranleitung (Manual of soil mapping), 5. Auflage. Bundesanstalt für Geowissenschaften und Rohstoffe in Zusammenarbeit mit den Staatlichen Geologischen Diensten der Bundesrepublik Deutschland, E. Schweitzerbart'sche Verlagsbuchhandlung. Hannover

Arbeitsgemeinschaft für die Geschichte des Kirchspiels Wallenhorst (1951): Elfhundert Jahre Wallenhorst. Kulturgeschichtliche Aufsätze zur Elfhundertjahrfeier des Kirchspiels Wallenhorst 851–1951 (1), Selbstverlag.

Asmus, R. (1974): Entwicklung und Veränderung der Agrarstruktur in den Bauerschaften Herbergen und Schandorf (Kirchspiel Menslage). Wissenschaftliche Hausarbeit für die erste Philologische Staatsprüfung.

Ballmann, S. (2010): Konzept für ein Informations- und Erlebniszentrum Plaggenwirtschaft an der Windmühle Lechtingen. Masterarbeit, Hochschule Osnabrück.

Behre, K.-E. (1976): Beginn und Form der Plaggenwirtschaft in Nordwestdeutschland nach pollenanalytischen Untersuchungen in Ostfriesland. In: *Neue Ausgrabungen und Forschungen in Niedersachsen* (10), S. 197–224.

Behre, K.-E (2008): Landschaftsgeschichte Norddeutschlands – Umwelt und Siedlung von der Steinzeit bis zur Gegenwart. Wachholtz Verlag, Neumünster.

Behringer, W. (2011): Kulturgeschichte des Klimas: Von der Eiszeit bis zur globalen Erwärmung. Deutscher Taschenbuchverlag, München.

Benne, I.; Schäfer, W. (1999): Exkursionsführer Z 2 – Bodenlandschaften der westlichen niedersächsischen Altmoränengeest mit besonderer Berücksichtigung der Plaggenesche. In: *Mitteilungen der Deutschen Bodenkundlichen Gesellschaft zur Jahrestagung der DBG 1999 in Hannover.*

Bergmann, R. (2006): Hofwüstungen und Eschsiedlungen im südwestlichen Münsterland. In: *Siedlungsforschung: Archäologie, Geschichte, Geographie* (24), S. 195–217.

Bergmann, R. (2009): Hofwüstungen im Münsterland. In: *Geographische Kommission für Westfalen*, S. 82–83.

Bergmann, R. (2009): Mittelalterliche Landwirtschaft in Westfalen. In: *Geographische Kommission für Westfalen*, S. 120.

Bergmann, R. (2020): Anthropogene Geländeveränderungen und geplante Landschaftselemente im mittelalterlichen und nachmittelalterlichen Westfalen. In: *Mitteilungen zu anthropogenen Geländeveränderungen im Mittelalter und frühe Neuzeit* (33), S. 133–144.

K. Mueller, *Bauern, Plaggen, Neue Böden*,
https://doi.org/10.1007/978-3-662-68915-8

Berner, R. (1965): Siedlungs-, Wirtschafts- und Sozialgeschichte des Artlandes bis zum Ausgang des Mittelalters. Schriftenreihe des Kreisheimatbundes Bersenbrück.

Bertelsmeier, E. (1942): Bäuerliche Siedlung und Wirtschaft im Delbrücker Land. In: *Landeskundliche Karten und Hefte der geographischen Kommission für Westfalen, Reihe Siedlung und Landschaft in Westfalen* (14), S. 2–46.

Beuke, A. (2008): Dinge des Lebens. Die historische Sachkultur des Bersenbrücker Landes aus der Sicht der 1920er Jahre. In: *Heimat gestern und heute – Mitteilungen des Kreisheimatbundes Bersenbrück* (29).

Blume, H.-P. (2018): Ein philatelistischer Streifzug durch die Bodenkunde. Schweizerbart Verlagsbuchhandlung, Stuttgart.

Blume, H.-P.; Horn, R.; Thiele-Bruhn, S. (Hrsg.) (2011): Handbuch des Bodenschutzes. WILEY-VCH Verlag, Weinheim.

Blume, H.-P.; Kalk, E. (1986): Bronzezeitlicher Auftragsboden bei Rantum auf Sylt. In: *Zeitschrift für Pflanzenernährung und Bodenkunde* (149), S. 608–613.

Blume, H.-P.; Leineweber P. (2004): Plaggen Soils: landscape history, properties and classification. In: *Journal of Plant Nutrition and Soil Science* (167), S. 319–327.

Böckenhoff-Grewing, J. (1929): Landwirtschaft und Bauerntum im Kreis Hümmling. Dissertation, Universität Jena.

Bomann, W. (1941): Bäuerliches Hauswesen und Tagewerk im alten Niedersachsen. Gerstenberg Verlag, Hildesheim

Brakensiek, S. (1991): Agrarreform und ländliche Gesellschaft. Die Privatisierung der Marken in Nordwestdeutschland 1750–1850. Ferdinand Schöningh, Paderborn.

Bührmann, G. (1996): Hölting-Protokolle 1583–1800. Niederschriften der Markgedinge oder Holzgerichte von Bramsche. Der Marken Rieste, Achmer, Pente und Hesepe. Verlag Rud. Gottlieb, Bramsche.

Bundesanstalt für Geowissenschaften und Rohstoffe BGR (Hrsg.) (2016): Bodenatlas Deutschland – Böden in thematischen Karten. Kruse, K. (Koord.). Schweizerbart'sche Verlagsbuchhandlung, Hannover.

Bundesbodenschutzgesetz (BBodSchG) (1998): Gesetz zum Schutz vor schädlichen Bodenveränderungen und zur Sanierung von Altlasten. Gesetz zum Schutz des Bodens. Bundesgesetzblatt Jahrg. 1998, Teil I, Nr. 16.

Burckhardt, H.-C. (1875). In: *Forstamtliche Mitteilungen*. Online verfügbar unter www.heuerleute.de/1648-2/.

Conry, M. J.; Mitchel, G. F. (1971): Paleopedology Origin, Nature and Dating of Paleosols. In: *Papers of the Symposium on the Age of Parent Materials and Soils Amsterdam, August 10–15.*, S. 129–137.

Dahlhaus, C.; Kniese, Y.; Mueller, K. (2013): Atlas der Böden im Landkreis Osnabrück. Eigenverlag Hochschule Osnabrück.

Dahlhaus, C.; Kniese, Y.; Mueller, K. (2018): Atlas der Böden im Natur- und Geopark TERRA. vita. Eigenverlag Natur- und Geopark Nördlicher Teutoburger Wald.

Delbanco, W. (2001): Siedlungsgeschichte Wallenhorsts. In: Gemeinde Wallenhorst (Hrsg.): 1150 Jahre Wallenhorst – Menschen, Natur, Geschichte. Verlag Fromm, Osnabrück.

Diercke-Westermann (2015): Weltatlas. Europa – Bodennutzung vor 2000 Jahren. Europa – Vegetation und Landwirtschaft. Westermann Verlag, Braunschweig.

Deichmann, E. (1938): Bodenbearbeitung und Düngung – Eine Bilderfolge über die wichtigsten Grundsätze erfolgreichen Ackerbaues. Ludwigshafen.

Deutsche Bodenkundliche Gesellschaft (Hrsg.) (2015): Jubiläum der Bodenschätzung Rückblick – Würdigung – Ausblick. Druck-zuck GmbH, Halle (S)

Delfs, J. (2002): Heidewirtschaft: Plaggenhieb und Streunutzung in der Lüneburger Heide. In: *Museumsdorf Hösseringen, Materialien zum Museumsbesuch* (33).

Dobelmann, W. (1979): Geschichte und Entwicklung des Osnabrücker Nordlandes. In: *Mitteilungen des Kreisheimatbundes Bersenbrück* (22).

Drexler, S.; Broll, G.; Don, A.; Flessa, H. (2020): Standorttypische Humusgehalte landwirtschaftlich genutzter Böden Deutschlands. In: *Johann Heinrich von Thünen Institut Braunschweig Rep* (75).

Du Plat, J. W. (1955–1972): Die Landesvermessung des Fürstbistums Osnabrück 1784–1790. In: Wrede, G.: Reproduktion der Reinkarte im Maßstab 1:10.000 mit Erläuterungstext, Lieferungen 1–8., Online verfügbar unter http://www.verein-fuer-geschichte-und-landeskunde-von-osnabrueck.de/publikationen.html.

Dull, R. A.; Southon, J. R.; Kutterolf, S.; Anchukaitis, K. J.; Freundt, A.; Wahl, D. B.; Payson, S.; Amaroli, P.; Hernandez, W.; Wiemann, M.; Oppenheimer, G. (2019): Radiocarbon and geologic evidence reveal Ilopango volcano as source of the colossal "mystery" eruption of 539/40 CE. In: *Quaternary Science Reviews* (222), S. 1–17.

Dunker, A. (2012): Auflistung von Tätigkeiten, Rechtsstreit, Geburtsregister. Engter-Schleptrup, 03.07.2012, schriftlich an K. Mueller. Handschriften und Scans.

Eckelmann, W. (1980): Plaggenesche aus Sanden, Schluffen und Lehmen sowie Oberflächenveränderungen als Folge der Plaggenwirtschaft in den Landschaften des Landkreises Osnabrück. In: *Geologisches Jahrbuch* (Reihe F) Heft 10.

Eckelmann, W.; Klausing, C. (1982): Plaggenwirtschaft im Landkreis Osnabrück. In: *Osnabrücker Mitteilungen* (88), S. 234–245.

Eiynck, A. (2014): Siedlungsentwicklung und Kulturlandschaft. Dörfer im südlichen Emsland und angrenzenden Orten in der Grafschaft Bentheim. Druckerei van Acken, Lingen.

Eschenbach, A.; Gröngröft, A. (2020): Bodenschutz und Klimawandel. In: *Bodenschutz* (25) Heft 3, S. 103–109.

Espenhorst, J. (1990): Zurück in vergangene Zeiten. Neue Aspekte zur Entstehung ländlicher Siedlungen Rüsfort 890–1990. B. Ad. Ricke Verlag.

Fansa, M.; Winter, H.; Wilhelmi, K. (1987): Das Gräberfeld der Bronze- und frühen Eisenzeit in Nordhorn-Brandlecht, Ldkr. Grafschaft Bentheim. In: *Nachrichten aus Niedersachsens Urgeschichte* (56), S. 357–371.

Fischer, T.; Böhme, S.; Vennemann, A.; Mueller, K. (2023): Das Plaggeneschzentrum – ein Kooperationsprojekt zur Umweltbildung zwischen dem Windmühle Lechtingen e.V. und dem Natur- und Geopark TERRA.vita. In: *Heimatjahrbuch Osnabrücker Land 2023*, S. 320–323.

Friemerding, W. (1998): Die Dammer Berge. Selbstverlag des Stadtmuseums Damme.

Fries, J. E. (2010): Gruben, Gruben und noch mehr Gruben. Die mesolithische Fundstelle Everst 3, Stadt Oldenburg (Oldenburg). In: *Die Kunde: Zeitschrift für niedersächsische Archäologie* (61), S. 21–37.

Gawlick, H. (2022): Plaggenwirtschaft in der Griesen Gegend (Mecklenburg). Mündliche Mitteilungen, Museum Hagenow, 04.05.2022.

Giani, L.; Makowsky L.; Mueller K.; Eckelmann W. (2013): Boden des Jahres 2013 – Plaggenesch. In: *Bodenschutz* (25) Heft 1, S. 4–5.

Giani L.; Makowsky L.; Mueller, K. (2014): Plaggic Anthrosol: Soil of the Year 2013 in Germany. An overview on its formation, distribution, classification, soil function and threats. In: *Journal of Plant Nutrition and Soil Science* (177) Heft 3, S. 320–329.

Gunreben, M.; Boess, J. (2015): Schutzwürdige Böden in Niedersachsen. In: *Geoberichte LBEG* (8).

Hambloch, H. (1960): Einödgruppe und Drubbel. Ein Beitrag zu der Frage nach Urhöfen und Altfluren einer bäuerlichen Siedlung. In: *Landeskundliche Karten und Hefte der Geographischen Kommission für Westfalen, Reihe Siedlung und Landschaft in Westfalen* (4), S. 39–68.

Hamm, W. (1872): Das Ganze der Landwirthschaft in Bildern – Ein Bilderbuch zur Belehrung und Unterhaltung für Jung und Alt, Groß und Klein. Zweite, wohlfeile Ausgabe. Arnoldische Buchhandlung, Leipzig.

Hansen, J. (1921): Lehrbuch der Rinderzucht. Des Rindes Körperbau, Schläge, Züchtung, Fütterung und Nutzung. Verlagsbuchhandlung Paul Paray, Berlin.

Harris, R. L. (1995): Das Zeitalter der Bibel. ECON-Verlag, Düsseldorf

Hasemann, W. (1929, Faksimile-Ausgabe 1979): Norddeutsche Bauernhöfe in der Geschichte. Die Siedlungen im Kirchspiel Bramsche, Bezirk Osnabrück, und die wirtschaftlichen Verhältnisse der Höfe bis Ende des 18. Jahrhunderts. Verlag Rud. Gottlieb, Bramsche.

Haßmann, H.; Zehm, B. (2016): Überraschung bei Osnabrück: Ein Kupferhort aus der Steinzeit in Lüstringen. In: *Berichte zur Denkmalpflege in Niedersachsen* (36) Heft 4, S. 185–186.

Hecht, D. (2007): Das schnurkeramische Siedlungswesen im südlichen Mitteleuropa. Eine Studie zu einer vernachlässigten Fundgattung im Übergang vom Neolithikum zur Bronzezeit. Dissertation, Universität Heidelberg.

Heese, T. (2022): *wulffs hus to nedenlechtingen* – Zur Geschichte eines Vollerben-Hofes in Wallenhorst-Lechtingen vom 14. Jahrhundert bis zu seiner Ablösung im Jahre 1837. In: *Osnabrücker Mitteilungen – Mitteilungen des Vereins für Geschichte und Landeskunde von Osnabrück* (127), S. 49–113.

Heinemann, B. (1961): Gräben und Grabensysteme unter den Plaggenböden des Emslandes. In: *Jahrbuch des emsländischen Heimatvereins* (8), S. 19–32.

Heinsohn, G.; Knieper, R.; Steiger, O. (1979): Menschenproduktion – Allgemeine Bevölkerungstheorie der Neuzeit. edition suhrkamp.

Herden, R.-E. (2007): Die Bevölkerungsentwicklung in der Geschichte. Berliner Institut für Bevölkerung und Entwicklung.

Herrmann, B.; Sprandel, R. (1987): Determination der Bevölkerungsentwicklung im Mittelalter. Wiley-VCH, Berlin.

Hoche, J. G. (1800): Reise durch Osnabrück und Niedermünster in das Saterland in das Ostfriesland und Groningen. Friedrich Wilmans, Bremen.

Höfer, M. (1994): Die Kaiser und Könige der Deutschen. Bechtle Verlag, Esslingen.

Hsü, K. (2000): Klima macht Geschichte. Menschheitsgeschichte als Abbild der Klimaentwicklung. Orell Füssli Verlag, Zürich.

Jäger, H. (1961): Die Allmendteilungen in Nordwestdeutschland in ihrer Bedeutung für die Genese der gegenwärtigen Landschaften. In: *Geofrafisker Annaler* (43) Heft 1/2, S. 138–150.

Jöns, H. (1992): Archäologische Forschungen am Kammberg. In: Müller-Wille, M.; Hoffmann, D. (1992): Der Vergangenheit auf der Spur – Archäologische Siedlungsforschung in Schleswig-Holstein. Karl Wachholtz Verlag, Neumünster.

Kamphoefner, W.; Marschalk, P.; Nolte-Schuster, B. (1999): Von Heuerleuten und Farmern. Rasch Verlag, Bramsche.

Kasielke, T. (2020): Plaggenwirtschaft und Plaggenböden in Westfalen. Die geographisch-landeskulturelle Online-Dokumentation über Westfalen. LWL Medienzentrum für Westfalen, Münster.

Kern, J.; Giani, L.; Teixeira, W.; Lanza, G.; Glaser, B. (2019): What can we learn from ancient fertile anthropic soil (Amazonia Dark Earth, shell mounds, Plaggen soil) for soil carbon sequestration? In: *Catena* (172), S. 104–112.

Kersting, H. (Hrsg.) (2002): Westfälische Sitten und Gebräuche im Lebenslauf. In: *Jahrbücher des Kreises Coesfeld 1985–1992* (2), Selbstverlag.

Klöntrup, J.A. (1798): Alphabetisches Handbuch der besonderen Rechte und Gewohnheiten des Hochstifts Osnabrück mit Rücksicht auf die benachbarten westfälischen Provinzen. 3 Bände. Osnabrück.

Koschik, H. (Hrsg.) (1999): PflanzenSpuren Archäobotanik im Rheinland: Agrarlandschaft und Nutzpflanzen im Wandel der Zeiten. Landschaftsverband Rheinland. Rheinland-Verlag GmbH Köln.

Krause, J.; Trappe, T. (2019): Die Reise unserer Gene: Eine Geschichte über uns und unsere Vorfahren. Ullstein Buchverlag (Propyläen), Berlin.

Kuhwald, M. (2013): Archivböden in Schleswig-Holstein: Analyse zur Verbreitung des Bodentyps Plaggenesch. Landesamt für Landwirtschaft, Umwelt und ländliche Räume Flintbek.

Kuratorium Boden des Jahres (2013): Plaggenesch – Boden des Jahres 2013. Version CD und Flyer.

Kuratorium Boden des Jahres (2023): Böden der Jahre 2005 bis 2023. CD.

Küster, H. (1995): Die Geschichte der Landschaft in Mitteleuropa – Von der Eiszeit bis in die Gegenwart. C. H. Beck – Verlag, München.

LABO (2010): LABO-Positionspapier Klimawandel – Betroffenheit und Handlungsempfehlungen des Bodenschutzes. Bund/Länder-Arbeitsgemeinschaft Bodenschutz (LABO).

Laer, v. W. (1865): Plaggendüngung oder Mergel? Im Auftrage des Landwirthschaftlichen Hauptvereins und zunächst für die Verhältnisse des Münsterlandes. Theissing'sche Buchdruckerei, Münster.

Laer, v., W. (1912): Die Entwicklung des bäuerlichen Wirtschaftswesens von 1815 bis heute. Erster Abschnitt. Die wirtschaftlichen Verhältnisse. In: Kerckerinck zu Borg, Frhr. v., E. (Hrsg.): Beiträge zur Geschichte des westfälischen Bauernstandes. Verlagsbuchhandlung Paul Parey, Berlin, S. 164–223.

Landesamt für Geodaten und Landesvermessung Niedersachsen (LGLN) (2022): https://opengeodata.lgln.niedersachsen.de

Lehmkuhl, F. (1935): Berechtigung zur Viehweide und zum Plaggenstechen auf dem Schulzenhof Dephoff zu Anfang des vorigen Jahrhunderts. Abgaben Berechtigter, sowie Leistung von Hand- und Spanndiensten. Abfindung der Berechtigten. In: *Die Heimat* (13) Heft 8/9, S. 336–338.

Lienemann, J. (2002): Böden im Landkreis Emsland. In: *Emsland: Der Landkreis Emsland: Geographie, Geschichte, Gegenwart – eine Kurzbeschreibung*, S. 59–69.

Lindner, W. (1912): Die bäuerliche Wohnkultur in der Provinz Westfalen und ihren nördlichen Grenzgebieten. In: Kerckerinck zu Borg, Frhr. v., E. (Hrsg.): Beiträge zur Geschichte des westfälischen Bauernstandes. Verlagsbuchhandlung Paul Parey, Berlin, S. 635–840.

Löbert H. W. (1991): Arbeiter auf dem Lande. Ein Beitrag zur Sozialgeschichte des ländlichen Gesindes, der Häuslinge und Tagelöhner in der Lüneburger Heide vom 17. bis 20. Jahrhundert. In: *Landwirtschaftsmuseum Lüneburger Heide, Materialien zum Museumsbesuch* (13), S. 1–32.

Löns, H. (1909): Der letzte Hansbur. Ein Bauernroman aus der Lüneburger Heide. Adolf Sponholtz Verlag, Hannover.

Lüning, J.; Jockenhövel, A.; Bender, H.; Capelle, T. (1997): Deutsche Agrargeschichte – Vor- und Frühgeschichte. Verlag Eugen Ulmer, Stuttgart.

Makowski, R. (2010): Entstehung, Morphologie, Verbreitung und pedologische Charakterisierung von Plaggeneschgräben. Bachelorarbeit, Universität Oldenburg.

Makowsky, L.; Hell, S. (2014): Stellungnahme Schutzwürdigkeit Plaggenesch-Böden in Raumplanungsprozessen. IFUA Bielefeld.

Malberg, H. (1993): Bauernregeln. Springer-Verlag, Berlin Heidelberg.

Meibeyer, W.; Westermann, W. (2021): Flurgenese und Agrarreformen in der Lüneburger Heide am Beispiel des Dorfes Böddenstedt im Landkreis Uelzen. PD-Verlag, Heidenau.

Middendorff, R. (1927): Der Verfall und die Aufteilung der gemeinen Marken im Fürstentum Osnabrück bis zur napoleonischen Zeit. In: *Mitteilungen des Vereins für Geschichte und Landeskunde von Osnabrück* (49), S. 1–157.

Milbert, G. (2021): Lössboden – Boden des Jahres 2021 in Deutschland und der Schweiz. In: *Bodenschutz* (26) Heft 2, S. 44–51

Montanarella, L.; Panagos, P. (2021): The relevance of sustainable soil management within the European Green Deal. In: *Land Use Policy* (100), S. 1–6.

Moore, D.; Heilweck, M.; Pentros, P. (2022): Aquaculture: Ocean blue carbon meets UN-SDGS, Springer International, Basel

Mordhorst, A.; Fleige, H.; Burbaum, B.; Horn, R. (2015): Validierung von potentiellen Archivböden Schleswig-Holsteins im Gelände. In: *Berichte der DBG.*

Mortensen, H. (1946): Fragen der nordwestdeutschen Siedlungs- und Flurforschung im Lichte der Ostforschung. In: *Nachrichten der Akademie der Wissenschaften in Göttingen. Philosophisch-Historische Klasse*, S. 37–59.

Möser, J. (1773): Also dürfen keine Plaggen aus einer Mark in die andre verfahren werden. In: *Westphälische Beyträge zum Nutzen und Vergnügen* vom 10. April 1773, S. 113.

Mourik, J. M. v.; Wagner, T. V.; de Boer, G.; Jansen, B. (2016): The added value of biomarker analysis to the genesis of plaggic Anthrosols; identification of stabile fillings used for the production of plaggic manure. In: *SOIL* Heft 2, S. 299–310

Mückenhausen, E.; Scharpenseel H.W.; Pietig F. (1968): Zum Alter des Plaggeneschs. In: *Eiszeitalter und Gegenwart* (19), S. 190–196.

Mueller, K. (2015): Boden und Bildung – Was ist zu tun? In: Wessolek, G. (Hrsg.): Von ganz unten – Warum wir unsere Böden besser schützen müssen. oekom verlag, München, S. 285–298

Mueller, K.; Giani L.; Makowsky L. (2013): Plaggenesch, Boden des Jahres 2013: Regionale Beispiele aus dem Oldenburger und Osnabrücker Land. In: *Drosera, Naturkundliche Mitteilungen aus Nordwestdeutschland* Heft 1/2, S. 1–10.

Mueller, K.; Makowsky, L.; Giani, L. (2012): Der Plaggenesch als Vorschlag für den Boden des Jahres 2013. Kuratorium „Boden des Jahres".

Mueller, K.; Mueller, V. (2020): Bodenkundliche Untersuchungen an Eschgräben in Bersenbrück und Nordhorn. Unveröffentlicht, Wallenhorst.

Müller, F. (1837): Hannover'sche Sandculturen. In: *Allgemeine Forst- und Jagdzeitung (13).*

Müller-Thomsen, U.; Mueller, K.; Blume, H.-P. (1998): Bodenkundliche Kartierung und Untersuchungen zur Abschätzung der Nitratbelastung des Grundwassers in den Wasserschutzgebieten der Insel Föhr. In: *Zeitschrift für Kulturtechnik und Landentwicklung* (39) Heft 4, S. 169–174.

Müller-Wille, W. (1944): Langstreifenflur und Drubbel – Ein Beitrag zur Siedlungsgeographie Westgermaniens. In: *Deutsches Archiv für Landes- und Volksforschung* (8) Heft 1, S. 9–44.

Müller-Wille, M.; Hoffmann, D. (1992): Der Vergangenheit auf der Spur – Archäologische Siedlungsforschung in Schleswig-Holstein. Karl Wachholtz Verlag, Neumünster.

Niemeier, G. (1938): Fragen der Flur- und Siedlungsformenforschung im Westmünsterland. In: *Westfälische Forschungen* Heft 1, S. 124–142.

Niemeier, G. (1939): Die Altersbestimmung der Plaggenböden als kulturgeographisches Problem. In: *Geographischer Anzeiger* Heft 9/10, S. 237–245.

Niemeier, G. (1944): Die „Eschkerntheorie" und das Problem der Germanisch-Deutschen Kulturraumkontinuität. In: *Petermanns Geographische Mitteilungen* (90), S. 67–74.

Niemeier, G.; Taschenmacher, W. (1939): Plaggenböden – Beiträge zu ihrer Genetik und Typologie. In: *Westfälische Forschungen* Heft 2, S. 29–64.

Niemuth, A.; Mueller K. (2013): Der Plaggenesch. Ein wirtschaftshistorisches Archiv unter unseren Füßen. In: *Archäologie in Deutschland* Heft 4, S. 64–65.

Nitsch, P. (2013): Phosphorvorräte und ihre Herkünfte in Plaggenesch und Terra Preta. Bachelorarbeit, Technische Universität Berlin.

Ostendorff, E. (1977): Der Altkreis Bersenbrück Teil I, Landschaft, Erdaufbau und Böden als Grundlage für die Besiedlung des Osnabrücker Landes. In: *Mitteilungen des Kreisheimatbundes Bersenbrück* Heft 20.

Ostendorff, E. (1983): Der Altkreis Bersenbrück Teil V, Die Siedlungsgeschichte des Altkreises Bersenbrück, insbesondere der letzten hundert Jahre. In: *Mitteilungen des Kreisheimatbundes Bersenbrück* Heft 24.

Osthus, W. (2010): Gestatten: Mein Name ist Hase – Geschichte und Geschichten eines norddeutschen Flusses. Sutton Verlag, Erfurt.

Peters, W. (1862): Die Heideflächen Norddeutschlands. Eine vom Centralausschuß der Königlichen Hannoverschen Landwirthschaftsgesellschaft zu Celle zum Abdruck erwählte Preisschrift. Verlag Carl Meyer, Hannover.

Pfeffer v. Salomon, M. (1912): Die Königliche Generalkommission zu Münster. In: Kerckerinck v. zur Borg, E. (Hrsg.): Beiträge zur Geschichte des westfälischen Bauernstandes. Verlagsbuchhandlung Paul Parey, Berlin, S. 360–563.

Poeplau, C.; Don, A.; Vesterdal, L.; Leifeld, J.; van Wesemael, B.; Schumacher J.; Gensior, A. (2011): Temporal dynamics of Soil organic carbon after land-use change in the temperate

zone – carbon response functions as a model approach. In: *Global Change Biology* (17), S. 2415–2427.
Poschlod, P. (2017): Geschichte der Kulturlandschaft. Ulmer Verlag, Stuttgart.
Pott, R. (1999): Nordwestdeutsches Tiefland zwischen Ems und Weser. Ulmer Verlag, Stuttgart.
Pyritz, E. (1972): Binnendünen und Flugsandebenen im Niedersächsischen Tiefland. Dissertation, Universität Göttingen.
Reckermann, C. (2008): Vergleich von Auswertungsmethoden für das Biotopentwicklungspotential von Böden in Münster. Diplomarbeit, Fachhochschule Osnabrück.
Robben, B.; Lensing, H. (2015): „Wenn der Bauer pfeift, müssen die Heuerleute kommen!" – Betrachtungen und Forschungen zum Heuerlingswesen in Nordwestdeutschland. Verlag der Studiengesellschaft für Emsländische Regionalgeschichte, Haselünne.
Rösener, W. (1985): Bauern im Mittelalter. C.H. Beck'sche Verlagsbuchhandlung, München.
Sauermann, D. (1979): Knechte und Mägde in Westfalen um 1900. In: *Berichte aus dem Archiv für Westfälische Volkskunde*, S. 9–20.
Schlüter, W. (2017): Archäologische Grabungsfunde auf Averbecks Hof. In: *Averbecks Stiftung 2015–2017*. Arverbecks Stiftung Bad Iburg, S. 11–79.
Schmitt, A. (2014): Naturkultivierung und Nachhaltigkeit – Konflikte um Ressourcen im Rahmen von Herrschaftsverhältnissen. Dissertation, Universität Osnabrück.
Schmitt, A. (2018): Justus Möser als Agrarreformer. Die Markenteilungen im Hochstift Osnabrück in der zweiten Hälfte des 18. Jahrhunderts. In: *Osnabrücker Mitteilungen – Mitteilungen des Vereins für Geschichte und Landeskunde von Osnabrück* (123), S. 291–308.
Schotte, H. (1912): Die rechtliche und wirtschaftliche Entwicklung des westfälischen Bauernstandes bis zum Jahre 1815. In: Kerckerinck v. zur Borg, E. (Hrsg.): *Beiträge zur Geschichte des westfälischen Bauernstandes*. Verlagsbuchhandlung Paul Parey, Berlin, S. 3–106.
Schöttner-Ubozak, B. (2022): Vom Osnabrücker Land in die „Neue Welt" – Ein Kontobuch als historische Quelle der deutschen Nordamerikaauswanderung. In: *Osnabrücker Mitteilungen – Mitteilungen des Vereins für Geschichte und Landeskunde von Osnabrück* (127), S. 197–211.
Schurat, V.; Brauckmann, H.-J.; Raabe, M.; Loeffke, P.; Keweloh, K.; Broll, G. (2023): Flächeninanspruchnahme und Versiegelung durch Logistikunternehmen – Bodenschutz in der region Osnabrück/Steinfurt. In: *Bodenschutz* (28), S. 116–120.
Schwerz, J. N. v. (1836): Beschreibung der Landwirtschaft in Westfalen. Faksimiledruck nach Ausgabe von 1836, Landwirtschaftsverlag Münster-Hiltrup 1979.
Soetebeer, F. (2018): Gräber der späten Bronze- und frühen Eisenzeit auf der „Nöschkenheide" in Bersenbrück-Hartmann (-Lohbeck), Ldks. Osnabrück. In: *Neue Ausgrabungen und Forschungen in Niedersachsen* (28), S. 145–220.
Spandau, L.; Wilde, P. (2008): Klima – Basiswissen Klimawandel Zukunft. Ulmer Verlag, Stuttgart.
Spek, T. (2006): Entstehung und Entwicklung historischer Ackerkomplexe und Plaggenböden in den Eschlandschaften der nordöstlichen Niederlande (Provinz Drenthe). Ein Überblick über die Ergebnisse interdisziplinärer Forschung aus neuster Zeit. In: *Siedlungsforschung: Archäologie, Geschichte, Geographie* (24), S. 219–250.
Springer, M. (2001): Plaggenesche im Osnabrücker Land unter besonderer Berücksichtigung archäologischer Gesichtspunkte. Diplomarbeit, Hochschule Osnabrück.
Stapel, B. (2009): Ein 11.500 Jahre alter frühmesolithischer Rastplatz in Westerkappeln-Brennesch. In: Archäologie in Westfalen-Lippe.
Stern, H.; Bibelriether, H.; Burschel, P.; Plochmann, R.; Schröder, W.; Schulz, H. (1979): Rettet den Wald. Kindler Verlag, Hamburg.
Suerbaum, A. (1950): Sitte und Brauch unserer Heimat. H. Th. Wenner, Osnabrück.
Thober, S.; Marx, A.; Boeing, F. (2018): Auswirkungen der globalen Erderwärmung auf hydrologische und agrarische Dürren und Hochwasser in Deutschland. Helmholtz Zentrum für Umweltforschung GmbH – UFZ Leipzig.

Tröder, W. (2018): Bauern braucht das Land! Wirkungen von Gesetzen, Planungen und Programmen auf die Landwirtschaft – zugleich ein Beitrag zu ihrer gesamtgesellschaftlichen Relevanz. Verlagshaus Mainz, Aachen.

Unbekannt (unbekannt): Holting-Protokolle Meppen. Holting-Holting-Hölting. Auszug.

Warnecke, E.F. (1958): Engter und seine Bauerschaft – Siedlungs- und Wirtschaftsentwicklung. In: *Schriften der Wirtschaftswissenschaftlichen Gesellschaft zum Studium Niedersachsens e.V.* (59) Reihe A.

Warnecke, E. F. (1984): Bauernhöfe: Zeugnisse bäuerlichen Lebens im Land von Hase und Ems. H. Th. Wenner.

Wessolek, G. (Hrsg.) (2015): Von ganz unten. oekom verlag, München.

Wiesmeier, R.; Mayer, S.; Paul, C.; Helming, K.; Don, A.; Franko, U.; Steffens, M.; Kögel-Knabner, I. (2020): CO_2-Zertifikation für die Festlegung atmosphärischen Kohlenstoffs in Böden: Methoden, Maßnahmen und Grenzen. BonaRes-Zentrum für Bodenforschung UFZ Halle Series 2020/1.

Wilbers, A.; Wilbers-Rost, S. (2012): Kalkriese 6 Verteilung der Kleinfunde auf dem Oberesch in Kalkriese – Kartierung und Interpretation der römischen Militaria unter Einbeziehung der Befunde. Verlag Phillipp von Zabern, Darmstadt.

Witte, F.: Der Boden des Jahres 2013. Der Plaggenesch. In: *Umweltforum Osnabrücker Land e.V.*, S. 40–46.

Wrede, G. (1954): Die Langstreifenflur im Osnabrücker Land – Ein Beitrag zur ältesten Siedlungsgeschichte im frühen Mittelalter. In: *Osnabrücker Mitteilungen* (66), S. 1–102.

Wrede, G. 1964): Johann Wilhelm Du Plat – Die Landesvermessung des Fürstbistums Osnabrück 1784-1790 – Reproduktion der Reinkarte im Maßstab 1:10000 mit Erläuterungstext. Selbstverlag des Vereins für Geschichte und Landeskunde von Osnabrück, Osnabrück

Zehm, B. (1997): Von Schätzen und Scherben. Archäologische Fundstellen in Bramsche. In: *Bramscher Schriften* (1).

Zehm, B. (2013): Der Plaggenesch – ein archäologischer Archivboden wird „Boden des Jahres 2013". In: *Archäologie in Niedersachsen* (16), S. 154–159.

Zehm, B. (2017): Straße der Megalithkultur als Imageträger archäologischer Tourismusprojekte. In: *Berichte zur Denkmalpflege in Niedersachsen* (2), S. 121–123.

Zehm, B. (2022): Landschaft erzählt Geschichte – Ein Dorf im Wiehengebirge – 800 Jahre Hustädte. Isensee Verlag, Oldenburg.

Zoller, D. (1957): Esche und Plaggenböden in Nordwestdeutschland. In: *Landwirtschaftsblatt Weser-Ems* (44).

Zoller, D. (1987): Ergebnisse und Probleme der Untersuchungen von rezenten Dörfern und Ackerwirtschaftsfluren mit archäologischen Methoden. In: *Archäologische Mitteilungen aus Nordwestdeutschland* (10), S. 47–67.

Zollmann, J. W. (1744): Vollständige Anleitung zur Geodäsie oder praktischen Geometrie. Rengerische Buchandlung

Abbildungsverzeichnis

K. Mueller, *Bauern, Plaggen, Neue Böden*,
https://doi.org/10.1007/978-3-662-68915-8